图 1-4

图 1-5

图 1-6

图2-12

图2-14

图2-19

图2-20

图2-21

图 3-2

图 3-3

图 3-7

图 3-9

图 4-5

图 4—7

图 5—6

图 6—3

图 5—8

图 6—7

图 6-8

图 6-10

图 7-7

图 7-10

图 7-12

图 8-5

图 8-7

图 8-8

图 8-14

图 9—17

图 9—21

图 9—25

图 10—6

图 10—8

图 11-4

图 11-6

图 11-8

图 12-16

图 12-23

图 12-24

21世纪全国高等院校艺术与设计系列丛书

室内设计原理与方法

刘刚田　著

北京大学出版社

PEKING UNIVERSITY PRESS

内 容 简 介

室内设计是一门综合性设计学科。它涉及艺术、技术、经济等社会科学与自然科学的许多门类。它是建筑设计的延续，是为了满足人们生活的需要，以人为本而进行的造型设计工作。室内设计是对建筑空间的再创造，是建筑设计的延续和深化。它的任务是组织空间，以合适的材料、色彩、光影和陈设等人为的手段，把建筑内部的功能、气氛、格调和美感都高度统一，从而创造出能满足使用者生理和心理双重需求的室内环境。

本书论述了室内设计的基本理论与概念，阐述了室内设计的基础知识与专业设计内容，同时对室内设计的概论、风格、构成要素、设计方法、空间设计、色彩设计、照明设计、陈设设计、人体工程学、家具设计、绿化设计、制图等重点内容进行了阐述与解析；列举了一些成功的设计案例，结合设计实践，探讨了现代科技对室内设计的影响和推动作用。

本书为普通高等教育设计学专业书籍，也适合园林园艺或景观技术人员和从业者作为参考用书。

图书在版编目 (CIP) 数据

室内设计原理与方法 / 刘刚田著． —北京：北京大学出版社，2017.1
（21世纪全国高等院校艺术与设计系列丛书）
 ISBN 978-7-301-27816-1

Ⅰ．①室… Ⅱ．①刘… Ⅲ．①室内装饰设计—高等学校—教材 Ⅳ．① TU238

中国版本图书馆 CIP 数据核字 (2016) 第 294334 号

书　　　名	室内设计原理与方法	
	SHINEI SHEJI YUANLI YU FANGFA	
著作责任者	刘刚田　著	
策 划 编 辑	孙　明	
责 任 编 辑	李瑞芳	
数 字 编 辑	刘志秀	
标 准 书 号	ISBN 978-7-301-27816-1	
出 版 发 行	北京大学出版社	
地　　　址	北京市海淀区成府路 205 号　100871	
网　　　址	http://www.pup.cn　新浪微博：@ 北京大学出版社	
电 子 信 箱	pup_6@163.com	
电　　　话	邮购部 62752015　发行部 62750672　编辑部 62750667	
印 刷 者	三河市北燕印装有限公司	
经 销 者	新华书店	
	889 毫米 × 1194 毫米　16 开本　15.25 印张　彩插 4　456 千字	
	2017 年 1 月第 1 版　2022 年 8 月第 5 次印刷	
定　　　价	43.00 元	

前　言

　　室内设计是人与环境、人与自然和谐发展的产物，它与人们的日常生活密切相关，提高室内设计的科学性与艺术性，改善人们的生活质量，是室内设计师的历史使命。室内设计是一门交叉性学科，是现代科技与艺术的综合体现，是实用、审美和文化的结合。辩证地认识中国传统与地域文化，并运用于室内设计之中，保持和发展民族特色，体现时代性，使民族特色与现代风格相结合，是室内设计最主要的研究方向。因此，探讨室内设计审美和造型的变化，有助于对环境设计学科的了解与深化。基于这一学术观点，笔者将室内设计原理方法和应用实践进行总结和整理，形成了这部著作的构思。

　　以人为本，营造优美、舒适、温馨的室内环境，满足人们精神生活与物质生活的需求，是室内设计追求的目标。随着我国现代化发展的加快，优化空间环境的要求越来越高，室内设计师应该不断更新设计理念，提高装饰设计水平，适应时代发展的要求。室内设计是一门综合性学科，要求设计师通过研究社会经济、文化、科学与政治等各方面的因素，从而把握创意的定位；要求设计师科学地安排建筑空间中的声、光、电，合理应用建筑材料；要求设计师研究艺术学、心理学、建筑学、人体工程学等学科，提高自身的创意水平；还要求设计师必须具有一定的绘画能力，让技术与艺术在设计中得以完美结合。另外，本书还配有"室内设计应用案例"图片资源，可通过扫描前言后面的二维码下载。

　　本书以室内设计的基础知识与科研实践应用并重，遵循"循序渐进，学以致用"的原则，重在把握理论要诀，指导设计实践应用。

本书能够顺利完成并出版，要感谢许多业内人士的大力支持和出版社编辑的辛勤劳动。希望本书能为推动室内设计的发展尽一份绵力，不足之处敬请广大读者不吝赐教。

刘刚田

2016年2月于洛阳

请扫描二维码下载，
"室内设计应用案例"图片资源。

目 录

第1章 室内设计概论 / 1

1.1 室内设计概述 / 1

1.2 室内设计的含义 / 4

1.3 室内设计的特征 / 5

1.4 室内设计的发展趋势 / 7

1.5 应用研究——洛阳帝豪国际大酒店室
内设计 / 12

本章小结 / 18

第2章 室内设计的风格 / 19

2.1 室内设计风格概述 / 19

2.2 室内设计风格的分类 / 20

2.3 室内设计的流派 / 23

2.4 应用研究——苏州云海大酒店室内
设计 / 26

本章小结 / 35

第3章 室内设计的构成要素 / 36

3.1 室内设计的内容要素 / 36

3.2 室内设计形式的要素 / 42

3.3 室内设计的要求和原则 / 43

3.4 应用研究——南通文景酒店室
内设计 / 45

本章小结 / 50

第4章 室内设计的方法 / 51

4.1 室内设计的内容 / 51

4.2 室内设计的分类和方法 / 53

4.3 室内设计的方法与程序 / 54

4.4 应用研究——洛阳鑫源宾馆室
内设计 / 55

本章小结 / 59

第5章 室内空间设计 / 60

5.1 室内空间的组织 / 60

5.2 室内界面的处理 / 73

5.3 应用研究——九江市动漫嘉年华主
题 KTV 室内空间设计 / 75

本章小结 / 81

第6章 室内色彩设计 / 82

6.1 色彩的基本概念 / 82

6.2 材质、色彩与照明 / 84

6.3 色彩的物理、生理与心理效应 / 86

6.4 室内色彩设计的基本要求和方法 / 87

6.5 应用研究——广州林夕舍娱乐会所
设计 / 91

本章小结 / 98

第7章 室内照明设计 / 99

7.1 采光照明的基本概念与要求 / 99

7.2 室内采光部位与照明方式 / 100

7.3 室内照明作用与艺术效果 / 102

7.4 建筑照明 / 104

7.5 室内艺术照明的设计方法 / 105

7.6 应用研究——徐州嘉利国际酒店室内
环境设计 / 107

本章小结 / 116

第8章 室内陈设设计 / 117

8.1 陈设设计的基本元素与概念 / 117

8.2 室内陈设的意义、作用和分类 / 118

8.3 室内陈设的选择和布置原则 / 120

8.4 应用研究——武当山太极湖生态旅游区品

禅茶社空间环境设计 / 121

本章小结 / 135

第9章 室内人体工程学 / 136

9.1 人体工程学的含义和发展 / 136

9.2 人体工程学的基础数据和测量手段 / 137

9.3 人体测量 / 138

9.4 人体尺寸 / 142

9.5 人体测量尺寸的应用 / 151

9.6 应用研究——洛阳雅香楼面包糕点房室

内环境设计 / 154

本章小结 / 158

第10章 室内家具设计 / 159

10.1 家具的发展 / 159

10.2 家具的尺度与分类 / 166

10.3 家具在室内环境中的作用 / 177

10.4 家具的选用和布置原则 / 178

10.5 应用研究——枫丹白露别墅室

内设计 / 180

本章小结 / 186

第11章 室内绿化设计 / 187

11.1 室内绿化的作用 / 188

11.2 室内绿化的布置方式 / 190

11.3 室内植物选择 / 191

11.4 室内庭园 / 194

11.5 应用研究——日照海滨度假别墅室内

及庭院设计 / 196

本章小结 / 202

第12章 室内设计制图 / 203

12.1 正投影原理与工程制图 / 203

12.2 图纸的种类及规范 / 206

12.3 室内设计平面图的绘制 / 216

12.4 室内设计天花图的绘制 / 218

12.5 室内墙面施工图的绘制 / 221

12.6 剖面图的制图 / 224

12.7 节点大样图的绘制 / 226

12.8 应用研究——上海新锐设计师之家室

内设计 / 227

本章小结 / 236

参考文献 / 237

第 1 章　室内设计概论

1.1　室内设计概述

　　尽管现代室内设计作为一门新兴的学科只是近十多年的事，但是人们有意识地对自己生活、生产活动的室内进行安排布置，甚至美化装饰，从人类文明伊始的时期就存在了。

　　原始社会西安半坡村的方形、圆形居住空间，已考虑按使用需要将室内做出分隔，使入口和火坑的位置布置合理。方形居住空间靠近门的火坑安排有进风的浅槽，圆形居住空间入口处两侧设置起引导气流作用的短墙。

　　早在原始氏族社会的居室里，已经有人工做成的平整光洁的石灰质地面，新石器时代的居室遗址里，还留有修饰精细、坚硬美观的红色烧土地面，即使是原始人穴居的洞窟里，壁面上也已绘有兽形和围猎的图形。在人类建筑活动的初始阶段，人们就已经开始对"使用和氛围""物质和精神"两方面的功能同时给予关注。

　　商朝的宫室，从出土遗址显示，建筑空间秩序井然，严谨规正，宫室里装饰着色彩木料，雕饰白石，柱下置有云雷纹的铜盘。至秦时的阿房宫和西汉的未央宫，虽然宫室建筑已无存，但从文献的记载，从出土的瓦当、器皿等实物的制作及从墓室石刻精美的栏杆的装饰纹样来看，当时的室内装饰已经相当精细和华丽。

　　春秋时期思想家老子在《道德经》中提出："凿户牖以为主，当其无，有室之用。故有之以为利，无之以为用。"形象生动地论述了"有与无"，围护与空间的辩证关系，也揭示了室内空间的围合、组织和利用是建筑室内设计的核心问题。同时，从老子朴素的辩证法思想来看，"有"与"无"，也是相互依存、不可分割的。

　　室内设计与建筑装饰紧密地联系在一起，自古以来建筑装饰纹样的运用，也正说明人们对生活环境功能方面的需求。历代的文献《考工记》中，均涉及室内设计的内容。

　　清代名人李渔对我国传统建筑室内设计的构思、室内装修的要领和做法有极为深刻的见解。对室内设计和装修的构思立意有独到和精辟的见解。

　　我国各类民居（如北京的四合院、四川的山地住宅等），在体现地域文化的建筑形体和室内空间组织的可供我们借鉴。

　　古埃及贵族宅邸的遗址中，抹灰墙上绘有彩色竖直条纹，地上铺有草编织物，配有各类家具和生活用品。古埃及的阿蒙神庙，庙前雕塑及庙内石柱的装饰纹样均极为精美。

　　古希腊和古罗马在建筑艺术和室内装饰方面已发展到很高的水平。古希腊雅典卫城帕提隆神庙的柱廊，起到室内外空间过渡的作用，精心推敲的尺度、比例和石材性能的合理运用，形成了梁、柱、枋的构成体系和具有个性的各类柱式。古罗马庞贝城的遗址中，从贵族宅邸的室内墙面壁饰、大理石地面及家具、灯饰等加工制作的精细程度来看，当时的室内装饰已相当成熟。

欧洲中世纪和文艺复兴以来，哥特式、古典式、巴洛克和洛可可等风格的各类建筑及其室内设计均日臻完美，艺术风格更趋成熟，历代优美的装饰风格和手法，至今仍可供借鉴。

1919年在德国创建的包豪斯学派，摒弃因循守旧，倡导重视功能，推进现代工艺技术和新型材料的运用，在建筑和室内设计方面提出与工业社会相适应的新观念。创始人格罗皮乌斯当时就曾提出："我们正处在一个生活大变动的时期。旧社会在机器的冲击之下破碎了，新社会正在形成之中。在我们的设计工作里，重要的是不断地发展，随着生活的变化而改变表现方式……"。格罗皮乌斯设计的包豪斯校舍和密斯·凡·德·罗设计的巴塞罗那展览馆都是上述新观念的典型实例。

我国现代室内设计，虽然早在20世纪50年代建设人民大会堂等十大建筑时已经起步，但是室内设计和装饰行业的大范围兴起和发展，还是近十多年的事。由于改革开放，从旅游建筑、商业建筑开始，直至办公、金融和涉及千家万户的居住建筑，在室内设计和建筑装饰方面都有了蓬勃的发展。1990年前后，相继成立了中国建筑装饰协会和中国室内建筑师学会，在众多的艺术院校和理工科院校里相继成立室内设计专业。

室内设计是一门集技术与艺术为一体的综合性学科。室内设计已经不再是单纯的功能至上，而是向科学性、艺术性、文化性纵深发展。室内设计在满足人们生活需求的同时，也在改变人们的生活方式与行为方式，提高人们的生活品质。随着社会经济的迅速发展以及人们生活水平的不断提高，人们日益重视对自身生活空间及公共环境的改善。室内设计作为一门专业性强、发展迅速的新兴学科，已成为当代设计学科中的佼佼者。

室内设计是建筑内部空间的思维创造活动，是建筑设计的有机组成部分，是建筑设计的继续和深化。具体地说，它是"以功能的科学性、合理性为基础，以形式的艺术性、民族性为表现手法，塑造出物质与精神兼而有之的室内生活环境而采用的思维创造活动"。

目前在传播媒体中对"室内设计"一词有不同说法，如"室内装饰""室内装潢""环境艺术"等，都是一个内涵的不同名词，似乎没什么相悖之处。然而仔细地研究，发现这些名词各有不同的含义与内容。

"室内装饰"是指建筑内部固定的表面装饰，以及能搬动物体的布置方式。具体指门窗、墙面、顶棚、地板等不能移动的部分；另外，也包括家具、窗帘、地毯、陈设物等可以移动的部分。两部分兼收并蓄。

"室内装潢"一词是目前室内装修行业中约定俗成的名词，是专门经营窗帘、地毯、壁纸等室内装修工程里的行业施工术语。

"环境艺术"一词是20世纪80年代流行的词汇，包罗了室外与室内的环境、城市与居室的环境等。

"室内设计"一词在《新大不列颠百科全书》中的解释是："建筑与环境设计的一个专门性分

支……，是一种富于独创性和能解决问题的行为"。室内环境的精神体现有赖于设计的"独创性"与"艺术性"。"独创性"也就是个性，还必须是在不妨碍"共性"的基础上的"个性"，才能使室内空间千姿百态、百花齐放。室内设计的"艺术性"主要指室内装饰的美观，即求得视觉美感。室内设计中运用虚与实的互转规律，来加强对空间形式的表现，才能使人的情感获得抒发和宣泄。室内的物质设施必须贯彻"实用、经济、美观"三原则。"实用"是指物质条件的科学应用，如室内家具的安放、储藏、空间分配、采光、通风及管道电缆等都必须符合科学性；"经济"是指人力、物力、财力的充分利用，室内各种物质设施要尽量物尽其用；"美观"是指室内设计的艺术性，在当今时代，室内设计应趋向于简洁、明快、单纯，去除烦琐复杂的设计方式。中世纪哲学家奥卡姆提出过"删繁就简"的方法，被称为"奥卡姆的剃刀原理"，这把剃刀现在来用还是合适的。

随着科学技术的突飞猛进，材料也在不断更新，室内装饰离不开新材料的配合。材料是设计表现形式不可缺少的原件，没有材料，室内设计无从谈起。任何材料都有其独特的性能，但也有它的局限性。如果正确掌握材料的特性，必能对室内设计功能和形式起很大效应，否则只会浪费材料，甚至造成视觉污染。美国建筑师赖特曾强调指出"尊重材料的自然本质是设计的根本基础"。"材料学"是非常繁杂的一门学科，包括种类繁多的自然材料和不断开发的人工合成材料。材料的结构与处理方法变化无穷，必须深入研究各种材料，认识材料性能，在有限的物质条件下发挥其最大的功能作用。

室内设计以审美为准则，以艺术形式因素为表现手段，遵循艺术创作规律，创造出有个性的艺术空间，来满足人的精神生活的需求。

室内设计是合理运用物质材料和技术的设计；任何好的设计创意都需要以物质材料为媒介、以技术为手段去实现。所以，室内设计的概念可以这样表述：室内设计是以建筑构件所限定的空间为基础，以审美为准则，以艺术形式因素为表现手段，遵循艺术创作规律，通过物质、技术来再现设计创意，以满足人的物质生活要求和精神生活要求为目的的室内空间环境设计艺术。具体来说，室内设计应该满足三个方面的要求，如图1-1所示。

（1）创造合理的内部空间关系。

根据建筑的类型、使用功能，科学地组织室内空间，进行空间规划，做到布局合理、空间层次清晰、有节奏感。

（2）创造舒适的内部空间环境。

满足人在生理上对于室内环境的要求，如适宜的温度、良好的通风、怡人的绿化、多变化的光环境等，最终做到功能合理、有益健康。

（3）创造惬意的室内空间艺术气氛。

满足人在心理上对于室内环境的要求以及精神生活需要，给人以艺术享受，使人们在室内工作、生活、休息时感到心情愉快、心旷神怡。

室内设计就是运用物质、技术手段来满足人对以上三方面的需要，创造出舒适的、惬意的室内空间。

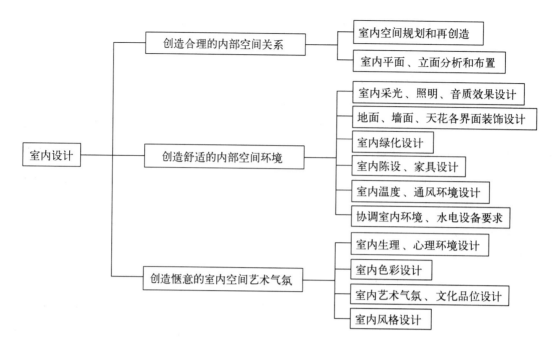

图 1-1　室内设计内涵

1.2　室内设计的含义

室内设计是根据建筑物的使用性质、所处环境和相应标准，运用物质技术手段和建筑美学原理，创造功能合理、形式优美、满足人们物质和精神生活需要的室内环境。

这一空间环境既具有使用价值，满足相应的功能要求，同时也反映了历史文脉、建筑风格、环境气氛等精神因素。

上述含义中，明确地把"创造满足人们物质和精神生活需要的室内环境"作为室内设计的目的，即以人为本，一切围绕人的生活、生产活动创造美好的室内环境。

室内设计的内容，涉及由界面围成的空间形状、空间尺度的室内空间环境和室内声、光、热环境，室内空气环境等室内客观环境因素。由于人是室内环境设计服务的主体，从人们对室内环境的身心感受的角度来分析，主要有室内视觉环境、听觉环境、触感环境、嗅觉环境等，即人们对环境的生理和心理的主观感受。其中又以视觉感受最为直接和强烈。客观环境因素和人们对环境的主观感受是现代室内设计需要探讨和研究的主要问题。

室内设计需要考虑的方面，随着社会生活发展和科技的进步，还会有许多新的内容，对于从事室内设计的人员来说，虽然不可能对所有涉及的内容全部掌握，但是根据不同功能的室内设计，也应熟悉相应有关的基本内容，了解与室内设计项目关系密切、影响最大的环境因素，使设计师能主动和自觉地考虑诸项因素，也能与有关专业人员相互协调、密切配合，有效地提高室内环境设计的内在质量。室内设计的具体内容可以概括为以下几点。

（1）空间调整。

在建筑设计的基础上，按需要调整空间形状、尺度、比例，在大空间中进行空间再分隔，大小空间按相互关系进行组合，注意空间层次和虚实对比，解决空间之间的衔接、过渡、对比、统一等问题。

（2）六面设计。

由四个墙面、吊顶、地面等围成的室内空间的六个界面以及室内的立面、界面的形式和造型的设计、材料质地和色彩的选用、结构构造的做法等，是室内设计的主体。

（3）家具陈设。

室内设计除了六面装饰之外，家具的组合和布置，也是室内设计的重要内容。

（4）灯饰照明。

室内设计中常运用灯光和灯饰来创造丰富多彩的环境氛围和主题。合理的照明方式的确定、氛围效果的设计、灯具的选择和布置，加上光控音乐的变幻，使室内设计更富有情调和个性。

（5）装饰美化。

在美化室内时，可以运用壁画、挂画、壁挂、书法、工艺品、雕塑等来增加室内环境的艺术氛围和艺术品位。

（6）绿化布置。

室内设计中，为了创造自然情趣与氛围，常会根据空间大小和不同场合采用不同的自然景物、山石、水体、树木、亭台楼阁、小桥流水等。而盆景、盆栽、插花等可以为办公室、起居室和书房增添生命的活力。

1.3　室内设计的特征

特征是一事物区别于他事物特殊性的外在表现。从学科分类和设计方法学的角度，室内设计既具有作为从属于艺术设计学科的共性，又有室内环境的自身特性。同时，室内设计与其他学科之间的关系密切，有强烈的学科边缘性特征。所有的这些，共同构成了室内设计区别于其他艺术设计专业的特殊特征。

1. 功能特征

室内设计是以满足功能环境而进行的设计活动。室内设计同其他艺术设计门类一样，离开了特定的设计需求就丧失了目的性，同样也就失去了它的存在价值。室内设计活动是一种按照"美的规律"来创造美的环境形象，从而感染人、打动人的形态创造活动。

2. 条件特征

室内设计是设计要求、设计限定和设计限制条件下的自由和理性的艺术创造，是条件下的审美形态创造活动。室内设计进行艺术创作的构思，其思维活动首先是感性和自由的，但同时它又不能不受特定建筑条件、所在场所和相应标准的限定，受到时间或空间、材料与技术以及经济等因素的限制与束缚。而最主要的是，任何设计师都不可能超越具体的时间和空间范围展开设计。

3. 关联特征

室内设计是按照美的规律，在特定条件下的创造美的环境，由于限制的条件和设计内容要求的多面性，室内设计必然与多学科产生联系。

（1）室内设计是建筑艺术和工程技术、社会科学和自然科学的结合。

（2）它是设计美学、设计材料学、人体工程学、环境物理学、环境心理和行为学等学科的交叉学科。

（3）它是结构形态的构成、室内设施和设备、施工工艺和工程经济、质量检测以及计算机技术等多学科、多门类的相互融合。室内设计的活动过程不能离开对这些相关的因素关系的仔细推敲。

4. 审美特征

室内设计活动是按照美的规律来创造美的环境，是在一定条件下的审美形态创造活动，因此，审美创造的独创性必然是设计的一个本质属性。

室内设计的审美创造，具有求异性、散发性、独创性、突变性等创造性思维的特点；从以创新的思维、理性的程序、科学的方法来创造性地处理问题和追求新颖独特、标新立异等角度看，室内设计具有个性化的和与众不同的审美特点。

随着时代的发展，室内环境设计广泛的内容和自身的规律将随社会生产力和生产关系的发展而得到发展。另外，新材料、新技术和新结构等现代科技成果的不断推广和应用，以及声、光、电的协调配合，也将使室内环境设计升华到新的境界。因此，室内设计是科学、艺术和生活的完美结合。在现代工程学、现代美学和现代生活理念的共同激励下，它已经发展成为最能显示现代文明生活的创造活动。简而言之，室内设计就是一种透过空间塑造方式以提高生活境界和文明水准的智慧表现，它的最高理想在于增进人类生活和谐，提高人类生命的价值。

室内设计的本质是指室内设计作为设计文化的最内在的本质要素。

1）室内设计是创新生活观念

创新生活观念是指人类在改造自然的过程中改变自己，自身创造自己新的生活意义的行为观念。

创新生活观念首先体现在创造新的"生活方式"。"生活方式"是阶段时间里人们的生活理想和生活追求，一切文化的精神层面、行为层面、制度层面、器物层面最终都会在人的特定生活方式中得到体现。也就是说，随着社会政治、经济、技术的进步和发展，以及人居环境的不断改善，在人的审美文化生活需求提高的同时，生活方式也随之发生改变。而从设计学的角度来看，设计活动考虑人的目的和行为，其结果必然是为人们提供美和舒适的室内环境，同时也是新生活方式的创造。因而，室内设计本质上是创新生活观念。

2）室内设计是文化创造

室内设计的实质是反映人们的生活方式和审美追求，也是社会文化的创造。

（1）室内设计反映社会文化、科学技术、艺术及经济的总体关系，从侧面反映了历史文化、建筑风格、环境气氛等精神因素。

（2）生活方式是文化的载体，是人们生活意向和行为不断追求变化的体现。同时，室内设计的发展伴随着人类社会的进步而发展。人们在高速发展的社会与文明中，逐渐加深对生存价值观的认识，更加了解到人类生活空间与环境的重要性。因而，室内设计成为现代人的一个重要组成部分和人类的进步标志之一。

（3）人的任何一项活动都与特定的文化背景和特定的文化内容相联系，通过文化对自然物的、人工的、无机的、有机的各种因素予以组合，以一定的文化形态为中介，表达某种特定的文化观念，从这个角度说，室内设计在为人创造新的物质生活方式的同时，实际上就是在创造一种新的社会文化。因此说，室内设计是推动社会物质文明发展的一种手段。室内设计的概念和特征充分体现了室内设计的空间特性、艺术性和作为社会文化的本质特性。

1.4　室内设计的发展趋势

室内设计向何处去？经过一个辉煌进程之后，世界各国的设计师都面临这个划时代的问题，也都试图做出一个尽量科学并获得普遍认同的答案。20世纪的百年设计历史为后来的设计及设计师建立了雄厚的精神和物质基础。它们在设计原则、设计构思、材料革新、科技进步和设计文化等多方面的努力和成就促使今天的设计师对当今时代进行全面、审慎的思考。

一个时代会形成一个时代的社会形态特征。过去的十几年，现代社会所经历的无数变化显然对我们的生活方式造成了巨大的冲击，这不仅表现在日常生活的内容上，更表现在美学方面，这其中包括设计理念丰富多彩的变化。作为今天的设计师或未来的设计师，应该具有一种敏锐的观察、思索和预测设计发展的能力。设计总是走在社会发展的前列，它应该肩负起推动社会向更加文明、更加进步的方向迈进的重任。鉴于此，笔者在此对现代室内设计的发展趋势从多个角度加以分析与阐述，供读者讨论。

1. 科技与信息多元化的设计

随着科技工业化的发展，室内现代化智慧型的信息设备应用会非常便利与频繁，这是不可抗拒的历史潮流。所谓多元化的时代，就是未来的室内设计与科技互相结合，在此基础上形成一种新的创意。室内设计师虽然不需要去掌握与科技有关的理论，但必须对它的发展有基本的概念，并能将它应用在室内设计中，如此才会产生丰富的创作灵感和实效方案。

以一个科技电脑墙为例，它可以借着电脑的控制塑造出各种不同的空间气氛，也可以依着我们的情绪设定出多种合适的气氛，甚至将来还可以借由信息和科技的设备，让空间产生芳香的气体。这些手法将来都会进入人们的生活中，并与室内设计相结合。

就室内环境整体观而言，设计师应认识到科技只是一种工具，大量智慧型的信息设备也只是空间中一种新的构成元素，它们不是最主要的方面，人才是空间中的主角，未来的室内设计正是以人为主的设计。因此，多元化的设计也应是更民主、更自由、更开放、更重视人性尊严和情感诉求的设计，这也是未来的设计观。

科技将会对世界产生越来越大的影响。因此，设计师应以宏观的态度去吸收各种科技新观念，利用科技将人文、艺术、自然、形态元素等空间内涵结合在一起，并应用在人们的生活环境中，如智能型办公室、智能型住宅、智能型娱乐环境等将逐渐发展，是未来室内环境发展的方向。

2. 室内环境的生态学设计

生态学引起社会的普遍关注是在 20 世纪后期，生态、环境和可持续发展已成为 21 世纪室内设计师面临的最迫切的研究课题。高科技的发展带来了人类社会的长足进步，同时也造成了全球环境的恶化。建筑与设计业的发展也是如此。一方面，现代室内设计广泛运用各种建筑材料与设计手法，在创造悦目、舒适的人工环境方面做出了很大贡献。在人类建筑史上是一次巨大的进步。另一方面，这一进步是以地球资源与能源的高消耗为代价，它对地球生态环境的破坏与日俱增。于是，如何保护人类赖以生存的环境，维持生态系统的平衡，便成为全球关注的现实问题．也成为现代设计师的责任。生态学的观念在当今以至未来的设计中将占有越来越重要的位置，并将逐渐发展成为室内设计的主流。

把生态思想引入室内设计，扩展其内涵，有助于室内设计向更高的层次和境界发展。室内环境的生态学设计有别于以往形形色色的各种设计思潮，主要体现为以下三方面。

（1）提倡适度消费。通过室内设计而创造的人工环境是人类居住消费中的重要内容。尽管室内生态设计也把"创造舒适优美的人居环境"作为目标，但不同的是，生态学设计理念倡导适度消费思想，倡导节约型的生活方式，反对室内环境的豪华和奢侈铺张，强调把生产和消费维持在资源和环境的承受范围内，保证发展的持续性，以体现一种崭新的生态文化价值观。

（2）注重生态美学。生态美学是在传统审美内容中增加生态因素，强调和谐有机的美。它是美学的一个新发展，强调自然生态美，欣赏质朴、简洁，而不刻意雕琢；同时，又强调人类在遵循生态规律和美的法则下，运用科技手段加工创造出的室内绿色景观与自然的融合。因此，生态美学所带给人们的不是一时的视觉震惊而是持久的精神愉悦，是一种更高层次、更高境界、更具生命力的美。

（3）倡导节约和循环利用。室内生态设计强调在室内环境的建造、使用和更新过程中，对常规能源与不可再生资源的节约和回收利用，即使对可再生资源也要尽量低消耗使用。在室内生态设计中实行资源的循环利用，是现代室内生态设计的基本特征，也是未来设计体现持续发展的基本手段与理念。

3. 强调文化内涵的趋势

越是高度发展的后工业社会、信息社会，人们越是对文化具有更为迫切的需求。因此，室内设计应富有文化的内涵，在风格、样式、品位上提高到一个新的层次。设计师努力挖掘不同地域、不同民族、不同时期的历史文化遗产，用现代设计理念进行新的诠释和传承，是新世纪设计探索中的又一重大课题。同时，文化内涵的发掘与捕捉也是设计风格形成的基石。例如，茶室是在满足人们喝茶（功能和技术）的基础上，追求一种以"茶"为主题的文化形态，这里的"茶"就应是所追求的风格形成的基础。中国的茶文化由种茶、采菜、制茶、包装、水质、沏茶、茶道、茶具、茶室空间及关于茶的故事等综合而成。因此，要做出茶室的风格与个性，设计者须从这些文化内涵中寻找，以表现出环境的风格和个性。综上所述，强调文化内涵是未来室内设计的趋势，这从近年国内外多次室内设计评奖活动的获奖作品中也可见其一斑。

4. 简洁的室内设计观

简洁就是把设计思想高度进行提炼，使设计简化到它的本质，强调它内在的魅力，追求一种形式的现代化和简洁化。在现代设计中、线条趋向简洁是非常重要的趋势。究其产生的原因有以下三方面。

（1）由于早期现代设计运动中功能上的持久影响。建筑设计大师密斯·凡德·罗的名言"少就是多"至今仍然有极强的生命力，且不断被后代设计师进行新的诠释。

（2）受到东方设计传统，尤其是日本设计艺术的影响。日本在第二次世界大战后建筑与设计领域异军突起，形成影响很大的一个设计流派，更加剧了这种简洁的设计风格。

（3）由于受目前或相当长一段时间备受重视的生态设计观的影响。生态学设计观强调的是环境保护意识，其中一项重要内容就是对原材料的爱护与合理使用，因此，如何以最少的材料达到最完善的功能，就成为设计师追求的目标。

简洁明快的直线和简洁优雅的曲线空间环境，更多地体现在对自然界万事万物直接或间接的模仿吸收，这种升华的过程又离不开对现代材料的灵活运用。

5. 新现代主义的设计趋势

历经后现代主义冲击后的现代主义，既表现出对早期现代主义核心思想的坚持，又展示了其对艺术装饰地域文化、生态环境等人性主题的关注，学术界称之为新现代主义。新现代主义思想重视功能，强调理性的合理成分以及对国际主义局限性的多元化改良、发展和完善。新现代主义在20世纪末呈现出巨大的生命力，并在21世纪获得更大发展。新现代主义并非一种单一的设计风格，其表现形式多样，对早期现代主义思想进行修正的切入点也各不相同，如反对装饰、摒弃传统、强调科技高于一切等新观念在新现代主义思想中均得到了纠正。在技术问题上，新现代主义者积极欢迎技术的进步，在技术和艺术的沟通上永远充满探索精神；在装饰问题上，新现代主义倾向于诸如用材料的质感和色彩等更为细腻的方法来体现，设计者喜爱新材料、新技术，喜爱创造新的质感和肌理，他们不排斥使用色彩，但讲究简洁、理性的特点；在对待历史和传统的态度上，不同于后现代主义的戏谑和夸张，新现代主义是容纳且尊重的，手法上以非简单地采用"符号拼贴"，更多的是展现如比例和造型等古典传统的本质元素。同时，相对于20世纪初工业革命的大批量标准化等生产特点，新现代主义也表现出后工业时代的特征，即在全球经济一体化发展趋势下，追求个性化，在设计中有越来越多的非标准化、大众化的元素出现，设计师更加关注设计对象本身的特性，并努力将之与设计构思最大限度地融为一体。

一种设计思潮的取向折射出一个时期的社会文化与艺术的总体发展趋势，新现代主义不仅反映在建筑设计上与工业设计上，在室内设计上也同样得到了体现，而且其精神理念的发展空间还很宽广。近年来的国际建筑设计作品的室内设计风格追求便是这一现象的最好注释。现代室内设计，从创造出满足现代功能、符合时代精神的要求出发，强调需要确立下述一些基本观点。

1）"以人为本"为核心

"以人为本，是室内设计社会功能的基石"。室内设计的目的是通过创造室内空间环境为人服务，设计者始终需要把人对室内环境的需求，即物质使用和精神需求两方面放在设计的首位。由于设计的过程中矛盾错综复杂，问题千头万绪，设计者需要清醒地认识到以人为本，为人服务，为确保人们的安全和身心健康，满足人际活动的需要作为设计的核心。为人服务这一平凡的真理，在设计时往往会有意无意地因从多项局部因素考虑而被忽视。

现代室内设计需要满足人们的生理、心理等要求，需要综合地处理人与环境、人际交往等多项关系，需要在为人服务的前提下，综合解决使用功能、经济效益、舒适美观、环境氛围等要求。设计及实施的过程中涉及材料、设备、定额、法规及与施工管理的协调等诸多问题。现代室内设计是一项综合性极强的系统工程，但是现代室内设计的出发点和归宿只能是为人和人际活动服务。从为人服务这一"功能的基石"出发，需要设计者细致入微、设身处地为人们创造美好的室内环境。因此，现代室内设计特别重视人体工程学、环境心理学、审美心理学等方面的研究，科学地了解人们的生理特点、行为心理和视觉感受等方面对室内环境的设计要求。针对不同的人，不同的使用对象，相应地考虑不同的要求。例如，幼儿园室内的窗台，考虑到适应幼儿的尺度，窗台高度常由通常的90~100cm降至45~55cm，楼梯踏步的高度也在12cm左右，设置适应儿童和成人尺度的扶手；一些公共建筑顾及残疾人的通行和活动，在室内外高差、垂直交通、厕所盥洗等许多方面应作无障碍设计。

在室内空间的组织、色彩和照明的选用以及对室内环境氛围的烘托等方面，更需要研究人们的行为心理、视觉感受方面的要求。例如，教堂高耸的室内空间具有神秘感，会议厅的室内空间具有庄严感，而娱乐场所绚丽的色彩和缤纷闪烁的照明给人以兴奋、愉悦的心理感受，应充分运用可行的物质技术手段和相应的经济条件，创造出首先是为了满足人和人际活动所需的室内人工环境。

2）加强环境的整体观念

现代室内设计的立意、构思，室内风格和环境氛围的创造，需要着眼于对环境整体、文化特征及建筑物的功能特点等多方面的考虑。现代室内设计从整体观念上来理解，应该看成是环境设计系列中的"链中一环"。

室内设计的"里"和室外环境的"外"（包括自然环境、文化特征、所在位置等），是一对相辅相成、辩证统一的矛盾，为了更深入地做好室内设计，就需要对环境整体有足够的了解和分析，着手于室内，但着眼于"室外"。当前室内设计的弊病是相互雷同，缺少创新和个性，对环境整体缺乏必要的了解和研究，从而使设计的依据流于一般，设计构思局限封闭。忽视环境与室内设计关系的分析，也是重要的原因之一。

现代室内设计或称室内环境设计，这里的"环境"有两层含义。

（1）室内环境是指包括室内空间环境、视觉环境、空气质量环境、声光热等物理环境、心理环境等许多方面，在室内设计时固然需要重视视觉环境的设计，但是不应局限于视觉环境，对室内声、光、热等物理环境，空气质量环境以及心理环境等因素也应极为重视，因为人们对室内环境是否舒适的感受是综合的。一个闷热、噪声背景很高的室内环境，即使看上去很漂亮，待在其间也很难给人愉悦的感受。

（2）把室内设计看成自然环境——城乡环境（包括历史文脉）——社区街坊、建筑室外环境——室内环境，这一系列环境的有机组成部分，是"链中一环"，它们相互之间有许多前因后果或相互制约和提示的因素存在。

3）科学性与艺术性的结合

现代室内设计在创造室内环境中高度重视科学性、艺术性，及其相互的结合。从建筑和室内发展的历史来看，具有创新精神的新的风格兴起，总是和社会生产力的发展相适应。社会生活和科学技术的进步，人们价值观和审美观的改变，促使室内设计必须充分重视并积极运用当代科学技术的成果，包括新型的材料、结构构成和施工工艺，以及为创造良好声、光、热环境的设施设备。现代室内设计的科学性，除了在设计观念上需要进一步确立以外，在设计方法和表现手段等方面，也日益予以重视，设计者已开始认真地以科学的方法分析和确定室内物理环境和心理环境的优劣。

一方面需要充分重视科学性，另一方面又需要充分重视艺术性，在重视物质技术手段的同时，高度重视建筑美学原理，重视创造具有表现力和感染力的室内空间和形象，创造具有视觉愉悦感和文化内涵的室内环境，使生活在现代社会高科技、快节奏中的人们，在心理上、精神上得到愉悦。总之，这是科学性与艺术性、生理要求与心理要求、物质因素与精神因素的平衡和综合。

在具体工程设计时，会遇到不同类型和功能特点的室内环境（生产性或生活性、行政办公或文化娱乐、居住性或纪念性等），对待科学性和艺术性两方面的具体处理可能会有所侧重，但从宏观整体的设计观念出发，仍然需要将两者结合起来。科学性与艺术性两者绝不是割裂或者对立的，而是可以紧密结合的。

4）时代感与历史文脉并重

从宏观角度看，建筑物和室内环境总是从一个侧面反映当代社会物质生活和精神生活的特征，铭刻着时代的印记，但是现代室内设计更需要强调自觉地在设计中体现时代精神，主动地考虑满足当代社会生活活动和行为模式的需要，分析具有时代精神的价值观和审美观，积极采用当代物质技术手段。

同时，人类社会的发展，不论是物质技术的，还是精神文化的，都具有历史延续性。追踪时代和尊重历史，就其社会发展的本质来说是有机统一的。在室内设计中，在生活居住、旅游休息和文化娱乐等类型的室内环境里，都有可能因地制宜地采取具有民族特点、地方风格、乡土风味，充分考虑历史文化的延续和发展的设计手法。历史文脉，并不能简单地只从形式、符号来理解，而是广义地涉及规划思想、平面布局和空间组织特征，甚至设计中的哲学思想和观点。

5）动态和可持续的发展观

我国清代文人李渔在专著中曾写道："与时变化，就地权宜""幽斋陈设，妙在日新月异"，即所谓"贵活变"的论点。建议不同房间的门窗，应设计成不同的体裁和花式，但是具有相同的尺寸和规格，以便根据使用要求和室内意境的需要，使各室的门窗可以更替和互换。李渔"活变"的论点，虽然还只是从室内装修的构件和陈设等方面去考虑，但是它已经涉及了因时、因地的变化，把室内设计以动态的发展过程来对待。

现代室内设计的一个显著的特点，是它对由于时间的推移，从而引起室内功能相应的变化和改变，显得特别突出和敏感。当今社会生活节奏日益加快，建筑室内的功能复杂而又多变，室内装饰材料、设施设备甚至门窗等构配件的更新换代也日新月异。总之，室内设计"无形折旧"更趋突出，更新周期日益缩短，而且人们对室内环境艺术风格和气氛的欣赏和追求，也是随着时间的推移而在改变。

"可持续发展"（Sustainable Development）一词是在 20 世纪 80 年代中期欧洲的一些发达国家提出来的，1989 年 5 月联合国环境署发表了关于可持续发展的声明，提出"可持续发展系指满足当前需要而不削弱子孙后代满足其需要之能力的发展"。1993 年联合国教科文组织和国际建筑师协会共同召开了"为可持续的未来进行设计"的世界大会，其主题为各类人为活动应重视有利于今后在生态、环境、能源、土地利用等方面的可持续发展，联系到现代室内环境的设计和创造，设计者不能急功近利、只顾眼前，而要确立节能、充分节约与利用室内空间、力求运用无污染的"绿色装饰材料"以及创造人与环境、人工环境与自然环境相协调的观点。动态和可持续的发展观，即要求室内设计者既考虑发展有更新可变的一面，又考虑到发展在能源、环境、土地、生态等方面的可持续性。

可持续发展引导绿色设计。从近几年的全国室内设计大赛可以看到，在可持续发展观的引导下，绿色生态设计理念在建筑和室内设计领域得到重视，并且得到设计界、学术界的认同，况且，目前建筑与室内设计的评价体系和标准以不再局限在美观、经济和适用这样一个最基本的要求，人们更多考虑环保、安全，去探索设计与人类之间一种可持续发展的关系，力图通过设计活动，在人、社会、环境之间建立起一种协调机制。从简约主义基本特征来看，绿色设计也强调尽量减少不必要的材料浪费，重视材料的再生原则，使简约主义具有了新的含义，在未来的设计中，绿色设计必然发挥关键的作用。

1.5　应用研究——洛阳帝豪国际大酒店室内设计

1. 酒店室内设计的原则

酒店室内设计的原则涉及多方面内容。无论是功能分区、材质运用、色彩搭配、家具布置，还是节能环保、消防安全、心理学、人体工程学等。都要求设计者完美地综合各种功能需求，使酒店设计符合美学原则和具有独特的创意。下面将酒店的设计原则归结为以下四点。

1）酒店设计要对应客人的心理需求

酒店投资者必须迎合客人的心理需求，才能有较好的收益回报，而要实现这个需求，就是酒店规划设计者的宗旨。现在很多大酒店的规划设计和经营上都自然地执行这一原则，即使是一些普通的酒店也应当奉行：抓住客户心理，让客户的潜在期望值能够获得最大的实现，这也是每个酒店共同的生存秘诀，设计酒店时应当充分把握这一点。

2）酒店设计应体现文化观

酒店内部的规划设计，在不同地区、不同文化的背景下，可以采用不同的规划设计，以体现出其地域文化特征。设计酒店时应该做到，当客人来到酒店时，就要知道自己身在何处。当然这需要通过不同的形式来表现。例如，装饰艺术品的陈设、地域文化雕塑品的摆放、不同家具及地毯的采用等，因为在不同文化背景及不同地区差异的情况下，可以通过这些物品表达出来，并给客人以感染力。而这些陈设又必须恰如其分，过分的装饰不一定可以带来好的效果。设计到位的酒店大堂应当做到，当客人来到酒店时，即使没有酒店服务员来为他提供服务，也能够感受到酒店带来的温暖，就像回到自己家一样。这就要求酒店大堂里所能看到的某件物品与客人是相通的，它可能是一件家具、灯饰，也可能是陈设艺术品，一种色彩，一种特殊的材质。在设计酒店的时候，也应该懂得这一点，要具备这样的经验和修养。如果能够实现客人的"心理期待"，就可以符合酒店经营者的最大利益。

3）酒店设计应当考虑酒店的利润收入

中国多数酒店都会存在客房与公共区域所占比例不够合理的情况，主要体现在餐厅、咖啡厅过多，公共面积太大。一个完美的酒店，其根本宗旨并不是炫耀酒店自身，更不是仅仅让客人观赏，而是怎么样使其更实用和达到赢利。所以，酒店的客房数量要合理，与客房相适应的餐厅、咖啡厅等，都是有国际标准的。在中国，一个五星级酒店，必须要有一个与其相称的高档豪华中餐厅，这是很必要的，它是让酒店体现人气的重要部分之一。总之，公共面积大小要合适，而不是越大越好，客人想要的是一个宾至如归的温馨酒店，而不是一个展览馆。

4）酒店设计应体现酒店装修风格的独特性

室内设计的风格形成，是由不同时代思潮和不同地区文化的特点通过构思设计和表现，逐渐发展为具有代表性的室内设计形式。一种风格的形成往往与当地的人文因素和自然条件有着密切的关系。不同的地区有着不同的时尚，时尚自然会引导风格和档次，酒店设计一定要有自己的风格，从大酒店的角度来讲，可分为两大类：第一类是大型的豪华酒店，材质方面大量采用大理石和高档玻璃，且在照明方面非常讲究，要体现出酒店的豪华氛围；第二类则趋于传统，材质上采用了很多木制品、木质沙发、老式图案地毯等，给人舒适、典雅的感觉。风格定位各有不同，虽然表现于形式，但风格具有艺术、社会发展和文化等深刻的内涵；从这深层含义来讲，风格不停留或同等于形式。

2. 洛阳帝豪国际大酒店室内设计构思

洛阳是一座历史名城，号称"国色天香"的古都。在设计过程中要充分考虑到洛阳的地域文化特点，尤其在风格上，要体现洛阳千年帝都、牡丹花都的文化特点，将其融合到现代风格的设计中，还要注重室内、室外的整体风格统一。方案设计阶段是在设计准备阶段工作的基础上进一步研究分析，通过计算机草图等手段进行草图方案设计，通过多种方案的对比研究后，再选择最终理想的设计方案。

现代室内设计注重人与环境之间具有科学依据的协调。研究环境心理学、人体工程学的时候，都是以人为研究的对象。因此，在前期研究设计中还要高度重视对物理环境、生理环境以及心理环境方面的研究。

1）施工图的绘制

根据题目"洛阳帝豪国际大酒店室内设计"，首先根据酒店的规模，要明确设计任务书和要求，如室内设计任务的使用性质、功能特点、设计规模、等级标准、总造价，根据任务的使用性质，确定所需创造的室内环境氛围、文化内涵或艺术风格等。

　　根据平面图的墙体布局结构，结合人体工程学、客人到酒店的环境心理等来考虑功能分区，从客人一进大门到酒店大堂、从大堂到服务台、从服务台到电梯间等，都要设置功能。例如在进入大堂的右侧设置行李寄存处，给客人带来了方便；大堂右侧设置了大堂经理的小服务台，方便客人咨询等。功能分区基本布置完毕，根据平面图做"心理虚拟漫游"来考虑功能布局等问题，然后再进一步做调整，如图1-2所示。

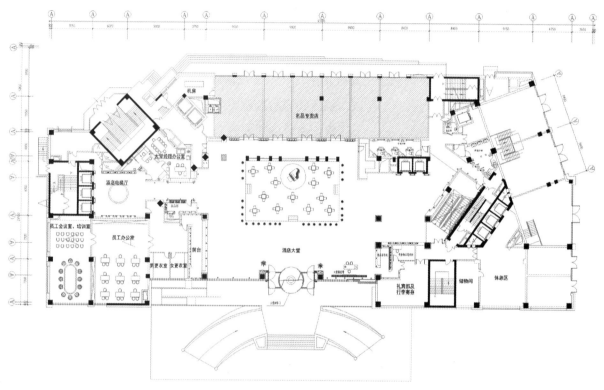

图1-2　酒店大堂平面图

　　施工图设计阶段是对整个大酒店设计的最后决策，在绘制施工图过程中，要充分考虑到立面造型、顶面及地面所使用的材料，综合解决各种技术问题。材料方面还要特别注重环保，有绿色才是健康的、完美的。施工图的设计，主要是在准确性和完整性两个方面为工程施工做进一步的准备，保障工程的设计质量和施工技术水平。施工图主要是提供给施工人员的图纸，图纸应当尽可能规范、详细和完整。施工图设计过程中提供的成果主要包括酒店施工图纸及酒店设计说明两部分。

　　2）效果图制作

　　此阶段是在酒店施工图纸确定并优化后进行的工作。效果图是通过计算机3d Max等三维软件对酒店环境模拟的虚拟图片，是通过图片的形式来表达酒店所达到的预期效果。效果图的制作过程中，按照施工图方案进行制作，结合"洛阳帝豪国际大酒店"的设计风格、洛阳地域文化及酒店规模来考虑色彩搭配、家具、灯光及五金配饰等。效果图制作过程中要注重材质贴图选用，选用洛阳当地现有的材料，以控制运输成本，减少造价。

　　3）室内色彩因素

　　色彩在酒店装饰设计中具有相当重要的作用，色彩可以直接引起人的视觉反应，影响着客人来到酒店的情绪。色彩有着唤起客人第一视觉的作用，酒店的各个场所功能不同，自然要根据相应的功能营造一个不一样的室内气氛，如图1-3、图1-4所示。而色彩搭配也是室内设计造型中一个非常重要的元素。

图1-3 客房

在平时的生活中所观察的颜色很大程度上都是受到心理因素的影响，会自然形成一种心理颜色的视觉感。色彩不是一个抽象的概念，色彩和室内每个物体的材料和质地都紧密地联系在一起。色彩可以支配人的感情。色彩心理学也一门非常重要的学科，在进行社会活动及自然观赏中，客观上，色彩是一种象征和刺激；主观上，色彩又是一种行为和反应。从色彩心理透过视觉开始，从知觉到感情再到记忆、思想，它的反应和变化是非常复杂的。

图1-4 斯诺克室（附彩图）

在酒店的室内设计过程中，不能完全依靠计算机绘制的效果图来考虑色彩搭配，应当充分考虑到室内的自然光线以及人工光线对色彩产生的影响，要完全掌握色彩搭配的原理和技巧。

酒店室内设计中，室内的色调基本为暖色，同时加入冷色光与暖色光进行对比，创造有层次、有情调的灯光效果，给人以温馨的感觉。墙面使用了暖色抛光石材，地面使用了颜色较暗的抛光石材，能够完美地衬托室内环境，也是整个室内色彩中首要考虑的

图1-5 大厅（附彩图）

材质对象，墙面和地面材质的选择，对家具配饰等都有很好的衬托作用。现代装饰风格使整个酒店室内空间显得比较宽敞、宁静，配上暖色的灯光效果，让整个场景显得格外温馨，如图1-5所示。

4）室内家具因素

室内家具是作为空间实用性质的直接表达者，室内家具的布置也是整个空间组织使用的直接体现。家具在室内空间里所占的比重较大，所以家具在室内空间中成为重要的表现角色。家具布置是整个室内设计的中心任务，室内空间的功能分区不同，所选用的家具造型、尺寸、色彩及家具材质都要根据家具的多样性和单一性，才能明确该家具的布局位置。充分利用家具来分隔空间，使空间更加丰富。家具布置不但可以丰富空间的内涵，还能够改善空间，弥补空间的不足。家具的数量不

是越多越好，数量多了空间易满，少了则显得空。家具的数量及大小要根据室内的功能需求，容纳人数及空间面积而定，充分要考虑舒适的空间感，如图1-6所示。

图1-6 宴会厅（附彩图）

家具的摆放很有讲究，如家具的座位布置方向、家具之间的间隔、光照等都密切关系到人与人之间的关系。背靠背、面对面还是面对侧都会影响到客人的安全感、私密感。不能让客人处在一种"你看我，我看你"的观者与被观者的尴尬局面。

5）室内陈设因素

室内陈设是家具布置完毕之后的一项重要内容，也是室内设计的重要组成部分之一。陈设品在室内环境设计中的地位越来越高。一般来说，陈设品必然是围绕家具而布置的，已经成为普遍的规律。陈设品可分为纯艺术品和实用性艺术品两类。纯艺术品只有观赏价值没有使用价值，而实用性艺术品不但有实用价值，还有观赏价值。不管是什么样的陈设品，都要处理好家具与陈设品之间的关系，陈设品与陈设品之间的关系，还有空间界面与家具、陈设品之间的关系。陈设品范围较广，形式多种多样，是表达室内空间的思想内涵及精神文化的亮点之一。显然，陈设品的选择是非常讲究的，要根据酒店的设计风格、家具的颜色搭配、洛阳地域文化特点等方面来考虑，如图1-7所示。

图1-7 电梯间

"洛阳帝豪国际大酒店"面积较大，各个空间相对比较宽敞明亮，陈设品的大小跟家具及空间的比例把握十分关键，陈设过大，空间显小，陈设过小，空间或墙面易空。陈设品的色彩搭配要充分考虑到家具的色彩，形成统一的风格。

6）室内照明因素

室内的照明是室内设计的重要组成部分之一，照明有利于活动安全和舒适生活，没有光也就不存在空间。在生活中，光不但是室内空间照明的条件，还是营造环境气氛的重要元素，如图1-8所示。

图1-8 游泳池

利用自然光线，可以节约能源，在视觉上也更加舒适，接近自然，如图1-9所示。在光线不足的地方需要进行人工补光。不同类型的光源，显色性能也不一样，对室内物体的色彩和室内气氛也会产生不同的效果和影响，需按不同的需要来进行选择。

图1-9 健身房

照明方式也直接影响着室内的效果。例如间接照明、半间接照明、直接照明及漫射照明等。光的亮度和色彩，直接决定了室内的气氛。光的刺激可以影响人的情绪，这种刺激必须与空间应有的气氛想适应。不同的光色也影响着室内的气氛。一些宴会厅、咖啡厅和娱乐场所使用的重暖色（如粉红色、紫色等颜色），使整个空间具有欢乐活跃的气氛。光色的加强，光的亮度相应会减

图 1-10　会议室

图 1-11　卫生间

图 1-12　前台

弱，会使室内空间感觉更为亲切。光照设计中，要充分运用光的亮度与光色，同时要结合场所的特点及家具陈设等特点，取得理想的艺术效果（图 1-10 至图 1-12）。

本章小结

以经济建设为中心的"大环境"，为室内设计的发展提供了前所未有的空间，室内设计作为一门独立的学科也获得了很快的发展。当今的室内设计具有了更新、更广而且更为复杂的内容和理念。从广义建筑学的角度看，室内设计既可以说是它的深化和延伸，也可以说是建筑学和美术学派生出的边缘学科，其学科内涵具有多元性构造的特征，它涉及生理、心理、伦理、精神、技术、物质等多方面的知识与内容。因此，要求从事室内设计的设计师们应该有非常宽广的知识面。

建立科学的室内设计新观念，掌握现代室内设计的知识前沿，引导对现代设计文化、设计发展态势的思索，是本章的重点和目的。

第 2 章 室内设计的风格

2.1 室内设计风格概述

当今社会，随着信息和物质文化的高度发展，文化越来越多地体现在个性文化的产生和各种文化的融合。人们对环境的需求除了满足传统的物质功能之外，更加看重环境氛围、文化内涵、艺术质量等精神功能。室内设计文化文脉的延续在这种条件下的发展，使得室内设计产生了不同的艺术风格和流派，极大地丰富了人们活动的空间的精神氛围，具有深刻的社会发展历史意义和文化内涵。

风格（Style）即风度品格，体现创作中的艺术特色和个性。流派指学术、文艺方面的差别。

风格是"一个时代、一个民族、一个流派或一个人的文艺作品所表现的主要思想特点和艺术特点"。"由于艺术家、设计师的生活经历不同，时代不同，受地域文化差异的影响不同，文化艺术修养、个性特征不同，在艺术创作和设计创作、艺术构思创意、艺术造型设计、艺术表现手法和运用艺术语言等诸多方面都会反映出不同的特色和格调，形成作品的风格和神韵"。

室内设计的风格和流派，属于室内环境中的艺术造型和精神功能范畴。室内设计的风格和流派是与建筑、家具的风格和流派紧密联系的，以相应时期的绘画、造型艺术，甚至文学、音乐等的风格和流派为其渊源和相互影响。如建筑和室内设计中的"后现代主义"一词，最早出现于西班牙的文学著作中，而"风格派"则是具有鲜明特色的荷兰造型艺术的一个流派。可见，建筑艺术除了具有与物质材料、工程技术紧密联系的特征之外，也和文学、音乐以及绘画、雕塑等艺术相互沟通。

室内设计风格的形成，是不同的时代思潮和地区特点，通过创作构思和表现，逐渐发展成为具有代表性的室内设计形式。一种典型风格的形成，通常与当地的人文因素和自然条件密切相关，又离不开创作中的构思和造型的特点。风格虽然表现于形式，但风格具有艺术、文化、社会发展等深刻的内涵，从这一深层含义来说，风格又不停留或等同于形式。

需要着重指出的是，一种风格或流派一旦形成，它又能积极或消极地影响文化、艺术以及诸多的社会因素，并不仅仅局限于作为一种形式表现和视觉上的感受。

20 世纪二三十年代早期俄罗斯建筑理论家 M·金兹伯格曾说过，"风格，这个词充满了模糊性。常把区分艺术的最细致差别的那些特征称作风格，有时候我们又把整整一个大时代或者几个世纪的特点称作风格"。在体现艺术特色和创作个性的同时，相对地说，可以认为风格跨越的时间要长一些，包含的地域也会广一些。

2.2　室内设计风格的分类

室内设计的风格主要分为：传统风格、现代风格、后现代风格、自然风格、混合型风格、简约主义风格、中式风格等。

1. 传统风格

传统风格的室内设计，是在室内布置、线形、色调以及家具、陈设的造型等方面，吸取传统装饰"形""神"的特征。如吸取我国传统木构架建筑室内的藻井、天棚、挂落等的构成和装饰，明、清家具的造型和款式特征。又如西方传统风格中仿罗马风、哥特式、文艺复兴式、巴洛克、洛可可、古典主义等，还有仿欧洲英国维多利亚式或法国路易式的室内装潢和家具款式。此外，还有日本传统风格、印度传统风格、伊斯兰传统风格、北非城堡风格等。传统风格常给人们以历史延续和地域文化的感受，它使室内环境突出了民族文化渊源的形象特征。

2. 现代风格

现代风格起源于 1949 年成立的包豪斯学派，该学派处于当时的历史背景，强调突破旧传统，创造新建筑，重视功能和空间组织，注重发挥结构构成本身的形式美，造型简洁，反对多余装饰，崇尚合理的构成工艺，尊重材料的性能，讲究材料自身的质地和色彩的配置效果，发展了非传统的以功能布局为依据的不对称的构图手法。包豪斯学派重视实际的工艺制作操作，强调设计与工业生产的联系。

包豪斯学派的创始人 W·格罗皮乌斯对现代建筑的观点是非常鲜明的，他认为"美的观念随着思想和技术的进步而改变"。"建筑没有终极，只有不断的变革"。"在建筑表现中不能抹杀现代建筑技术，建筑表现要应用前所未有的形象"。当时杰出的代表人物还有柯布西耶和密斯·凡·德·罗等。现时，广义的现代风格也可泛指造型简洁新颖，具有当今时代感的建筑形象和室内环境。

3. 后现代风格

后现代主义一词最早出现在西班牙作家德·奥尼斯 1934 年的（西班牙与西班牙语类诗选）一书中，用来描述现代主义内部发生的运动，特别有一种对现代主义纯理性的反逆心理，即为后现代风格。20 世纪 50 年代美国在所谓现代主义衰落的情况下，也逐渐形成后现代主义的文化思潮。受 20 世纪 60 年代兴起的大众艺术的影响，后现代风格是对现代风格中纯理性主义倾向的批判，后现代风格强调建筑及室内设计应具有历史的延续性，但又不拘泥于传统的逻辑思维方式，探索创新造型手法，讲究人情味，常在室内设置夸张、变形的柱式和断裂的拱券，或把古典构件的抽象形式以新的手法组合在一起，即采用非传统的混合、叠加、错位、裂变等手法和象征、隐喻等手段，以期创造一种融感性与理性，集传统与现代、大众与行家于一体的即"亦此亦彼"的建筑形象与室内环境。对后现代风格不能仅仅以所看到的视觉形象来评价，需要我们透过形象从设计思想来分析。后现代风格的代表人物有 P·约翰逊、R·文丘里、M·格雷夫斯等。

后现代主义的室内设计完全抛弃了现代主义的严肃与简朴，往往具有一种历史隐喻性，充满大量的装饰细节，刻意制造出一种含混不清、令人迷惑的情绪，它强调与空间的联系，常使用非传统色彩。后现代主义室内设计理念主要表现为以下三种特点。

1）强调形态的隐喻、符号和文化、历史的装饰主义

后现代主义室内设计作品运用了众多隐喻性的视觉符号，强调了历史性和文化性，肯定了装饰对于视觉的象征作用，装饰又重新回到室内设计中，装饰意识和手法有了新的拓展，光、影和建筑构件构成的通透空间，成了大装饰的重要手段。后现代设计运动的装饰性为多种风格的融合提供了一个多样化的环境，使不同的风貌并存，以这种共享关系贴近居住者的心理和习惯。

2）主张新旧融合、兼容并蓄的折中主义立场

后现代主义设计并不是简单地恢复历史风格，而是把眼光投向被现代主义运动摒弃的广阔的历史建筑中，承认历史的延续性，有目的、有意识地挑选古典建筑中具有代表性的、有意义的东西，对历史风格采取混合、拼接、分离、简化、变形、解构，综合等方法，运用新材料、新的施工方式和结构构造方法来创造，从而形成一种新的形式语言与设计理念。

3）强化设计手段的含糊性和戏谑性

后现代主义室内设计师利用分裂和解析的手法，打破和分解了既存的形式、意向格局和模式，导致一定程度上的模糊性和多义性，将现代主义设计的冷漠、理性的特征反叛为一种在设计细节中采用的调侃手段，以强调非理性因素来达到一种设计中的轻松和宽容。

4. 自然风格

自然风格倡导"回归自然"，美学上推崇"自然美"，认为只有崇尚自然、结合自然，才能在当今高科技、快节奏的社会生活中，使人们能获得生理和心理上的平衡，因此室内多用木料、织物、石材等天然材料，显示材料的纹理，清新淡雅。此外，由于其宗旨和手法的类同，也可把田园风格归入自然风格一类。田园风格在室内环境中力求表现悠闲、舒畅、自然的田园生活情趣，也常运用天然的木、石、藤、竹等材质质朴的纹理，用于布置室内绿化，创造自然、简朴、高雅的氛围。

此外，也有把20世纪70年代反对千篇一律的国际风格，例如砖墙瓦顶的英国希灵顿市政中心以及耶鲁大学教员俱乐部，室内采用木板和清水砖墙壁、传统地方门窗造型及坡屋顶等称为"乡土风格"或"地方风格"，也称"灰色派"。

5. 混合型风格

近年来，建筑设计和室内设计在总体上呈现多元化状况。室内布置中也有既趋于现代实用，又吸取传统的特征，在装潢与陈设中融古、今、中、西于一体，如传统的屏风、摆设和茶几，配以现代风格的墙面及门窗装修、新型的沙发；欧式古典的琉璃灯具和壁面装饰，配以东方传统的家具和埃及的陈设、小品等。混合型风格虽然在设计中不拘一格，但在设计中仍然是匠心独具，需要深入推敲形体、色彩、材质等方面的总体构图和视觉效果。

6. 简约主义风格

简约主义在设计史上又称"极简主义""极少主义"，是20世纪80年代开始兴起于西方国家的一种流行极为广泛、影响相当深远的设计风格与流派。这一名称最早由美国现代著名的艺术评论家巴巴拉·罗斯发明，用来指称、概况和形容美国20世纪60年代涌现的一批抽象艺术家的创作，后来也影响到艺术设计领域，影响最突出的是在家具和室内设计、服装、平面设计等门类，著名设计

师有菲利浦·斯塔克、乔治·阿玛尼、奈维尔·布罗迪等，比较著名的代表组织有宙斯设计集团等。

简约主义是一种在形式上追求极端简约的设计风格，其本质意义上是一种思想方法，即寻找事物的本质和精髓，就室内设计而言则是寻找和研究对象、材料、形式及空间的真正价值和本质；是将室内设计的诸元素：造型、色彩、照明、材料等简化到最少的程度，空间的架构和布局由精准的比例及细部来显现；它强调自由，让空间和形式摆脱那些阻碍人们真正欣赏它们的干扰，来表现出它们自己的本来面貌；主张任何多余的东西都不要，"少即是多"；它重视结构的精确、细致、简洁；它不断采用最先进的技术并保持自然材料的原始形态，从感觉上尽可能接近材料的本质；它珍视简朴这种道德和美学的法则，从而达到精神上的平和与卓越。

7. 中式风格

中式风格的室内设计，即具有中华民族特色，能够体现中华民族的传统文化和艺术内涵的建筑内部空间装饰。中式风格的室内设计包括古代中式室内设计与现代中式室内设计。现代中式风格的室内设计，也可称为"中国现代主义室内设计"，是指"现代室内设计汲取了西方现代主义中简洁、洗练的设计风格和表现色彩、质感光影与形体特征的各种手法，同时结合现代技术、经济条件以及中国的传统文化，因而室内设计带有中国自己的特色，被称为现代中式风格"。科学地继承传统色彩，科学地选择、处理、分析传统色彩，寻求合理的传统色彩应用方式，是表达现代中式风格的室内设计色彩视觉效果的最有效途径。

色彩的动感调和，在现代中式风格的室内设计中运用适当的电子光色，运用色彩的节奏原则调节室内空间色彩，可以使室内色彩之间的明度对比更加强烈，通过色彩的视觉运动变化给空间增添活力，现代中式风格的室内设计要通过传统色彩传达历史的文脉，要注重室内意境的传达。而光的有效运用，是创造传统色彩"中式"意境的有效途径之一。

色彩的流行性，只有时刻与现代时尚保持密切的关系，才能使中式风格的室内设计与国际设计并驾齐驱，使其不仅具有传统色彩的文化底蕴，而且具有现代时尚的风格特征。因此，时尚性原则是必不可少的。

色彩与材质共存，由于介质对光线的吸收和反射程度不同，故会使色彩呈现出细微的差别。而这也是现代中式室内色彩设计常用的方法。传统色彩的延续与变异，传统色彩较为鲜艳，色调丰富，通过分析传统建筑室内外的色彩搭配方式，改变搭配中不和谐的色相、明度、纯度，应用在现代中式风格的室内设计中，这样就在现代空间中延续了传统色彩在现代中式室内设计中运用色彩的延续与变异，是塑造"神似"传统的最有效、最简便的方式。

色彩与空间融合，室内空间需要色彩来渲染，不同的室内空间需要不同的色调，色彩依附于空间，空间表现着色彩，二者密不可分，因而在进行室内设计时需要将色彩和空间相融合。

从总体上看，国际化的趋同性成为当代室内设计风格的一个突出的特点，同时，设计风格上倾向相似化的趋向。这里的"国际化"是指在建筑的功能、构造形式、风格上具有越来越相似的特点，这是国际经济发展的必然结果，重视地方、民族特色是室内设计的发展趋向，就风格来说，目前国际室内设计基本上还是以现代主义的基本形式为基础，在现代主义基础上略加装饰，形成简约主义设计风格，它左右了大量的商业性建筑设计，是当代具有明确市场走向的室内设计的主流方向。同时，室内设计的发展，适应于当今社会发展的特点，呈现出多层次、多风格的发展趋势。但需要着重指出的是，不同层次、不同风格的现代室内设计，都将更加重视人们在室内空间中精神方面的需求和环境的文化内涵。从可持续发展的宏观要求出发，室内设计将更加重视"绿色装饰材料"的运用，考虑节能与节省室内空间，创造有利于身心健康的室内环境。

2.3 室内设计的流派

流派，这里是指室内设计的艺术派别。现代室内设计从所表现的艺术特点分析，也有多种流派，主要有高技派、光亮派、白色派、新洛可可派、风格派、超现实派、解构主义派以及装饰艺术派、极少主义派等。

1. 高技派

高技派或称重技派，突出当代工业技术成就，并在建筑形体和室内环境设计中加以炫耀，崇尚"机械美"，在室内暴露梁、板、网架等结构构件以及风管、线缆等各种设备和管道，强调工艺技术与时代感。高技派典型的代表性建筑为法国巴黎蓬皮杜国家艺术与文化中心等。

未来主义艺术运动中，对于机械美的追求还仅仅处在萌芽阶段，但作为一种建筑形态的探索，则具有不可替代的原创地位。其艺术主张发展到今天，被很多建筑师所继承和发扬光大，并和表现主义的艺术观念相融合，在今天发展出一套原汁原味的"建筑"，甚至模糊了建筑和机器的界限。从而形成当代建筑与室内设计中的一道高技派"机械美学与技术美学"主张的独特景观。

在室内设计中，高技派主张直接表现所有的建筑元素，充分表现室内结构的体系、管线、空调等真实而有表现力的元素。室内外每种管线系统被分别抛光、油漆，形成不同的色彩与质地。正是这样的色彩可获得明晰的表现及装饰效果，有时抛光如镜的管线及圆柱钢管成了表达设计意象的语汇。詹克斯在他的《高技之战：伴随着众大谬误的伟大建筑》一文中列出高技派的五大特点及主张。

（1）翻肠倒肚。结构体与服务设施空间被暴露在外，做成装饰或雕塑。

（2）过程仪式。对结构逻辑的强调，借助此过程，高技派建筑能表达比任何对技术的应用更完美的功能。

（3）透明性、层次性及运动感。透明的建筑表面处理，使人们对其中的逻辑关系有更清晰的理解；层次性的表达是建筑及结构逻辑的自然延伸；运动感是充分体现现代科技发展的视觉效果。

（4）单纯明亮及单调的色彩。无论室内或室外，各种管道或构件涂上了花花绿绿、明度或彩度都较高的色彩，材质又十分光亮纯净。

（5）质轻细巧的张拉构件。这些构件的运用充分体现了现代科技的发展。

2. 光亮派

光亮派也称银色派，在室内设计中充分展现新型材料及现代加工工艺的精密细致及光亮效果，往往在室内大量采用镜面及曲面玻璃、不锈钢；采用磨光的花岗岩和大理石等作为装饰面材。在室内环境的照明方面，常使用投射、折射等各类新型光源和灯具，在金属和镜面材料的烘托下，形成光彩照人、绚丽夺目的室内环境。

3. 白色派

白色派的室内设计朴实无华，室内各界面以至家具等常以白色为基调，简洁明朗，如美国建筑师 R·迈耶设计的史密斯住宅即属于此类型。白色派的室内设计并不仅仅停留在简化装饰、选用白色等表面处理上，而是具有更为深层的构思内涵，设计师在室内环境设计时，是综合考虑了在室内活动的人以及透过门窗可见的、变化着的室外景物（正如中国传统园林建筑中的借景），由此，从某种意义上讲，室内环境只是一种活动场所的"背景"，从而在装饰造型和用色上不作过多渲染。

4. 新洛可可派

洛可可派原为 18 世纪盛行于欧洲宫廷的一种建筑装饰风格，以精细轻巧和繁复的装饰为特征，新洛可可继承了洛可可繁复的装饰特点，但装饰造型的"载体"和加工技术却运用现代新型装饰材料和现代工艺手段，从而具有华丽而略显浪漫、传统而仍不失时代气息的装饰风格。

5. 风格派

风格派起始于 20 世纪 20 年代的荷兰，是以画家 P·蒙德里安等为代表的艺术流派，强调"纯造型的表现""要从传统及个性崇拜的约束下解放艺术"。风格派认为"把生活环境抽象化，这对人们的生活就是一种真实"。他们对室内装饰和家具经常采用几何形体以及红、黄、青三原色，或者以黑、白、灰等色彩相配置。在色彩及造型方面都具有极为鲜明的个性特征。建筑与室内设计常以几何方块为基础，对建筑室内外空间采用内部空间与外部空间穿插统一构成为一体的手法，并以屋顶、墙面的凹凸和强烈的色彩对比进行强调。运用简单的几何结构形式进行建筑与室内设计，同时保持这些几何单体自身的特征，深入研究非对称性，在设计中常运用反复的设计手法。风格派主要注重从美学上研究室内本身的美，相信艺术具有改变未来、改变个人生活方式的力量。风格派所强调的艺术和科学紧密结合的思想和结构第一的原则，为现代主义建筑设计奠定了思想基础。

6. 超现实派

超现实派追求所谓超越现实的艺术效果，在室内布置中常采用异常的空间组织、曲面或具有流动弧线形的界面、浓重的色彩、变幻莫测的光影、造型奇特的家具与设备，有时还以现代绘画或雕塑来烘托超现实的室内环境气氛。

7. 解构主义派

解构主义设计是从结构主义演化而来最终目的是给人们提供人们思维活动的手段。一种重要的现代设计风格，是后现代时期的设计师在对设计形式及其理论进行探索时所创造的，兴起于 20 世纪 80 年代后期的建筑设计界。其理论以法国哲学家 J·德里达在 60 年代创立的解构主义哲学为基础。

8. 装饰艺术派

装饰艺术派起源于 20 世纪 20 年代法国巴黎召开的一次装饰艺术与现代工业国际博览会，后传至美国等各地，如美国早期兴建的一些摩天楼即采用这一流派的手法。装饰艺术派善于运用多层次的几何线型及图案，重点装饰于建筑内外门窗线脚、槽口及建筑腰线、顶角线等部位。上海早年建造的老锦江宾馆及和平饭店等建筑的内外装饰，均为装饰艺术派的手法。

当前社会是从工业社会逐渐向后工业社会、信息社会过渡的时期，人们对自身周围环境的需要除了能满足使用功能之外，更注重对环境氛围、文化内涵、艺术质量等精神功能的需求。室内设计不同艺术风格和流派的产生、发展和变换，是建筑艺术历史文脉的延续和发展。

9. 极少主义派

极少主义出现并流行于20世纪五六十年代，主张用极少的色彩和极少的形象去简化画面，摒弃一切干扰主体的不必要的东西。

极少主义室内设计的特征就是要做到高度理性化，摒弃无谓的烦琐装饰。它不仅是否决、减少和净化。而且对家具选择、空间布局都很有分寸，从不过量。传统概念下的室内设计总是将室内空间装饰得尽可能丰富，而极少主义设计却会留下足够的"灰空间"，达到人对空间的潜在要求。它惯用硬朗、冷峻的直线，这些基本要素有可能只有几组简单的线条、光洁而通透的地板及墙面、利落而不失趣味的设计装饰细节等。极少主义室内设计还主张运用大片的中性色与大胆而强烈的重点色、轮廓鲜明的直线，与少量的图案装饰进行夸张的对比，达到一种视觉冲击力。

这些简洁、明快的设计风格十分符合快节奏的现代都市人的生活。在严谨而简洁的形态中有时暗藏着复杂的技术构造，它去掉了一些多余元素，留下了空间的纯净和给人的强烈感受。极少主义忽略的是空间物质的根本方面，而反其道强调其非本质的特征，并且将焦点集中于那些缺省。它造型简单但不失优雅，常常采用黑、白或灰的色彩，很少有装饰图案，显得含蓄而大方。它力求从视觉感官上体现"简约、纯粹、高雅、时尚"的风格。

极少主义室内设计非常强调室内各种材料与色调的对比，或微妙，或夸张，是体现风格的重要因素之一。高彩度、高纯度的色彩可以强调形状的运动感，色彩与形态的相互联系使得作品充满了生机。墙体对空间的营造有着最大的束缚，传统建筑的隔断大都采用了厚重的实体墙，其实在设计时用色彩、地面材料、隔断、灯光等不确定的要素，都可以暗示不同的空间区域。墙体的设计若使用砖、镜面、钢材等材质，色调则以纯白、奶油白等淡色系为主体，在适当的地方运用明亮而强烈的重点颜色加以突出。同时地面应该是墙体的有益补充和延伸，所以要注意质地的近似和色彩的统一。极少主义室内设计不宜运用大面积的软体织物，地面材质宜用单色调的木材或石材。窗帘的材料应选择素色的百叶窗或半透明的纱质窗帘，这种窗帘可以增加房间的空间感，也更方便室内的采光。极少主义用色原则是先确定空间的主色调，通常是"软"而亮的调子，然后决定家具和室内陈设的色彩范围，配合一定的绿色植物，例如：在冷调的、深色的硬质实木地板上放置一块柔软的灰棕色羊毛地毯，房间顿时会充满情趣。

极少主义室内设计适当地运用软质材料是十分重要的，如纤维绒、天鹅绒、皮革、亚麻布、丝、棉等。但是这些装饰织物的色调应尽可能地自然，图案不应该太强，应为一些暗花为或没有花纹的织物，应该突出其质地与触感。尺寸要根据空间的大小，家具陈设的颜色来选择，充分发挥织物的作用。灯光的布置是所有室内空间的重要元素。如果人们能科学地掌握光和色彩的基本知识，然后结合空间大小、家具的组合，不同房间的功能需求、灯光明暗色调的相互搭配等条件，进行精心设计安排，一定会给居室增添无限的情趣和许多意想不到的艺术效果。在色彩单调的情况下，灯光可以用来丰富视觉感受，极少主义偏爱良好的自然光照，尽量不用华丽的花式大吊灯，而以一两排可调节角度的小射灯取而代之，从直接照明变成间接照明，这样能使房间更明亮，而且能使小空间显得敞亮，从而实现简洁整体的效果，尽现空间的温馨与浪漫。选择自然色调配合一定数量的灯光，例如，可以把淡色的小吊灯从天花垂落下来，也可用暗藏或嵌入墙面和天花的筒灯的灯光来烘托织物、手工艺品，给人明朗、平和、恬静、高雅清新的感觉。

2.4　应用研究——苏州云海大酒店室内设计

1. 项目概况

苏州云海酒店项目位于苏州市金山路与苏福公路口；交通便捷，距火车站、长途汽车站、高速路口较近；方便出行，并且在苏州河附近，环境优美，气氛优雅。酒店积淀了浓厚的文化内涵。因此客户对设计要求为：反映苏州市的历史文化，结合当代城市风貌，综合表现苏州的深厚地域文化。

苏州云海大酒店定位在四星级酒店，总建筑面积约 3 万平方米，高 17 层，拥有豪华总统套房、商务套房、标准间等各类客房共 600 余间（套），是集餐饮酒吧、商贸金融、健身娱乐、旅游度假于一体、设施完备、功能超卓的中高档酒店。

2. 设计理念

1）室内设计应满足客户基本的生活需要

室内空间设计是设计师和客户共同参与的一项创作活动。一个空间的设计方案一定要尊重客户的兴趣、职业、爱好，酒店空间的设计更是要考虑到大多数群体和酒店管理层的爱好和兴趣。设计师应该在尊重甲方意见的基础上，进行艺术加工、归纳和升华，起到一个引导设计的作用。

2）室内设计追求室内整体风格与质量

室内空间设计是一种文化。在最简单的空间设计中，应该把这种意识贯穿始终，遵循艺术表现形式的一些共性，即共性与个性的表现。共性与个性，可以理解为空间及功能的划分要有松有紧、对比舒适。在色彩的选择上要做到含蓄与彰显的充分结合。在造型语言上要大小得当，横竖交错。在造型和色彩上还要考虑到空间各个方面的环境风格和质量。

3）室内设计注重材料环保

在我国，经济的高速发展给室内设计行业创造了极为广阔的发展空间。在大城市，经常可以看到汇集了当代最优秀理念的建筑和室内空间设计。应该说，作为中国室内设计师，必须要有自己设计的特色和设计理念。

积极主动地使用一些无毒、无污染的装修材料，更换绿色电器，选购一些可循环材料制成的家具，减少木材的使用，这些都会对保护环境、提高下一代的环保意识起到实际的促进作用。这就是21 世纪提倡的低碳经济。

欧盟为全球"低碳政治"提供了理论基础，成为这一领域的先行者。它首先在于构建出全球气候变暖与全人类毁灭之间的科学关系，然后再构建出人类活动与气候变暖之间的科学关系，而人类活动和全人类毁灭之间的中间环节就是二氧化碳排放导致气候变暖的"温室气体效应"的科学理论。低碳设计是设计发展的一种趋势，它是建立在可持续发展的基础上，应用整合的设计方法，综合地应用现场可再生能源。因此，在室内空间设计中必须要考虑材料的环保性能。

3. 设计风格

苏州云海大酒店的整体风格定位是现代中式风格。现代中式风格也就是把中国古典建筑元素提炼并融合到现代生活和审美习惯的一种装饰风格。让古典元素更加简练、大气、时尚，让现代家居装饰更具有中国文化韵味，体现中国传统家居文化的独特魅力。现代中式风格很好地继承了传统中式风格中的传统元素，又不缺乏现代的气息。现代中式风格室内空间具有舒适、写意之感。

4. 设计构思

室内设计首要还是功能布局的设计。功能布局设计关系到消费者基本的生活习惯和舒适度。苏州云海大酒店的整体功能布局设计规划包括办公、住宿以及娱乐等各个空间。具体是一层和二层之间有个挑空，一层主要有前台、客户休息区、入户景观、餐厅、厨房、超市等空间；二层主要是办公空间，有办公室、会议室、培训室、宴会厅、接待室等；三层主要是休闲娱乐空间，有茶社、KTV 休闲、酒吧、咖啡厅、健身房、洗浴室等，四层至十七层主要是客房空间，有总统套房、豪华客房、豪华标间、标准间、普通间。

酒店部分施工图，如图 2-1 至图 2-10 所示。

部分空间的立体设计主要采用 Auto CAD、3d Max、Adobe Photoshop 等软件完成。

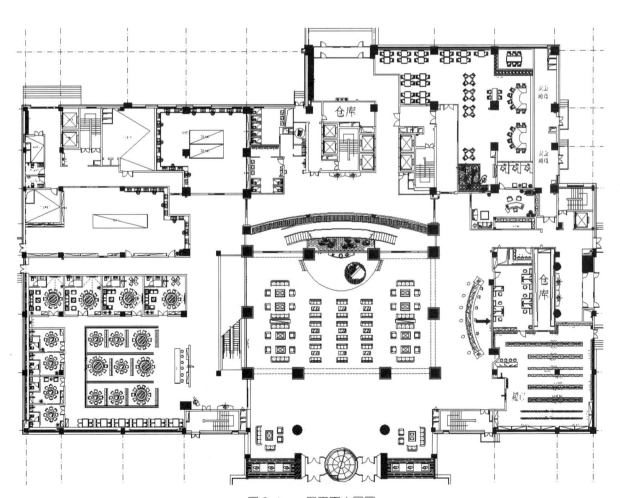

图 2-1　一层平面布局图

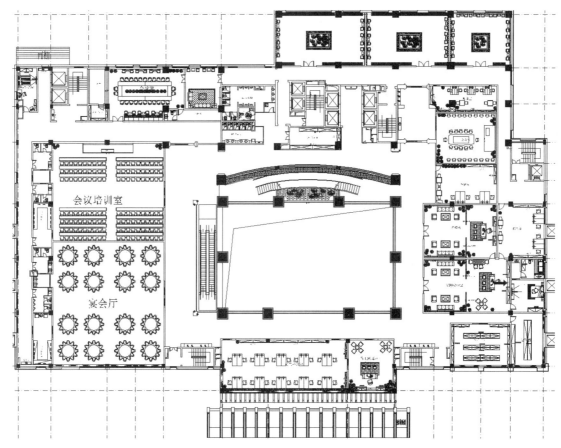

图 2-2　二层平面布局图

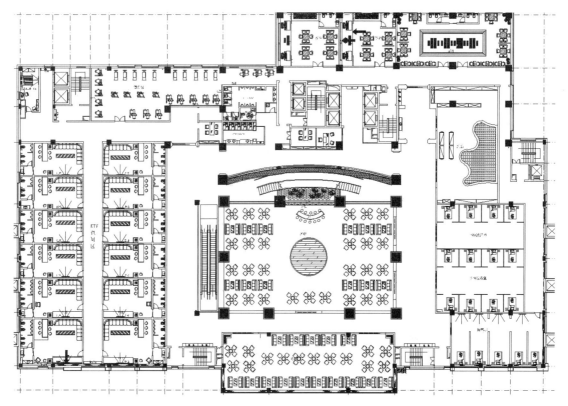

图 2-3　三层平面布局图

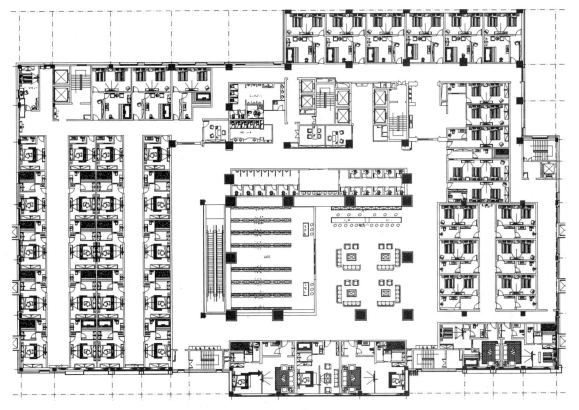

图 2-4　四层平面布局图

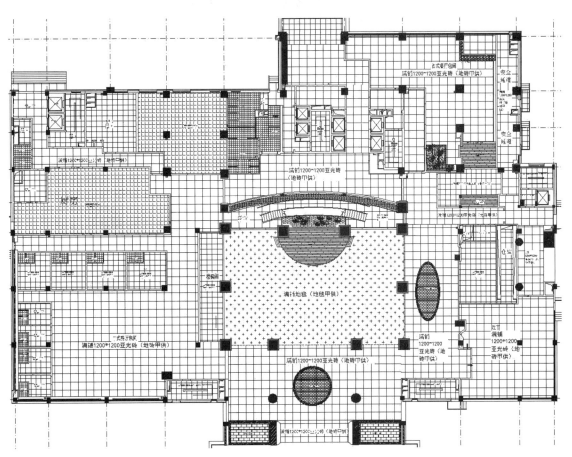

图 2-5　一层地面铺贴布局图

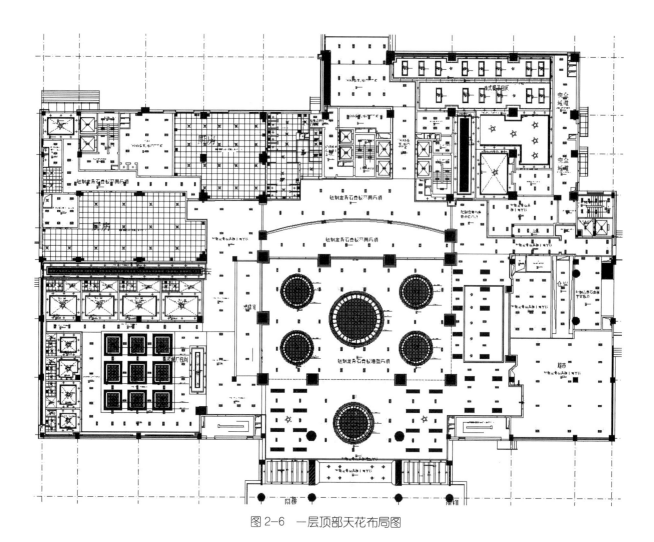

图 2-6　一层顶部天花布局图

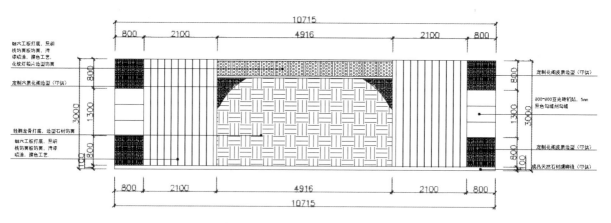

图 2-7　一层前台背景墙立面图

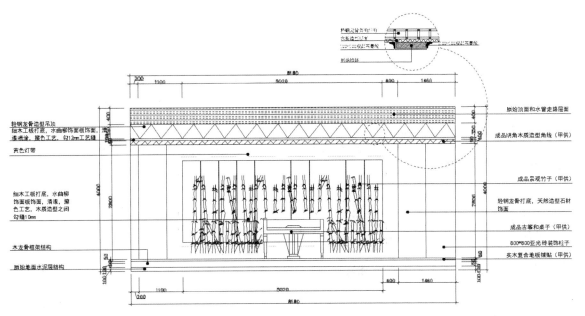

轻钢龙骨造型吊顶
细木工板打底，水曲柳饰面板饰面，清漆喷涂，擦色工艺，勾12mm工艺缝

黄色灯带

细木工板打底，水曲柳饰面板饰面，清漆，擦色工艺，木质造型之间勾缝10mm

木龙骨框架结构

原始地面水泥层结构

原始顶面和水管走路层面

成品阴角木质造型角线（甲供）

成品景观竹子（甲供）

轻钢龙骨打底，天然造型石材饰面

成品古筝和桌子（甲供）

800*800亚光砖装饰柱子

实木复合地板铺贴（甲供）

图2-8　三层茶社剖面图

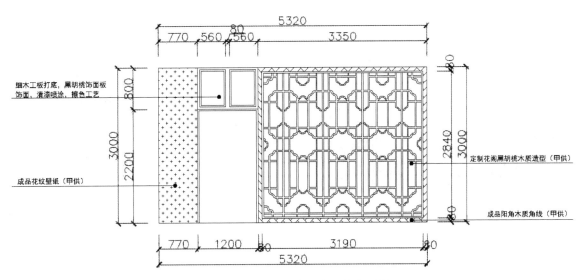

细木工板打底，黑胡桃饰面板饰面，清漆喷涂，擦色工艺

成品花纹壁纸（甲供）

定制花阁黑胡桃木质造型（甲供）

成品阳角木质角线（甲供）

图2-9　四层总统套房电视墙立面图

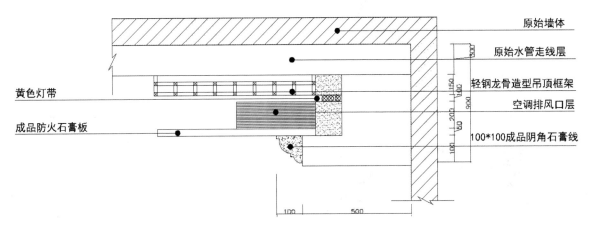

黄色灯带

成品防火石膏板

原始墙体

原始水管走线层

轻钢龙骨造型吊顶框架

空调排风口层

100*100成品阴角石膏线

图2-10　四层总统套房吊顶节点图

1）前台的设计

前台的设计所用材料主要有木质花阁和天然石材以及亚光砖等。前台背景墙以竖线性木质造型和花阁以及发光材质、石雕设计而成；地面采用亚光砖和石材拼花砖设计而成；吊顶采用轻钢龙骨加上木质造型设计而成；柱子采用中式传统花纹石材和亚光砖设计而成；一层、二层的挑空之间用中式楼梯护栏衔接和石雕装饰面结合设计而成。在设计前台这部分的时候，主要是建立在中式传统元素的基础上配合现代元素设计而成，如图2-11所示。

图2-11 前台背景墙

2）餐厅的设计

餐厅的设计所用材料主要有木质花阁、天然石材、亚光砖和皮质等。餐厅的隔断在设计上没有采用普通砖砌墙进行隔开，而是采用花阁隔开，这样在一定程度上保证了空间的流通性；吊顶用轻钢龙骨配合烤漆玻璃饰面以及皮质材料，这样使吊顶看起来大方而又有韵味；地面采用1200mm×1200mm的亚光砖铺贴。在设计餐厅之时，以中式传统元素花阁为主，加上现代元素的皮质和烤漆玻璃，如图2-12所示。

图2-12 餐厅（附彩图）

3）电梯间的设计

电梯间的设计所用材料主要是天然石材和木质。电梯间的吊顶和背景墙在造型设计上相互呼应，都采用了简单的木质线性造型，吊顶与墙面用空调排风口隔开；电梯间的墙面用天然石材和亚光砖设计而成；地面采用石材收边线和中式传统花纹石材收边线结合亚光砖设计而成，这部分设计整体大气而又不失韵味，如图2-13所示。

4）董事长办公室的设计

董事长办公室的设计更是将传统中式元素和现代元素巧妙地结合起来，吊顶用木质线性造型和轻钢龙骨相结合设

图2-13 电梯间

计，其中吊顶设计中仍将空调排风口放在其中，这样使空间显得很大气；墙面采用中式传统花阁元素和现代壁纸元素相结合设计；地面铺贴实木复合地板；办公室接待区和办公区用花阁隔开，

花阁中加上拱形门的设计，更显其空间的流通性，避免了普通砖砌墙的呆板，如图2-14所示。

5）会议接待区的设计

会议接待区的设计，吊顶采用轻钢龙骨造型和花阁以及烤漆玻璃相结合设计；墙面采用简单的线性造型和壁纸相结合，这样的空间既显大气而又有中式韵味；地面用实木复合地板和地毯以及造型景观相结合设计而成。在设计会议接待区的时候，主要考虑到用新型材料以及材料的低碳环保。会议接待区的空间设计流通性很强，整个空间都散发着一种强烈的书香气息，如图2-15所示。

图2-14 董事长办公室（附彩图）

6）KTV走廊的设计

通往KTV包间的走廊在材料设计上主要采用现代花纹皮质、中式花纹皮质以及石材和传统中式花纹石材。吊顶用轻钢龙骨造型和烤漆玻璃以及皮质相结合进行设计，灯光用冷色光源；墙面采用现代皮质和深色亚光砖相结合，皮质和深色亚光砖之间用石雕腰线分开；走廊尽头的背景墙用花阁结合木质造型设计；地面材料设计用石材收边线和中式传统花纹石材收边线以及结合深色花纹亚光砖，亚光砖之间用具有花纹的钢化玻璃分隔，钢化玻璃里面用灯光片装饰设计，整个走廊空间设计大气，具有较强的现代气息，同时还不缺乏中式的设计元素，如图2-16所示。

图2-15 会议接待室

7）KTV包间的设计

KTV包间在设计氛围上现代气息比较浓重。吊顶采用轻钢龙骨造型和烤漆玻璃以及中式花纹皮质相结合进行设计，

图2-16 KTV走廊

吊顶周围用一圈石膏线围住，主要是预防吊顶因潮气而脱落，这样的保护措施能使吊顶使用寿命延长；墙面用皮质造型和深色石材相结合进行设计，KTV电视背景墙采用简单的框型造型，在材料设计上选用中式花纹发光材质和中式花纹皮质材质以及不锈钢收边线和深色壁纸相结合；地面用深色亚光砖和地毯以及钢化玻璃地台造型相结合进行设计，钢化玻璃内部使用冷色灯光片装饰，使整体设计更具现代性，中式花纹材质的使用，让整个空间尽显中式氛围，如图2-17所示。

8）按摩房的设计

按摩房的空间设计中式味道比较浓重。吊顶依然采用轻钢龙骨造型设计；墙面上采用石材造型和中式花纹皮质以及壁纸相结合设计而成，各个按摩床之间用传统中式花阁隔开，这样可避免砖砌墙的呆板。花阁也会使整个空间更显流通性。地面用实木复合地板材料。整个按摩房的设计很具有现代性，如图2-18所示。

9）茶社的设计

茶社空间设计上在保证中式味道的同时，还带有田园的气氛。吊顶采用轻钢龙骨造型和木质花阁造型结合起来进行设计，古筝区和景观区吊顶用线性木质造型设计而成，使得吊顶更具丰富性；为了避免头重脚轻的设计弊端，墙面造型也应随之丰富，墙面造型还是以木质造型为主，古筝区墙面背景墙用石材造型和竖线型木质造型，以及具有代表中式风格的竹子相结合进行设计，使得古筝区带有乡村田园气息。古筝区与客人品茶区用木质造型以及拱形门隔开，这样保证了古筝区的私密性，使得这部分空间更具神秘感。茶社景观区用一些荷花点缀，使空间的空气质量得到保证，符合低碳环保设计的原则。地面材料设计用实木复合地板制作的地台和深色亚光砖相结合；整个茶社空间的氛围不仅带有中式田园的氛围，而且还有一定的现代气息，如图2-19所示。

图2-17　KTV包间

图2-18　按摩房

图2-19　茶社（附彩图）

10）客房的设计

客房的设计以总统套房为例，总统套房空间设计还是以传统中式元素为主，现代元素为辅。吊顶采用轻钢龙骨造型和空调排放口造型相结合，墙面用传统的中式花阁和现代花阁并结合壁纸进行设计。休息区与休闲区用花阁隔开，在设计上避免了普通砖砌墙的呆板和流通性差的缺点。隔断的设计细节在于造型是可以旋转的，这样可以保证客人在休息时，视觉娱乐得以方便享受。总统套房的空间流通性较好，书香味较浓，同时还具温馨感，如图2-20、图2-21所示。

图2-20 总统套房（附彩图）

图2-21 大厅休息区（附彩图）

本章小结

室内设计与建筑设计是一个完整的设计体系，这个体系包括了建筑外观形态、室内空间、使用功能、设计风格以及文化特征等一系列的内容。其中室内设计是一个不可或缺的组成部分，也是建筑设计的延续和深化。一般认为，近百年来，建筑设计的发展始终领先于其他设计门类，各种新思潮、新流派、新风格往往首先在建筑领域孕育成型。

随着科技的不断发展和我国改革开放的不断深入，人们的思想也开始向多元化发展，对于生活居住的空间环境的要求也在不断提高，室内设计不仅需要综合考虑人与环境的关系，还要解决人们的个性化设计需求，未来室内设计的趋势将面向多层次和多元化发展。

第3章 室内设计的构成要素

3.1 室内设计的内容要素

内容是事物内在诸要素的总和。形式是内容的存在方式，也是内容的组织和结构。室内设计的功能特征、条件特征、关联特征构成了室内设计的内容要素；而审美独创性特征与前三个要素的有机结合，共同构成室内设计的外在表现形式，即室内设计形式要素。

1. 室内设计的功能要素

任何一座建筑物都是与它的功能紧密地联系在一起的，因此，室内设计应充分考虑使用者的各方面要求，包括使用功能和审美功能两方面的要求。

1）室内环境的使用功能

室内环境的使用功能要素是指与建筑空间构造相配的、满足人在室内的各种身体和生理需要的物质要素，包括空间形状与空间大小、家具与设备、消防与安全等，以及供水、供电、空气调节、采光与照明、传声与隔音等多种物理环境要素。

室内外境的使用功能决定室内空间的性质，也是决定室内空间大小的首要因素，室内空间尺度严格地制约着它的基本形状，因此，室内环境的使用功能首先是一个限定与限制的要素，同时也是一个要求和限度的要素。

现代工业和信息业的发展以及新技术设施的引进和利用，对室内环境的使用功能提出了相应的要求，而物质功能的重要性、复杂性是不言而喻的；在满足一切基本的物质需要后，还应考虑符合业主的经济条件，以及在维修、保养或修理等方面开支的限度，提供安全设备和安全感，并在生活条件发生变化时，有一定的灵活性等。

2）室内环境的审美功能

审美要素不但是形象感知的要素，也是形式构成的要求和创造要素。审美功能的要求决定室内设计的形式。审美心理一方面需要通过对人们行为模式的分析去了解，另一方面则表现在个性、社会地位、职业、文化教育等方面，以及对个人理想目标不同的层次和特点的追求。根据这些行为模式、层次和特点，从而创造出具有审美享受和情感的室内空间形式，是室内设计追求的最高目标。

2. 室内设计的实质要素

室内设计的实质要素包括客观环境、设计要求、设计限定和设计审美等多个条件和因素。

实质要素具体体现在基本功能方面：如室内设计的主题与风格，室内设计的空间与构造（包括室内门、窗、柱等建筑元素），室内设计的尺度与比例，室内设计的时间和地点，室内设计的要求和限定条件，室内设计的经济、技术条件，室内设计的施工因素等方面。它们都是进行设计活动的前提和限定条件。

1）室内设计的主题与风格

主题是指设计的内容必须具有一定的意义。笼统地说，主题也叫立意。设计的主题或立意是设计吸引人和打动人的地方，因此是一个关键的要素。设计中，主题往往和风格有关。

风格是一种设计形式的特性显示，是设计师有意识地调动各种设计因素，使之集结成一个明显的视觉形象的方式。风格虽然表现于形式，但风格具有艺术、文化、社会发展等深刻的内涵，从这一深层含义来说，风格等同于形式。室内设计的风格与特点受到历史、文化、地理等条件的影响，反映一定的时代精神与文化特色，同时与地理的人文因素和自然条件密切相关。不同的时代思潮和地区特点通过设计师的创作构思和表现，逐渐发展成为具有代表性的室内设计形式。

2）室内设计的空间与构造

室内设计的空间与构造是指由建筑限定的空间大小、高低、界面围合而成的形状，以及群体空间之间的关系等。

今天的建筑构造形式仍然受经济、材料、技术的制约，室内设计也依然要充分考虑构造对空间造型的影响。

（1）建筑提供的空间构造是室内功能最基本的部分，是构成室内空间的本体，离开了建筑构造对空间的限定，室内设计就无从谈起。

（2）建筑构造对于室内形态具有决定性作用。建筑空间限定的地面、柱与梁、墙面、顶棚四种形态是室内空间限定的基础，一般也是不可改变的要素。

（3）柱网的开间距离、楼面的板厚、梁高等，都是室内空间组织时必须考虑的条件和制约因素。

（4）室内空间的设施，管道占据的建筑空间和风口位置、管线等的尺寸、走向和铺设要求等也是重要的制约条件。所有这些限定室内空间形态的条件无疑都会对室内空间的艺术表现形式产生很大的影响。

因此，空间与构造的条件要素要求对建筑围合所提供的内部空间进行总体处理，在建筑设计的基础上深入调整空间限定中人与空间的尺度和比例，解决空间与空间之间的关系，而在这其中，空间实物形态之间的尺度是否恰当，是衡量室内设计成败的关键。

3）室内设计的尺度与比例

室内尺度是以室内空间中人体尺度为模数的行为尺度和心理尺度体系。这个体系以满足功能需求为基本准则，同时影响到内部空间中人的审美标准。

首先，这个体系主要体现在与人的行为有直接联系的空间功能设计上。人的活动受界面围合的限制和影响，对尺度感受十分敏锐，从而形成以厘米（cm）为单位的度量体系。因此，室内设计的尺度体系表现为室内空间大小、高低、界面围合的尺度，表现为室内家具的尺度，也表现为装饰陈设用品的尺度。室内空间中功能实体的合理距离、墙面顶棚装修材料的组合、装饰陈设用品的悬挂与摆放，都与尺度和比例有着密切的关系。

其次，尺度关系对空间内部的作用是巨大的，人们对尺度的感受是因诱导性的参考物而产生的。从视觉形象的概念出发，空间形象的优劣是以尺度比例为主要前提和标准的。室内空间形象是空间形态通过人的感觉器官作用于大脑的结果。

室内设计的尺度要求设计活动不能离开基本需要、行为需要、心理需要的尺度和美学尺度进行设计师个人的创造性行为，这是艺术设计区别于纯艺术的标志。尺度系统不但是室内设计功能的组成部分，也是室内设计审美系统的主要组成部分。

比例是部分与部分或部分与整体的数比关系。人体的比例是我们常用的基准尺度，以它来决定与相关的形和物的大小，优美的比例能给人以美感。

4）室内设计的时间和地点

时间和地点总是紧密联系的，任何时候，室内设计活动都不能离开时间和地点。室内设计的时间概念，首先是指室内设计是一门包含时空的四维表现艺术，在于它与室内空间的不可分割性。人是在空间中活动的，不同的时间与相应的运动视线产生不同的视觉感受，从而形成不同的空间视觉形象。室内设计时间概念的另一层面是：室内设计与施工的时间长短是有限定的，包括室内施工的质量保证和经济投入也是与时间相互联系的。

室内设计时间概念更加深层的意义是，人们的需求是随着时间不断变化的，并通过设计而不断求得日新月异的创新。生命周期理论认为，设计物的特征是随时间的推移而发生变化的生命周期，因而也形成了设计的循环。

认识和把握时间的条件要素对室内设计有重要的意义。室内设计与时间因素关系密切，在现实中要深入考虑到现代室内设计的更新周期短、更新节奏快、材料与设备的老化也在加快的特点。

设计风尚也表现了时间这个原则。学会研究世界设计潮流，把握设计倾向和特点。

室内设计的"地点"是指室内环境造就的条件，如景观、视线、日照、通风等，它们是人居环境指标数值要求的一部分。良好的环境指数对室内设计的空间品质有相当重要的影响。而安全、交通便利等其他条件也都是人居环境指标数值条件。另外，设计时也要考虑未来的施工环境，如材料运输所需具备的道路条件等。

5）室内设计的要求和限定条件

室内设计的要求和限定条件，首先是建设单位提出的设计任务书、有关的规范和定额标准等；其次是原有建筑物的建筑总体布局和建筑设计总体构思，也是室内设计重要的依据。

6）室内设计的经济、技术条件

室内设计的经济条件是指建设单价资金投入和资金使用对室内设计的制约。设计的形象、设计的质量、设计的材料等都受资金投入的限制，它是整个设计活动的基础。经济条件还有另外的意思，即资金投入和产出的关系，没有目的地投入大量资金是不切实际的。

设计总是受生产技术发展的影响。技术包括生产用的工具、机器及其发展阶段的知识，它是生产力的一种主要构成要素。技术形成了设计者的环境，无论哪个时代的设计和艺术都根植于当时的社会生活，而出于环境状况的种种改变，也就改变了设计者所使用的材料。随着技法、材料、工具等的变化，技术对设计创造有直接影响。

7）室内设计的施工因素

室内设计施工的实质是设计与实施设计的关系，表现为设计部门与生产部门的合作关系要素。设计部门的构成一般根据企业、公司的实际情况来设置，但基本上由设计实务部门、设计服务部门和设计管理部门组成，它是按照设计的宗旨和设计系统建立起来的集体。这个集体是参与制订设计计划和实施设计计划的中枢。不仅设计部门内部的各部门相互联系，生产部门、检验部门以及其他有关部门也都关系密切，以便从这个系统的整体来决定和策划设计的目的和内容。而设计实施的前提是组织一支强有力的施工设计队伍和机构，再就是编制严密的设计程序。程序的差异、步骤的得失，也会直接影响设计的质量。就室内设计的复杂性而言，必须把整个过程都要纳入设计管理的内容。

室内设计施工一般包括两个方面：一方面是施工技术，指施工工人的技术操作熟练程度、施工工具和机械、施工方法等；另一方面是施工组织，指材料的运输、进度的安排、人力的调配等：室内设计中的一切意图和设想，最后都要受到施工实际的检验。因此，设计工作者不但要在设计工作之前周密考虑建筑的施工方案，而且还应该经常深入现场，了解施工的有关情况。以便协同施工单位共同解决施工过程中可能出现的各种问题。

3.室内设计的关联要素

室内设计与其他学科之间关系密切，如美学、材料学、色彩学、光学、人体工程学、环境心理学以及科学理论如控制论、信息论、系统论等，这些学科都是室内设计学习和应用的理论体系，室内设计的关联要素就是指室内设计与这些学科的关系。

1）室内设计与美学

美学是研究审美原理与审美创造的人文社会科学。如果按照人的感觉和感受来区分审美，那么以视觉形态为主的审美艺术，称为视觉造型艺术，简称造型艺术或视觉艺术，它是以形状作为语言媒介的审美构成元素，是审美形态规则及方法的形态创造。从这个角度来看，室内设计事实上也是视觉造型艺术的审美形态创造。

设计审美创造活动是一种有意识的、有目的的创造行为，它不仅要运用特定的技术与工艺，也要依靠富有创造力的艺术手法进行处理与表现。因此，室内设计审美创造活动既包含使用功能的合理性和使用者心理反应的习惯性，同时也包括对前述两者所构成的关系的适应性，具有造型艺术可变性和使用性质的相对不可变的特征，它们共同构成了室内设计创造活动的特殊性。

2）室内设计与材料学

材料学是关于材料的特性和材料应用研究的科学，材料由不同的物质结构组成，具有不同的物理或化学的特性。材料分为自然材料和人工材料，自然材料因天然自成，它们有着各种美丽的图案和色彩；而人工材料在保持自然材料某些特性的基础上，弥补了自然材料的不足。就材料与人的关系而言，材料还具有生理和审美特性。不同的材料质地、色彩和肌理会对人的生理和心理产生直接的影响。

室内设计是通过材料及施工，把设计变为现实的艺术。材料为我们设计不同的室内环境空间，表现不同的审美情趣创造了条件。因此，在室内设计中，必须认识并了解各种材料的特征与性质，掌握和了解相应的施工技术要求。

3）室内设计与色彩学

色彩学是探讨色彩的产生、色彩的构成与色彩应用的理论与实践的科学。在人的感觉器官中，视觉对形状的感受是第一位的。而在一定的视觉范围之内，人的视觉对色彩的感知超过了对物体形状的认识。色彩既有物理的特性，也有生理和心理的特性；而在实际生活中，色彩的审美特性起着重要的作用，地区和文化背景不同，对色彩的理解和感受也不同。

色彩在室内设计中的配置与应用是一个重要的环节，空间物象的色彩应用得是否合理，对人的视觉与心理都会产生直接的影响，关系到室内设计的品质。

设计形态的创造最终表现为一定视觉造型形象。色彩则是形态造型最基本的要素之一，而且也是最经济、最有效的要素。

4）室内设计与光学

光学是关于光的特性和应用的学科，光同样具有物理特性、生理特性和审美特性。

光是沿着直线传播的电磁波，又称为光线。光由光源、光度、视度等光的要素构成。光也有自然光和人工光之分。不同的光给人不同的心理反应。

光是帮助人们知觉空间的最重要的标志物，是室内设计最活跃的因素。利用光的不同特性和光的照射规律，采用不同电气系统、灯具和配光形式，满足人们对室内生活环境的基本需要，创造个性化的空间环境。

5）室内设计与人体工程学

人体工程学是研究人体尺度与工程环境之间关系的科学。人体工程学研究的内容涉及人体静态和动态、生理需求和心理需求的尺度。无论是外环境还是内环境的设计，都是围绕人的需要而展开的活动。

人在室内的活动包括衣、食、住、行等各种运动形态，室内环境设计功能性的尺寸正是依据了人的构造尺寸、人在空间中的行为方式、心理感受等因素。所以，在室内设计中，始终是把人的运动形态、行为规律、心理反应等作为设计的一个重要因素来考虑的。

6）室内设计与环境心理学

环境心理学是从心理学的角度，探讨人与环境的关系，以及怎样的环境是最符合人们愿望的。它着重强调人们对环境的主观感受以及由此而产生的行为反映，环境心理学认为，人类的活动既具有群体性特征，也具有个体性特征，不同的种族、性别、年龄之间也存在差异。这就要求我们考虑人在室内空间中知觉的基本反应，以及空间中人与人之间的关系，如个人空间与社会空间、个体距离与社会距离等的关系，同时把它们作为设计的因素来进行深入考虑。

7）室内设计与其他科学理论

除了上面提到的美学、材料学、色彩学、光学、人体工程学和环境心理学之外，室内设计还与许多其他科学理论密切相关，如声音物理学、方法论等。除此之外，有必要对控制论、信息论和系统论有初步的认识。

系统论、控制论、信息论，统称"三论"。"三论"中所提出的科学方法，不是某个具体学科的方法，而是自然科学、社会科学以及思维科学共同适用的方法。由于"三论"在横向上适用范围很广，故称"横向科学"。

现代科学技术的发展趋势，一方面是高度分化，学科越来越多，专业越分越细；另一方面又高度综合，即学科之间的相互交叉越来越多.相互联系越来越紧密。"三论"是现代科学技术高度综合的产物，同时又推进了这一综合化的进程。

（1）系统论是以整体分析及系统的观点来解决各种领域具体问题的科学方法论。所谓系统，是指由两个以上的部分构成，具有特定功能的、互相联系又相互制约的一种有序性整体。由于各个组成部分之间的相互联系、相互影响，所以系统的整体功能不是各个组成部分孤立存在时所具有的功能的简单相加，而是会产生出新的功能。系统无处不在，系统是一个"工程"，它是一种有普遍意义的科学方法，同时，只有开放的系统才可能有进化。系统论方法从整体上看，分为系统分析（管理）→系统设计→系统实施（决策）三个步骤。为适应学科发展，系统论已经形成许多独立的分支，如环境系统工程、管理系统工程等。在设计系统论方面，工业设计系统的设计思维和问题求解活动的原理发展比较成熟，具体的系统方法包括：系统分析法、逻辑分析法、模式识别法、系统辨识法等。

（2）控制论是研究动态信息与控制和反馈的过程，并提出使系统在稳定的前提下正常有效工作的方法，是现代认识论。它们将任何系统、过程和运动都看成是一个复杂的控制系统，因而控制论方法也是具有普遍意义的方法论。控制概念中最本质的属性在于它必须有目的性，没有目的，就无所谓控制。设计根据目标进行控制，起到反馈信息的作用。由此发展出一些常用的设计方法，如柔性设计法、动态分析法、动态优化法、动态系统辨识法等。研究信息传递和变换规律的信息论是控制论的基础。

（3）信息论最早产生于通信领域。它主要研究信息的获取、变换、传输、处理等问题。信息论认为，信息应该能给人增加新的知识，能消除认识上的不确定性。信息活动的整个设计过程都贯穿着信息的收集、整理、变换、传输、储存、处理、反馈等基本活动要素。因此，一方面，信息处理观点被用来解释设计思考过程；另一方面，信息处理技术又被广泛用作设计工具。现在，信息论的概念已远远超越了原先电信通信技术应用的狭义范围，而延伸到了经济学、管理学、语言学、人类学、物理学、化学等学科，当然也包括设计在内的一切与信息有关的领域。设计中常用的方法有预测技术法、信号分析法、信息合成法等。信息论方法是现代设计的前提，具有高度的综合性。

对现代设计产生影响的科学理论还很多。现代设计与现代知识体系的关系密切，科学理论推动设计的发展，而设计科学同时也是科学理论的一个组成部分。现在，随着人类认识的发展，"人→

机→环境→社会"的大系统已经被广泛接受。现代室内设计的内容和要求越来越多,与各个学科之间的联系也越来越广泛。在室内设计活动中,根据不同的室内功能,尽可能了解和考虑与该室内设计关系密切、影响最大的、相应和有关的基本内容因素,把局部与整体、实体与空间、艺术形式与设计内容、实用功能与审美功能结合起来,周密地考虑设计的制约因素,主动和自觉地与有关工种的专业人员相互协调、配合,有效地提高空间环境设计的质量、创造优美的新型人工环境,创造人类新的生存与生活方式。

3.2 室内设计形式的要素

形式美是人类在改造自然、创造新的自然形态的过程中,通过对事物美的感性认识逐步上升到理性的高度,从而总结出事物变化的规律,因此也称为形式美规律。

1. 室内设计形式构成的概念

设计的形式是指设计的内容显现为美的具体形象的态势,是形态内部结构与外部表现完美结合的结果,也是造型形态按照一定的法则组合而体现出来的审美特征。因为室内设计的情感表达,主要通过视觉形式的作用获得一种审美的愉悦感,也就是通过运用视觉形态的基本语言、基本规律和基本法则进行局部之间、局部与整体之间的关系、组织与设计,从而创造符合人们生理要求和审美理想的环境的形式创造。

2. 室内设计形式的语言要素

不同元素与不同的组织结构是一种形式有别于其他视觉形象的形态特征。视觉造型艺术是以形状作为语言媒介的审美形态创造。就概念本身来说,形式语言媒介有点、线、面、体等,它们是视觉造型的基本元素。这些基本元素也称概念元素。同时,形状还表现为一定的方形、圆形、三角形与多边形等基本元素。与形状要素密切相关的还有实体的材、色、光等,它们与设计内容的结合构成了不同特点的设计形态。

设计的形态最终必须体现为一定的实物,体现为包括质和量的带有具体色彩的材料。在室内设计形态中,概念元素表现为一定的具象形体、如建筑元素的地面、墙面、天花、门、窗等构成了室内的虚空体和面,而家具则以体的形象出现,柱既是体,有时也是线,界面的边缘是线,界面与界面的交界也是线,灯及装饰物形成点,这些实物形态构成室内设计的形式基本元素。而与此同时,形体都是以一定的材料来表现,设计的形态创造也是以色彩来表现。色彩既是形态造型的最基本要素之一,而且也是最有效、经济的要素;而光源、视度、光度、光量等光的要素,是帮助我们创造知觉空间、创造空间的最重要和必需的标志物。

3. 室内设计形式构成的组织要素

形态的组织要素即形式美的关系要素。它一方面反映了人类在长期的实践中对内容与形式完美结合的理想追求,另一方面也是一系列具有理性思维、数学逻辑、视觉心理与审美意识相结合的组织和秩序,以及使要素的构成、组织、变化形成一个协调统一和均衡发展的审美原则。简单地说,它是造型形态审美认识和审美创造的基本规律、基本法则和手段。

4. 室内设计形式的观念要素

美的形式都离不开主题。设计中单纯理性的视觉形态往往缺乏文化的意蕴，缺乏长久的吸引力，因此还必须具有一定的观念。在室内设计中，观念要素是指室内设计形式的主题和立意，表现为不同的从基本功能要求到精神要求的形式和层次，因此，观念要素是室内形象性格的关键要素，决定着室内设计格调的高低。

3.3 室内设计的要求和原则

"室内设计"的概念清晰完整地体现了作为人类行为之一的室内设计的内容和要求，体现了设计依据、设计手段和设计方法、设计目的和结果的全部含义。

1. 室内设计的基本要求

1）反映新时代人们的生活理想和追求

室内设计的本质告诉我们，室内设计是创新生活观念，室内设计是文化创造。

随着现代社会经济、信息、科技、文化等各方面的高速发展，人们对物质生活和精神生活不断提出新的要求，相应地，人们对自身所处的生产、生活活动环境的质量也必将提出更高的要求。同时，消费是现代工业文明环境下独特的生活方式，是一种系统的象征行为，是新生活方式以及生活在其中的个人的心态和价值取向。创造出安全、健康、适用、美观，能满足现代室内使用要求，同时又具有文化内涵、个性特点的生活环境，成为现代室内设计的必然。

2）追求设计的整体美

随着人们生活水平的提高和科学技术的发展，人们对室内设计的技术和艺术的要求更加复杂多样，而且都有量化的标准，如光环境、视觉环境、色调和色彩配置、材料质地和纹理、室内空气调节，以及对室内环境中的隔音、吸声和噪声背景等；合适的装饰材料和设施设备，合理的装修构造和技术措施，良好的效益；符合安全、防火、卫生等设计规范与标准等，这都体现了现代人们对环境的整体要求。

3）不断提高环境的附加值

现代室内设计所创造的新型室内环境，在电脑控制、自动化、智能化等方面达到新的要求，从而使室内设施设备、电器通信、新型装饰材料和五金配件等都具有较高的科技含量，如智能大楼、能源自给住宅、电脑控制住宅等。由于科技含量的增加，也使现代室内设计及其产品整体的附加值增加。同时，随着环境艺术整体质量的提高，无疑也提高了环境自身的附加值。

4）突出室内设计的个性

满足需要也体现在对个性环境的追求上。而设计师在为别人提供个性化设计的同时，也是自身艺术设计风格形成与设计水平提高的过程。

5）继承和创新民族传统

继承和创新是一种尊重历史与文化的心态，而不是简单的复古或仿古。室内设计风格的变化如同时装，推陈出新的速度是不以人的意志为转移的，现代人的生活需要现代的环境、现代的物品。然而，一件过去的物品，一个年代久远的古董，无论价值多少，都会引发人们心灵深处对于文化与历史渊源的一些思考。在现代室内设计中自觉继承传统也就成为必然，甚至成为一种时尚。

6）保护环境和"可持续发展"

随着时间的推移，深入考虑调整室内功能、更新装饰材料和设备的可能性，以及施工方法、选用材料等一系列相应的问题，考虑室内环境的节能、节材、防止污染，并注意充分利用和节省室内空间，使用绿色电器，选购一些可循环材料制成的家具，减少木材的使用等，都成为现代室内设计的基本原则。

2. 室内设计的基本原则

设计原则指现代设计中具有普遍意义的基本规律，是从科学的设计原理出发推演出各种具体的定理，从而对进一步的设计实践起指导作用，是实际设计程序中可行的原则，称为有用的原则，或称为实践的原则。

1）满足需求原则

就设计的本质而言，设计的根本目的在于如何满足人们的需求，需求是设计之母，任何设计的动机均来自客观需求的认识。反过来说，认识是一种新的需求，本身就是一种创造。一切为了人的生产、生活水平和质量的提高而设计是不可动摇的准则。

需求是符合人类生活和学习的欲望和要求，是人类一切活动的准则，也是室内设计最基本的原则。

室内设计同其他艺术设计门类一样，离开了特定的需求，设计就丧失了目的性。同样也就失去了它存在的价值；室内设计活动特定的需求也是由设计的完美实现来得到满足，是按照"美的规律"来创造美的环境形象，从而感染人、打动人。

满足需求的过程是调查预测的过程。同时满足需求的过程也是在寻求价值的过程。

只有满足人需要的设计才有价值。价值是指客观事物本身所具有的某种实际用途和能够满足人们某种需求的属性。设计的价值还有心理价值、稀有价值、信息价值等。价值观念建立在美学功能、象征功能的价值美学的基础之上，以及取决于不同时间和空间变化的需要。在追求价值的同时，还应尽量追求设计的附加值。所谓附加值是指对设计对象额外增加的价值。就室内设计来说就是追求内设计的精神价值。

2）资源原则

资源通常是指生产资料和生活资料的天然资源。在现代室内设计中，资源的含义可以从两个方面理解，一方面是从把设计系统转变为物质形式的人们的角度去考虑资源；另一方面则是从系统的使用者的角度来考虑可用资源。

对室内设计来说，资源原则是指室内设计的成功与否取决于所选择的材料、制造技术和设计师的能力。通常将它们称为设计资源的三要素。

首先是材料资源，或称为原料，应该符合使用要求、加工要求和经济要求。

其次是制造资源，在现代设计中把这种生产的方法和采用的技术也作为一种资源，制造的全过程主要包括两道工序：一是成型；二是表面处理。

最后是智能资源，即指设计者可以利用的技能和方法。

资源原则的这三个方面是把设计方案转化为物质形式的各种资源条件，从消极的角度去看，这些资源的条件又成为设计工作的局限和约束。

3）思维原则

思维原则是指设计过程思维活动的方法和途径，是直接影响设计成败的关键。它包括关联原则、综合原则和过程原则三个方面。

（1）关联原则。事物的全部称为总体，在设计中即指设计的总价值。总体的实质是指设计活动是一个相关和不可分割的全过程。

（2）综合原则。综合是将分析过的对象或现象的各个部分联合成一个统一的整体，或将不同种类、不同性质的设计元素有机地组合在一起。

综合来自一系列的调查研究，如市场情况、人的需求、工业技术条件等。综合的原则离不开总体设计，总体设计的过程是一个优化与协调的过程。这个过程实际也是一个综合的过程。

（3）过程原则。设计的过程就是反复的过程，是变化的过程。反复是一遍又一遍、多次重复之意。实际上反复原则包含两个方面：一为重审，二为重复。这是关系到"完善设计的原则"。反复的原则正是为了重审和反复设计，是保证设计质量的重要措施。

设计活动是一个信息反馈的过程。这个过程的轨迹如一个圆形，即调查→设计→施工，是一种无止境的循环，而且这种循环并非只是顺时针的，有时也会逆时针运行。同时，循环是一个主动的过程，是外部信息作用于设计的循环过程。

设计的过程就是变化的过程。变化来自社会需求的变化、科学技术应用和经济状况的变化。唯有变化才是设计永远不变的原则，设计者应该及时掌握和预测这些变化。

室内设计的基本原则，同时概括了设计的目的与方法，前者是有关设计创作的已知条件，后者则是它的工具。但这些条件与工具并不是构成设计的行为，关键还在于运用设计原理和设计法则，才能使设计得以实施。

设计的原则互为依存、互相排斥，统一为整体，正确处理它们之间的关系，是优良设计的先决条件。

3.4 应用研究——南通文景酒店室内设计

南通文景酒店紧邻南通市政府行政办公区。案例通过对项目的实地考察、分析以及综合定位，根据实际考察的方案和对设计定位的理论分析，打造具有特色的现代室内酒店空间设计。

南通文景酒店为独栋大楼，楼高22层，建筑面积达2.8万平方米，其中1~3层为挑空大厅，3层附有多功能厅，4~9层为客房，酒店拥有总统套房、豪华套房、单人间、标准间共计196间/套。10~20层为酒店式管理公寓。客房环境安逸雅致，室内设计的装饰与陈设多运用带有图案的壁纸、地毯、窗帘、床罩及古典装饰画，体现华丽的风格。同时，为了进一步满足社会各界人士的需求，酒店同时拥有中西餐厅。

设计着重表现酒店大厅和酒店客房的设计，突出酒店华贵、时尚、温馨的感觉，以及"文景"舒适与优美的环境。现代简约风格的目的是以简洁的表现形式来满足人们对空间环境那种感性的、本能的、理性的需求。简洁和实用是现代简约风格的基本特点，简约并不是简单，赋予简单的东西丰富的内涵。简洁并不是缺乏设计，它是一种更高层次的创作境界。酒店要面向不同的顾客，酒店的设计简约但又不失时尚，空间的每个角落都充满着生机与活力。在室内设计方面，更强调以人为本的设计原则，强调结构功能与形式内容的完整，追求材料、装饰、空间的表现深度与精确，运用最少的设计语言，表达最深的设计内涵。

1. 调研分析

南通文景酒店紧邻政府行政办公区，距沿海高速路出入口仅20分钟车程，距离著名的狼山旅游景区、濠河风景区仅需10分钟的车程，具有十分优越的地理位置。南通文景酒店的公共空间建筑结构本身就有着许多酒店无可比拟的优势。

以酒店的整体设计手法以点、线和面结合为基础，在满足功能需要的前提下，将空间、人及物进行合理精致的组合，用最少的东西表现最多的内涵。

项目所需要的物质材料与设计运用符合市场供给条件。根据客户市场分析认为，对于室内设计风格而言，大多数人认为简约现代风格具有形式美、高雅美、自然美。在现实项目中，合理运用材料，抓住现代简约风格特性，一定能够打造"物美价廉"的项目。

2. 行业定位分析

随着全球化经济一体化进程的加快，国外装饰行业也会像其他行业一样抢占中国市场，正是这样的竞争性、开放性，国内装饰行业的发展与方向更加明朗，装饰风格趋于多样化、国际化。如今，国内装饰行业已成为新兴支柱产业之一并带动了一大批相关产业的发展和人员的发展，室内装饰设计的发展潜力是不容忽视的。

3. 设计内容分析

方案主要着重于室内环境的创造，除了室内环境的功能之外，更多的是室内环境在潜移默化地影响着人们的生活习惯和精神需求。

进入酒店大堂之后便是休息区、酒吧，酒店的服务用房逐渐消隐其后。酒店里的大堂设计通常是亲切宜人的，有时色彩鲜艳，有时饰品精美，加上匠心独具的照明设计，显示了大堂的重要性，不仅是为人们提供一个活动场所，更是为了展示酒店设计的主题，如图3-1所示。

客房应该体现出整个酒店的设计主题，保持功能齐全，没有过多的烦琐装饰。舒适、安全、平静和私密是卧室的设计核心。酒店房间应该小巧，不论是在外部的设施上，还是在内部的建筑构造上，应该创造性地运用科技，如图3-2所示。

餐厅设计采用了时尚和现代的理念，在色彩设计方面有着自己独立的部分。室内材料是壁纸与玻璃相结合，这样与其他空间能达到统一与协调，如图3-3所示。

图 3-1 大堂

图 3-2 客房（附彩图）

图 3-3 餐厅包间（附彩图）

电梯厅也是空间设计的一部分，采用黑白色调，在材质上采用的是大理石与玻璃，在电梯的墙面上，以米黄色为基调，踢脚线采用与黄色相协调的黑色大理石。在吊顶设计上，采用了黑白相间，中间设有筒灯，两边设有灯带，黄色灯带与米色的墙面形成呼应，达到一种视觉上的统一，如图 3-4 所示。

走廊的设计也充分体现了简约现代的特点，地面铺设红色基调的地毯，给人以温馨大气的感觉。客人进入客房的通道，给人一种温馨又神秘的感觉，墙上挂着西方油画，画面充分与大自然相融合，与墙面米色花纹的墙纸相呼应，简约而不失典雅之气。吊顶采用大吊灯设计，在吊顶轮廓周围设有灯带，灯带是暖黄色格调，搭配上四周筒灯的装饰设计，把整个画面表现得淋漓尽致，如图 3-5 所示。

图 3-4 电梯厅

图 3-5 走廊

图 3-6 标准间

4. 设计风格定位分析

简约主义设计源于20世纪初期的西方现代主义。现代简约风格于17世纪盛行于欧洲，强调功能性设计，线条简约流畅，色彩对比强烈。将设计的元素、色彩、照明、原材料简化到最少的程度，但对色彩、材料的质感要求很高。因此，简约的空间设计通常非常含蓄，往往能达到以少胜多、以简胜繁的效果。以简洁的表现形式来满足人们对空间环境那种感性的、本能的和理性的需求，这是当今国际社会流行的设计风格——简洁明快的简约主义。而现代人的生活节奏快，人们在繁忙的生活中，渴望得到一种能彻底放松、以简洁和纯净来调节和转换精神的空间。

5. 设计目标

根据本酒店的案例分析和设计定位，将按照"简约、时尚、大气"为主要的设计理念，通过界面、空间的量化分析，合理地运用相关的理论与方法，以打造一套具有现代简约风格的室内项目为总体目标。

6. 风格运用

现代简约风格在实际的应用中，如图3-6所示，既要突出凹凸感，又要有优美的弧线，两种造型相映成趣，风情万种。由于背景墙的设计是卧室设计中的重点，也是点睛之笔，设计师经过仔细的推敲后，在背景墙、沙发背景墙上面都做了符合风格要求的处理与设计。在空间结构上，尽量保持了大而透的空间感，稳重的色调、舒适大气的家具，加上壁画的运用，俨然一个回归心灵的自然居所。

7. 色彩的运用

色彩除了能够对人的视觉环境产生影响外，还直接影响着人们的情绪、心理。科学地用色有利于人的身心健康。色彩处理得当，既能符合功能要求，又能取得美的效果。

1）以白色为基调诉说高雅大方的气质

色彩是室内设计中最为生动、最为活跃的因素，它给人以视觉上的冲击，让人产生生理和心理上变化，从而产生丰富的联想、深刻的寓意与象征感。它因人的性别、年龄、生活环境、地域、时代、民族、阶层、经济地区、工作能力、教育水平、风俗习惯、宗教信仰的差异，代表着不同的象征意义。以白色为基调的室内空间设计，可以彰显室内空间的通透性、扩张性。

2）以暖色系为辅助色系高唱温暖舒适之美

在整个空间中，暖色系的利用是非常广泛的，采用大气、典雅的墙纸设计体现温馨之美，都体现了现代简约风格的特点。客户空间的灯光色系以暖光为主，可以营造高雅、和谐的温暖氛围，如图3-7所示。

8. 材质的运用

建筑空间是由一定实质材料的界面所组成，选用不同材质结构与构建，按照材料的基本性能与规律合成的装饰空间，具有满足使用功能与人审美要求的双重特征。因此，材质的选择显得尤为重要。在选取材料的过程中要按照"用对材料、用好材料"为原则，选取符合设计风格特征的材料。根据现代简约风格在材质上所显现的"简洁、和谐、呼应"的特点，墙面材质采用大面积米黄色仿古墙砖，天花的吊顶以平面为主，没有过多复杂的造型，简洁大方，与整个墙面的造型有很好的呼应。地面及部分墙面运用了仿天然原木地砖、仿古地砖做饰面，显示出现代风格的时尚。卫生间的仿古墙面，色彩也存在质地感、明暗度、彩度的变化，具有粗糙、质朴感。材质形式的展现，既避免了抛光砖的刺眼，又起到了防滑的作用，如图3-8所示。

图3-7 客房色彩（附彩图）

9. 家具运用

文景酒店建筑面积达2.8万平方米，纯色家具的使用，会让居室显得更加宽敞。

图3-8 宴会厅

图 3-9　灯饰（附彩图）

图 3-10　卫生间

客房的沙发是时下很流行的布艺与实木相结合的材质，纯白色布艺与黑色线条搭配显得很大气。电视柜、茶几、餐桌椅、壁画框等每一件家具都是亮色，用花瓶、绿色植物、地毯等饰品进行点缀，显得既整洁又不呆板，简单大方而不失高雅气派。

10. 配饰运用

室内的每一样摆设和装饰物品都将体现一个人的品位和个性特征，其中室内软装饰设计是不容忽视的。合理利用软装饰元素来打造完美空间是十分重要的环节，软装饰元素根据空间尺度比例、色彩以及意境等因素布景，对于整个设计风格的定位起到了很好的补给作用。在现代风格的家居空间里，最好能在墙上挂带框的抽象画、摄影作品，从而营造出浓郁的艺术氛围，表现主人的文化涵养。将符合空间情调的大幅西方风景油画直接挂置在墙上，显得大气而华丽。在灯饰设计上采用铁艺造型，在整体明快、高雅的空间里，壁灯静静地泛着影影绰绰的灯光，朦胧、浪漫之感油然而生。同时，房间可采用反射式灯光对局部进行照明，如图 3-9、图 3-10 所示。

本章小结

艺术设计是关于人与物、人与人之间的关系的研究。室内设计包括建筑物的使用性质、所处环境和相应标准等。因此，室内环境的全部内容和艺术设计的规律也就成为室内设计的基本因素。而在室内设计的活动中，则必须对这些内容和要素有充分的认识和理解，同时把它们作为设计的要求、依据和作为评判室内设计价值的基本因素。

第4章　室内设计的方法

4.1　室内设计的内容

现代室内设计也称室内环境设计，所包含的内容和传统的室内装饰相比，涉及的面更广，相关的因素更多，内容也更为深入。

1. 室内环境内容

室内环境的内容，涉及由界面围成的空间形状、空间尺度的室内空间环境，室内声、光、热环境，室内空气环境（空气质量、有害气体和粉尘含量、负离子含量、放射剂量）等室内客观环境因素。由于人是室内环境设计服务的主体，从人们对室内环境身心感受的角度来分析，主要有室内视觉环境、听觉环境、触感环境、嗅觉环境等，即人们对环境的生理和心理的主观感受，其中又以视觉感受最为直接和强烈。客观环境因素和人们对环境的主观感受，是现代室内环境设计需要探讨和研究的主要问题。

室内环境设计需要考虑的方面，随着社会发展和科技的进步，还会有许多新的内容，对于从事室内设计的人员来说，虽然不可能对所有涉及的内容全部掌握，但是根据不同功能的室内设计，也应尽可能熟悉相关的基本内容，了解与该室内设计项目关系密切、影响最大的环境因素，在设计时能主动和自觉地考虑各项因素，也能与有关工种专业人员相互协调、密切配合，有效地提高室内环境设计的内在质量。

例如现代影视厅，从室内声环境的质量考虑，对声音清晰度的要求极高。室内声音的清晰与否，主要决定于混响时间的长短，而混响时间与室内空间的大小、界面的表面处理和用材关系最为密切。室内的混响时间越短，声音的清晰度越高，这就要求在室内设计时，合理地降低干预，去除平面中的边角，使室内空间适当缩小，对墙面、地面以及座椅面料均选用高吸声的纺织面料，采用穿孔的吸声平顶等措施，以增大界面的吸声效果。新建影城中不少的影视厅即采用了上述手法，使影视演播时的音质效果较好。而音乐厅由于相应要求混响时间较长，因此厅内体积较大，装饰材料的吸声要求及布置方式也与影视厅不同。这说明对影视厅、音乐厅室内的艺术处理，必须要以室内声环境的要求为前提。

住宅的室内装修，在居室中过多地铺设陶瓷类地砖，也许是从美观和易于清洁的角度考虑，但是从室内热环境来看，由于这类铺地材料的导热系数过大，给较长时间停留于居室中的人体带来不适。室内优美舒适环境的创设，一方面需要富有激情，考虑文化的内涵，运用建筑美学原理进行创作，另一方面又需要以相关的客观环境因素（如声、光、热等）作为设计的基础。主观的视觉感受或环境气氛的创造，需要与客观的环境因素紧密地结合在一起；客观环境因素是创造优美视觉环境时的"潜台词"，因为通常这些因素需要从理性的角度去分析掌握，尽管它们并不那么明显，但对现代室内设计却是至关重要的。

2. 室内设计的内容和相关因素

现代室内设计涉及的面很广，但是设计的主要内容可以归纳为以下三个方面，这些方面的内容，相互之间又有一定的内在联系。

1）室内空间组织和界面处理

室内设计的空间组织包括平面布置，首先需要对原有建筑设计的意图进行充分的理解，对建筑物的总体布局、功能分析、人流动向以及结构体系等有深入的了解，在室内设计时对室内空间和平面布置予以完善、调整或再创造。由于现代社会生活的节奏加快，需要对室内空间进行改造或重新组织，这在当前对各类建筑的更新改建任务中是最为常见的。室内空间组织和平面布置，也包括对室内空间各界面围合方式的设计。

室内界面处理是指对室内空间的各个围合面——地面、墙面、隔断、吊顶等各界面的使用功能和特点的分析，界面的形状、图形、线脚、肌理构成的设计以及界面和结构构件的连接构造，界面和水、电等管线设施的协调配合等方面的设计。界面处理不一定要做"加法"。从建筑物的使用性质、功能特点方面考虑，一些建筑物的结构构件（如网架、混凝土柱身、砖墙等），也可以不加装饰，作为界面处理的手法之一，这正是单纯的装饰和室内设计在设计思路上的不同之处。室内空间组织和界面处理，是确定室内环境基本形体和线形的设计内容，设计时以物质功能和精神功能为依据，考虑相关的客观环境因素和主观的身心感受。

2）室内光照、色彩设计和材质选用

室内光照是指室内环境的天然采光和人工照明，光照除了能满足正常的工作生活环境的采光、照明要求外，光照和光影效果还能有效地起到烘托室内环境气氛的作用。

色彩是室内设计中最为生动、最为活跃的因素，室内色彩往往会给人们留下室内环境的第一印象。色彩最具表现力，可以通过人们的视觉感受产生的生理、心理和类似物理的效应，形成丰富的联想、深刻的寓意和象征。

光和色彩不能分离，色彩还必须依附于界面、家具、室内织物、绿化等物体。室内色彩设计需要根据建筑物的性质、室内使用性质、工作活动特点、停留时间长短等因素确定室内主色调，选择适当的色彩配置。

材料质地的选用是室内设计中直接关系到实用效果和经济效益的重要环节，巧于用材是室内设计中的大学问。饰面材料的选用，应同时具备满足使用功能和人们身心感受这两方面的要求，如坚硬、平整的花岗石地面，光滑、精巧的镜面饰面，轻柔、细软的室内纺织品以及自然、亲切的面材等。室内设计毕竟不能停留于一幅彩稿，设计中的形体与色彩，最终必须与所选"载体"材质相融合。在光照下，室内的形、色、质融为一体，赋予人们综合的视觉心理感受。

3）室内家具、陈设、灯具、绿化等设计和选用

在室内环境中，家具、陈设、灯具、绿化等对烘托室内环境气氛，形成室内设计风格等方面起

到举足轻重的作用。

　　室内绿化在现代室内设计中具有不可替代的特殊作用。室内绿化具有改善室内小气候和吸附粉尘的功能，更主要的是，室内绿化使室内环境生机勃勃，带来自然气息，令人赏心悦目，在快节奏的现代社会生活中具有协调人们心理压力的作用。

4.2　室内设计的分类和方法

　　从大的类别来划分，室内设计可分为居住建筑室内设计、公共建筑室内设计、工业建筑室内设计、农业建筑室内设计。各类建筑中不同类型的建筑之间，还有一些使用功能相同的室内空间，如门厅、过厅、电梯厅、中庭、盥洗间、浴厕，以及一般功能的门卫室、办公室、会议室、接待室等。当然，在具体工程项目的设计任务中，这些室内空间的规模、标准和相应的使用要求还会有不少差异，需要具体分析。

　　由于室内空间使用功能的性质和特点不同，各类建筑主要房间的室内设计对文化艺术和工艺过程等方面的要求也各自有所侧重。例如对纪念性建筑和宗教建筑等有特殊功能要求的主厅，对纪念性、艺术性、文化内涵等精神功能设计方面的要求就比较突出，而工业、农业等生产性建筑的车间和用房，相对地对生产工艺流程以及室内物理环境（如温湿度、光照、设施、设备等）创设方面的要求较为严密。

　　室内空间环境按建筑类型及其功能的设计分类，其意义主要在于：使设计者在接受室内设计任务时，首先应该明确所设计的室内空间的使用性质，也就是所谓设计的"功能定位"，这是由于室内设计造型风格的确定、色彩和照明的考虑以及装饰材质的选用，与所设计的室内空间的使用性质和设计对象的物质功能和精神功能紧密联系在一起。例如住宅建筑的室内设计，即使经济上允许，也不适宜在造型、用色、用材方面使"居住装饰宾馆化"，因为住宅的居室和宾馆大堂、标准间的基本功能和要求的环境氛围是截然不同的。

　　室内功能所涉及的内容与室内的类型和人的日常生活方式有着直接的关系。这一类内容都有明确的功能，决定了室内设计概念的确立。也就是说，室内设计造型风格的确立，材质、色彩和照明的考虑以及装饰材料的选用，都与室内空间的使用性质、审美需要等设计功能紧密地联系在一起。

　　① 按空间使用性质区分，包括居住空间，单体、平房组合庭院、单栋楼房、楼房组合庭院以及综合群组等样式；单元住宅、成套公寓、花园别墅、成组庄园等形式。公共空间是室内最为丰富的一类，建筑形式变化多样，使用类型复杂多元，如商场、饭店、餐厅、酒店、娱乐场、影剧院、体育馆、会堂、展览馆等。

　　② 按生活和行为方式区分，包括动态空间（娱乐空间、运动空间、餐饮空间）和静态空间（睡眠空间、休息空间等）。

　　③ 按空间构成特点区分，包括静态封闭空间、动态开敞空间和虚拟流动空间。

　　④ 按空间环境系统区分，包括照明系统、电气系统、给水或排水系统、信息系统、声学系统、消防系统。

4.3 室内设计的方法与程序

室内设计的方法，这里着重从设计者的思考方法来分析，主要有以下几点。

（1）大处着眼、细处着手，总体与细部深入推敲。

大处着眼，是指在设计时思考问题和着手设计的起点要高，有一个设计的全局观念。

细处着手是指具体进行设计时，必须根据室内的使用性质，深入调查、收集信息，掌握必要的资料和数据，从最基本的人体尺度、人流动线、活动范围和特点、家具与设备等的尺寸以及使用它们时的空间等方面着手。

（2）从里到外、从外到里，局部与整体协调统一。

建筑师 A·依可尼可夫曾说："任何建筑创作，都应是内部构成因素和外部联系之间相互作用的结果，也就是从里到外、从外到里。"室内环境的"里"，以及和这一室内环境连接的其他室内环境，以至建筑室外环境的"外"，它们之间有着相互依存的关系，设计时需要从里到外、从外到里多次反复协调。室内环境需要与建筑整体的性质、标准、风格，与室外环境相协调和统一。

（3）意在笔先或笔意同步，立意与表达并重。

意在笔先原指绘画创作时必须先有立意，即深思熟虑，有了"想法"后再动笔，也就是设计的构思、立意至关重要。可以说，一项设计，没有立意就等于没有"灵魂"，设计的难度也在于要有一个好的构思。具体设计时意在笔先固然好，但是一个较为成熟的构思，往往需要有足够的信息量，有商讨和思考的时间。因此也可以边绘制边构思，即所谓笔意同步，在设计前期和出方案过程中使立意、构思逐步明确。

对于室内设计来说，正确、完整、有表现力地表达出室内环境设计的构思和意图，使建设者和评审人员能够通过图纸、模型、说明等，全面地了解设计意图，是非常重要的。在设计投标竞争中，图纸质量的完整、精确、优美是第一关，因为在设计中，图纸表达是设计者的语言，一个优秀的室内设计方案的内涵和表达应该是统一的。

室内设计根据设计的进程，通常可以分为四个阶段，即设计准备阶段、方案设计阶段，施工图设计阶段和设计实施阶段。

1. 设计准备阶段

设计准备阶段主要是接受委托任务书，签订合同，或者根据标书要求参加投标，明确设计期限并制订设计计划进度安排，考虑各有关工种的配合与协调。

明确设计任务和要求，如室内设计任务的使用性质、功能特点、设计规模、等级标准、总造价、所需创造的室内环境氛围、文化内涵或艺术风格等。

熟悉与设计有关的规范和定额标准，收集并分析必要的资料和信息，包括对现场的勘查以及对同类型实例的参观等。

在签订合同或制定投标文件时，还包括设计进度安排、设计费率标准，即室内设计收取业主设计费占室内装饰总投入资金的百分比（由设计单位根据任务的性质、要求、设计复杂程度和工作量，提出收取设计费率数，通常在 4%~8%，最终与业主商议确定）。

2. 方案设计阶段

方案设计阶段是在设计准备阶段的基础上，进一步收集、分析、运用与设计任务有关的资料与信息，构思立意，进行方案的初步设计，深入设计，进行方案的分析与比较。

确定初步设计方案，提供设计文件。室内初步设计方案的文件通常包括以下几项。

（1）平面图（包括家具布置），常用比例 1：50 和 1：100。

（2）室内立面展开图，常用比例 1：20 和 1：50。

（3）天花图或仰视图（包括灯具、风口等布置），常用比例 1：50 和 1：100。

（4）室内透视图（彩色效果）。

（5）室内装饰材料实样版面（墙纸、地毯、窗帘、室内纺织面料、墙地面砖及石材、木材等实样，家具、灯具、设备等实物照片）。

（6）设计意图说明和造价概算。

初步设计方案需经审定后，方可进行施工图的设计。

3. 施工图设计阶段

施工图设计阶段需要补充施工所必要的有关平面布置、室内立面和天花等图纸，还包括构造节点详图、细部大样图以及设备管线图，编制施工说明和造价预算。

4. 设计实施阶段

设计实施阶段即工程的施工阶段。室内工程在施工前，设计人员应向施工单位进行设计意图说明及图纸的技术交底；工程施工期间需按图纸要求核对施工实况，有时还需根据现场实况提出对图纸的局部修改或补充（由设计单位出具修改通知书），施工结束时，会同质检部门和建设单位进行工程验收。

为了使设计取得预期效果，室内设计人员应抓好设计各阶段的环节，充分重视设计、施工、材料、设备等各个方面，并熟悉与原建筑物的建筑设计、设施（水、电等设备工程）设计的衔接，同时还必须协调好与建设单位和施工单位之间的相互关系，在设计意图和构思方面取得沟通与共识，以期取得理想的设计工程成果。

4.4 应用研究——洛阳鑫源宾馆室内设计

在中式风格的前提要求下，力图演绎出一个古为今用的现代空间，要做到多元化、人性化。在变化中寻求两种文化的结合点，并努力贯彻到内部空间每个区域的装饰设计中，力求在追求酒店整体统一的风格中体现多元化、多视角的文化内涵，在构造高雅、华贵的室内空间的同时，创造出别具一格的"现代的传统文化观"。

洛阳鑫源宾馆的设计，无论是运用的手法、形式，还是最终塑造出来的风格效果，都已经集中体现了对于空间、材料、色彩等设计元素的创造力，将诸多错综复杂的资源进行组合、整理，再重新整合之后，赋予建筑的内部空间新生的秩序和独特的面貌。色彩上运用纯净、明快的中国红调为主色调，衬托高品位的家具、灯具及艺术品陈设，烘托出酒店高雅的文化氛围，这成为贯穿酒店各区域设计的基本准则，这也使得酒店的整体装饰在相当程度上达到豪华与高雅并重的装饰效果。

1. 大堂设计

传统的酒店大堂都在追求一种宽敞、华丽、宁静、安逸、轻松的气氛，但现在越来越多的酒店开始注重充分利用酒店大堂宽敞的空间，开展各种经营活动，以求"在酒店的每一寸土地都要挖金"的经营理念。

宾馆的大堂是宾客出入酒店的必经之地，也是宾客办理入住与离店手续的场所，是通向客房及酒店其他主要公共空间的交通中心，是整个酒店的枢纽，其设计、布局以及所营造出的独特氛围，将直接影响酒店的形象与其本身功能的发挥。由于大堂的面积不大，所以在造型方面没有太复杂的造型，比较简约，趋向于简中式的风格，由于考虑到成本问题，本方案摒弃了一些昂贵的材料，如装饰石材，如图 4-1 所示。

图 4-1　大厅

大堂的主背景墙作为顾客一进门就首先看到的区域，在大堂整体设计上属于一个非常重要的环节。一般酒店的主背景墙的设计，都会选择设计一块反映该酒店或该地区文化背景的文化墙，形象墙主体为中式栅格，背景配以淡黄色的烤漆玻璃。由于本方案的设计趋向于江南水乡的风格，所以在设计过程中特意加了墙裙。墙裙的材质为青砖。为了配合这一色调，地面采用了趋向于高级灰的复合木地板。在大堂与电梯间之间，使用了中式拱形门来进行区分。在大堂与休闲区之间，使用了中式隔断，再配以中式花台和玉如意加以区分。大堂的主光源为中式风格的大吸顶灯。吊顶部分只是在主光源的灯具地方采用了"回"字形吊顶，其他部分均为普通石膏板吊顶，这样就在顶部空间上分出了主次，使整个顶部造型简单、气派。

2. 休闲区设计

顾客休息区域作为大堂功能完整性的一个必不可少的部分，也应该做一些比较重要的考虑，使这一区域既能满足功能上的要

图 4-2　休闲区

求，又能在大堂空间合理的基础上不改变整个大厅整体的规划和风格（图4-2）。

在大堂的整体规划中，顾客休息的面积都应该占到所处空间的1/5左右。这样既能满足大堂客流要求，又不会影响大堂内其他功能空间的运营。

鑫源宾馆的顾客休息区，被安排在了大堂左右侧，与大堂总台相对，并通过中式隔断的方式将其与大堂其他区域在空间上进行区分，在比较喧闹的大堂环境里营造出一片宁静的独立空间。在家具配置上，也尽量配合整个大堂的装饰风格，选用具有中式传统意味的实木家具搭配明式隔断背景，再配以中式吊顶和羊皮吊灯，既能给人舒适放松的感觉，又能体现传统文化的内涵。

3. 餐厅设计

餐厅的设计与装饰，除了要与宾馆的整体设计相协调，还应考虑餐厅的实用功能和美化效果。

首先，为了保持风格的统一性，餐厅采用了与大堂相同的色调：红、黄、高级灰，也采用了墙裙，色调为高级灰的实木复合地板。

说起中式风格的餐厅，很容易让人想起圈椅、镂空隔断和雕花吊顶等传统设计元素，如果要营造中式风格的餐厅，并不一定要沿袭这些传统设计元素。本方案采用了灯饰、椅套和造型吊顶，营造出了一个中式氛围的餐厅。灯饰采用古色古香的羊皮灯，与整体风格和谐统一。羊皮灯悬挂与木条线做成的装饰造型上，独具特色。实木餐桌摆放在餐厅里面，方形的造型与四周环境相得益彰。与传统中式风格不同的是，本方案并未使用圈椅等传统元素，而是在餐椅上套了一个浅黄色麻布料制成的椅套，十分质朴。靠背中间，还设计了一个中式花格，在不经意间透露出浓浓的中式风情，如图4-3至图4-5所示。

图4-3 餐厅1

图4-4 餐厅2

图4-5 餐厅包间（附彩图）

4.客房设计

客房是酒店最主要的服务项目，所以酒店的客房设计与运营十分重要。但我国大多数酒店恰恰忽视了这一点，往往把酒店客房设计弄成了模式化、标准化——标准的布局、标准的用品摆设、标准的设施配置、标准的服务流程等。

要充分发挥客房的主打产品，需要酒店设计者、建设者、经营者在客房的特色、文化性、人性化等方面进行创新，打破思维定式，与时俱进，尝试进行非标准化的设计与运营。

房型多元化，由过去的双人标准型客房为主，趋向单人间、双人间、灵活的三人间、商务套房等多元型客房组成，单床型占总房间数的较高比例；面积大小和室内色彩也更趋多样化；客房平面形状异型化，如变长方形为圆形、弧形等；改变客房门对门的传统，客房门有后退或有斜开门。

一般客房内分成三个区域：小走道、卫生间、客房。客房大致也分为三个功能：睡眠、起居、工作。本方案的客房、大堂、餐厅采用了很多相同的元素，比如地砖、墙裙等。为了增加中式风格的韵味，在豪华客房的会客区，电视背景采用了中式花格作为背景，并配以青花瓷作为点缀。本方案的另一亮点就是采用了传统中式桌子，并采用宫灯和中式花台、兵马俑，进一步烘托了中式气氛，如图 4-6 至图 4-9 所示。

图 4-6　客房 1

图 4-7　客房 2（附彩图）

图 4-8　客房 3

图 4-9　客房 4

本章小结

　　随着国内经济的飞速发展以及国际化的趋势，人们的审美观、消费观发生了变化，市场期待中国室内设计师有更进一步的创造，要求更系统的具有设计创意的设计方法来指导。

　　未来的室内设计方法的研究具有很强的综合性与演变性，它表现在多学科的相互交互和知识结构变化，室内设计师不仅需要具备丰富的专业知识与技能，而且更需要许多外围的学科知识，同时还需对原有的知识结构不断地扩大与更新。

　　时代的发展使室内设计面临的课题越来越复杂化，利用多学科的理论体系支撑；利用正确的设计方法以及先进的设计辅助手段，完全有可能使室内设计的研究进入一个新的领域。

第5章　室内空间设计

5.1　室内空间的组织

从原始人的穴居，发展到现在具有完善设施的室内空间，是人类经过漫长的岁月，对自然环境进行长期改造的结果。最早的室内空间是3000年前的洞窟，从洞窟内的壁画来看，证明人类早期就注意装饰自己的居住环境。室内环境是反映人类物质生活和精神生活的一面镜子。不同时代的生活方式，对室内空间提出了不同的要求。

自然环境既有益于人类的一面，如阳光、空气、水、绿化等；也有不利于人类的一面，如暴风雪、地震、泥石流等。因此，室内空间最初的主要功能是对自然界有害性侵袭的防范，特别是对经常性的日晒、风雨的防范，由此而产生了室内外空间的区别。但在创造室内环境时，人类也十分注重与大自然的结合。人类社会发展至今日，人们已经认识到运用科学技术改造自然，并不意味着就可以无限制地对自然资源进行掠夺和索取；建设城市、创造现代化的居住环境，并不是就可以任意破坏自然生态结构，侵吞甚至消灭其他生物和植被，使人和自然对立。与此相反，人类在自身发展的同时，必须顾及赖以生存的自然环境。因此，控制人口增长、减缓城市化进程、优化居住空间组织结构、维持生态平衡、回归自然、创造可持续发展的建筑等，已成为人们的共识。对室内设计来说，内与外、人工与自然、外部空间和内部空间合乎逻辑内涵，是室内设计的基本出发点。

1. 室内空间的概念

室内空间是相对于自然空间而言的。人对空间的需要，是一个从低级到高级，从满足生活上的物质要求，到满足心理上的精神需要的发展过程。但是，不论物质上的还是精神上的需要，都会受到当时社会生产力、科学技术水平和经济文化等方面的制约。人们的需要会随着社会发展相应地发生改变。这是一个相互影响、相互联系的动态过程。因此，室内空间的内涵、概念也不是一成不变的，而是在不断地补充、创新和完善。

对于一个具有地面、顶盖、东南西北四个界面的六面体的房间来说，室内外空间的区别容易被识别，但对于不具备六面体的空间，可以表现出多种形式的室内外空间关系，有时确实难以在性质上加以区别。但现实生活告诉我们，站台、沿街的帐篷摊位，在一定条件下（主要是高度）可以避免日晒雨淋，在一定程度上达到了最基本的功能。由此可见，有无顶盖是区别内、外部空间的主要标志。具备地面（楼面）、顶盖、墙面三要素的房间是典型的室内空间；不具备三要素的，除院子、天井外，有些可称为开敞、半开敞等不同层次的室内空间。

2. 室内空间特性

简单地说，外部空间通常和大自然直接发生关系，如天空、太阳、山水，树木花草；内部空间主要和人工因素发生关系，如顶棚、地面、家具、灯光、陈设等。

室外是无限的，室内是有限的，室内空间无论大小都有规律性。因此相对说来，生活在有限的空间中，对人的视距、视角、方位等方面有一定限制。室内外光线在性质上、照度上也不一样。室外是直射阳光，物体具有较强的明暗对比；室内除部分是受直射阳光照射外，大部分是受反射光和漫射光照射，没有较强的明暗对比，光线比室外要弱。因此，同样一个物体，如室外的柱子，受到光影明暗的变化，显得小；室内的柱子由于在漫射光的作用下，没有强烈的明暗变化，显得大一点；室外的色彩显得鲜明，室内的显得灰暗。这对于设计师考虑物体的尺度、色彩是很重要的。

现代室内空间环境，对人的生活、思想、行为等方面发生了根本的变化，应该说是一种合乎发展规律的进步现象。但同时也带来不少的问题，主要由于与自然的隔绝、脱离日趋严重，从而使现代人的体能下降。因此，有人提出回归自然的主张，怀念日出而作、日落而息的与自然共呼吸的生活方式，在当代得到了很大的反响。

虽然历史是不会倒退的，但人和自然的关系是可以调整的，尽管这是一个全球性的系统工程，但也应从各行各业做起。对室内设计来说，应尽可能扩大室外活动空间，利用自然采光、自然能源、自然材料，重视室内绿化，合理利用地下空间等，创造可持续发展的室内空间环境，保障人与自然协调发展。

3. 室内空间功能

空间的功能包括物质功能和精神功能。物质功能包括使用上的要求，如空间的面积、大小、形状，适合的家具、设备，交通组织、疏散、消防、安全等措施以及科学而良好的采光、照明、通风、隔声、隔热等的物理环境等。

现代电子工业的发展和新技术设施的引进和利用，对建筑行业提出了相应的要求和改革，其物质功能的重要性、复杂性是不言而喻的。如住宅，在满足一切基本的物质需要后，还应考虑符合业主的经济条件，在维修、保养等方面的开支有一定的限度。

室内空间的精神功能是在物质功能的基础上，在满足物质需求的同时，从人的文化、心理需求出发，如人的不同爱好、愿望、意志、审美情趣、民族文化、民族象征、民族风格等，使人们在空间形式的处理上和空间形象的塑造上获得精神上的满足和美的享受。

而对于建筑空间形象的美感问题，由于审美观念的差别，往往难于一致，而且审美观念就每个人来说也是发展变化的，要确立统一的标准是困难的，但这并不能否定建筑形象美的一般规律。

建筑美，不论其内部或外部均可概括为形式美和意境美两个主要方面。

空间的形式美的规律如平常所说的构图原则或构图规律，如统一与变化、对比、韵律、节奏、比例、尺度、均衡、重点、比拟和联想等，这无疑是在创造建筑形象美时必不可少的手段。许多不够完美的作品，总可以在这些规律中找出不足之处。由于人的审美观念的发展变化，这些规律也在不断得到补充、调整，以至产生新的构图规律。

但是符合形式美的空间，不一定达到意境美。例如画一幅人像，可以在技巧上达到相当高度，如比例、明暗、色彩、质感等，但如果没有表现出人的神态、风韵，还不能算一幅好的作品。因此，意境美就是要表现特定场合下的特殊性格，也可称为建筑个性或建筑性格。故宫太和殿的"威严"，意大利佛罗伦萨运动场大看台的"力量"，流水别墅的"幽雅"都表现出建筑的性格特点，达到了具有强烈感染力的意境效果，是空间艺术表现的典范。由此可见，形式美只能解决一般问题，而意境美能解决特殊问题；形式美只涉及问题的表象，而意境美能深入到问题的本质；形式美抓住了人的视觉，而意境美能抓住人的心灵。掌握建筑的性格特点和设计的主题思想，通过室内的一切条件，如室内空间、色彩、照明、家具陈设、绿化等，去创造具有一定气氛、情调、神韵、气势的意境美，是室内建筑形象创作的主要任务。

在创造意境美时，还应注意时代的、民族的、地方的风格的表现，对住宅来说还应注意住户个人风格的表现。

意境创造要抓住人的心灵，就首先要了解和掌握人的心理状态和心理活动规律。此外，还可以通过人的行为模式，来分析人的不同的心理特点。

4. 室内空间组合

室内空间组合首先应该根据物质功能和精神功能的要求进行创造性的构思。一个好的方案总是根据当时当地的环境，结合建筑功能要求进行整体筹划，分析矛盾的主次，抓住问题的关键，内外兼顾，从单个空间的设计到群体空间的序列组织，由外到内，由内到外，反复推敲，使室内空间组织达到科学性、经济性、艺术性，理性与感性的完美结合。组织空间离不开结构方案的选择和具体布置，结构布局的简洁性和合理性与空间组织的多样性和艺术性，应该很好地结合起来。经验证明，在考虑空间组织的同时，应该考虑室内家具等的布置要求以及结构布置对空间产生的影响，否则会带来不可弥补的先天性缺陷。

随着社会的发展，人口的增长，可利用的空间趋于减少，空间的价值观念将随着时间的推移而日趋提高，因此如何充分地、合理地利用和组织空间，就成为一个更为突出的问题。我们应该把不具有重要的物质功能和精神功能价值的空间称为多余的浪费空间，没有修饰的空间(除非用作储藏)是不适用的、浪费的空间。合理地利用空间，不仅反映在对内部空间的巧妙组织，而且在空间的大小、形状的变化、整体和局部之间的有机联系以及功能和美学上达到协调与统一。

美国建筑师雅各布森的住宅，巧妙地利用不等的斜坡屋面，恰如其分地组织了需要不同层高和大小的房间，使之各得其所。其中起居室空间虽大但因高度不同的变化而显得很有节制，使空间也更加生动。书房适合于较小的空间，而更具有亲切、宁静的气氛。整个空间布局从大、高、开敞至小、亲切、封闭，十分紧凑而活泼，尽可能直接和间接地接纳自然光线，以便使冬季的黑暗减至最小。

在空间的功能设计中，还有一个值得重视的问题，就是对储藏空间的处理。储藏空间在每一类建筑中是必不可少的，在居住建筑中尤其显得重要。如果不妥善处理，常会引起侵占其他空间或造成室内空间的杂乱。包括储藏空间在内的家具布置和室内空间的统一，是现代住宅设计的主要特点，一般常采用下列几种方式。

（1）嵌入式（或称壁龛式）。它的特点是储藏空间与结构成为整体，充分保持室内空间面积的完整，常利用突出于室内的框架柱、嵌入墙内的空间以及利用上下部空间来布置橱柜。

（2）壁式橱柜。它占有一面或多面的完整墙面，做成固定式或活动式组合柜，有时作为房间的整片分隔墙柜，使室内空间保持完整统一。

（3）悬挂式。这种"占天不占地"的方式可以单独，也可以与其他家具组合成富有虚实、凹凸、线面纵横等生动的储藏空间，在居住建筑中应用十分广泛。但是，这种方式应高度适当，构造牢固，避免地震时落物伤人的危险。

（4）收藏式。结合壁柜设计活动床、桌，可以随时使用，使空间用途灵活，在小面积住宅中运用非常广泛。

（5）桌、橱结合式。充分利用桌面剩余空间，桌子与橱柜相结合。此外还有其他多功能的家具设计，如沙发床。

当在考虑空间功能和组织的时候，另一个值得注意的问题是，除上述所说的有形空间外，还存在着"无形空间"或称心理空间。

室内空间的大小、尺度、家具布置和座位排列以及空间的分隔等，都应从物质需要和心理需要两方面结合起来考虑。设计师是物质环境的创造者，不但应关心人的物质需要，更要了解人的心理需求，并通过优美的环境来影响和提高人的心理素质，把物质空间和心理空间统一起来。

5. 空间形式与构成

世界上的一切物质都是通过一定的形式表现出来的，室内空间的表现也不例外。建筑就其形式而言，就是一种空间构成，但并非有了建筑内容就能自然生长，产生出形式。功能决不会自动产生形式，形式是靠人类的形象思维产生的。因此，同样的内容，也并非只有一种形式才能表达。研究空间形式与构成，就是为了更好地体现室内的物质功能与精神功能的要求。形式和功能，两者是相辅相成、互为因果、辩证统一的。研究空间形式离不开对平面图形的分析和空间图形的构成。

空间的尺度与比例，是空间构成形式的重要因素。在三维空间中，等量的比例，如正方体，虽然没有方向感，但有严谨、完整的感觉。不等量的比例，如长方体、椭圆体，具有方向感，也有比较活泼、富有变化的感觉。在尺度上，应协调好绝对尺度和相对尺度的关系。任何形体都是由不同的线、面、体所组成。因此，室内空间形式主要决定于界面形状及其构成方式。有些空间直接利用基本的几何形体，更多的情况是，进行一定的组合和变化，使得空间构成形式丰富多彩。

建筑空间的形成与结构、材料有着不可分割的联系，空间的形状、尺度、比例以及室内装饰效果，很大程度上取决于结构组织形式及其所使用的材料质地，把建筑造型与结构造型统一起来的观点，被广大建筑师所接受。艺术和技术相结合产生的室内空间形象，恰好反映了建筑空间艺术的本质，是其他艺术所无法代替的。例如罗马奥林匹克体育馆，由菱形受力构件所组成的圆顶，如美丽的葵花，具有十分动人的韵律感和完美感，充分显示了工程师的智慧，是技术和艺术的结晶。我国传统的木构架，在创造室内空间的艺术效果时，也有辉煌的成就。

建筑空间装饰的创新和变化，首先要在结构造型的创新和变化中去寻找美的规律，建筑空间的形状、大小变化，应该与相应的结构系统协调一致。要充分利用结构造型美作为空间形象构思的基础，把艺术融于技术之中。这就要求设计师必须具备必要的结构知识，熟悉和掌握现有的结构体系，对结构从总体至局部，具有敏锐的、科学的、艺术的分析。

结构和材料的暴露与隐藏、自然与加工是艺术处理的两种不同手段，有时宜藏不宜露，有时宜露不宜藏，有时需呈现自然之质朴，有时需体现加工之精巧，技术和艺术既有统一的一面，也有矛盾的一面。

同样的形状和形式，由于视点位置的不同，视觉效果也不一样。因此，通过空间轴线的旋转，形成不同的角度，使同样的空间有不同的效果。也可以通过对空间比例、尺度的变化，使空间取得不同的感受。如中国传统民居，以单一的空间组合成丰富多样的形式。

现代建筑充分利用空间处理的各种手法，如空间的错位、错叠、穿插、交错、切割、旋转、裂变、退台、悬挑、扭曲、盘旋等，使空间的形式与构成方式得到充分地发展。但是要使抽象的几何形体具有深刻的表现性，达到具有某种意境的室内景观，还要求设计者对空间构成形式的本质具有深刻的认识。

从具象到抽象，由感性到理性，由复杂到简练，从客观到主观，没有一个艺术家能离开这条路，或者走到极端，或者在这条路上徘徊。对建筑来说，由于建筑本身是由几何形体所构成，不论设计师有意或无意，建筑总是以其外部的体量结合内部的空间构成，呈现于人们的面前。因此，如果把建筑艺术作为一种象征性艺术，那么它的艺术表现的物质基础，也就只能是抽象的几何形体组合和空间构成了。

6. 空间类型

空间的类型或类别，可以根据不同空间构成所具有的性质特点来加以区分，以利于在设计组织空间时选择和运用。

1）固定空间和可变空间（或灵活空间）

固定空间通常是一种经过深思熟虑的功能明确、位置固定的空间，因此可以用固定不变的界面围合而成。如目前居住建筑设计中常将厨房、卫生间作为固定不变的空间，确定其位置，而其余空间可以按用户的需要自由分隔。另外，有些永久性的纪念堂，也常作为固定不变的空间。可变空间则与此相反，为了能适合不同使用功能的需要而改变其空间形式，因此常采用灵活可变的分隔方式，如折叠门、可开可闭的隔断，以及影院中的升降舞台、活动墙面、天棚等。

2）静态空间和动态空间

一般来说，静态空间的形式比较稳定，常采用对称式和垂直水平界面处理。空间比较封闭，构成比较单一，视觉常被引导在一个方位或落在一个点上，空间常表现得非常清晰明确，一目了然。

动态空间或称为流动空间，往往具有空间的开敞性和视觉的导向性特点，界面组织具有连续性和节奏性，空间构成形式富有变化性和多样性，常使视线从这一点转向那一点。开敞空间连续贯通之处，正是引导视觉流通之时，空间的运动感既在于塑造空间形象的运动性上，如斜线、连续曲线等，更在于组织空间的节律性上，如锯齿形式有规律的重复，使视觉处于不停的流动状态。

3）开敞空间和封闭空间

开敞空间和封闭空间也有程度上的区别，如介于两者之间的半开敞和半封闭空间。它取决于房间的适用性质和周围环境的关系，以及视觉上和心理上的需要。在空间感上，开敞空间是流动的、渗透的，它可提供更多的室内外景观和扩大视野；封闭空间是静止的、凝滞的，有利于隔绝外来的各种干扰。在使用上，开敞空间灵活性较大，便于经常改变室内布置；而封闭空间提供了更多的墙面，容易布置家具，但空间变化受到限制。在心理效果上，开敞空间常表现为开朗的、活跃的；封闭空间常表现为严肃的、安静的或沉闷的，但富于安全感。在空间性格方面，开敞空间是收纳性的、开放性的，而封闭空间是拒绝性的。因此，开敞空间表现为更具有公共性和社会性，而封闭空间更具有私密性和个体性。

4）空间的肯定性和模糊性

界面清晰、范围明确、具有领域感的空间，称为肯定空间。一般私密性较强的封闭性空间属于此类。

模糊空间在建筑中属于似是而非、模棱两可的空间。在空间性质上，它常介于两种不同类别的空间之间，如室外、室内，开敞、封闭等；在空间位置上，它常处于两部分空间之间而难于界定其所归属的空间，由此形成空间的模糊性、不定性、多义性、灰色性，从而富于含蓄性和耐人寻味，被设计师所宠爱，多用于空间的联系、过渡、引申等。

5）虚拟空间和虚幻空间

虚拟空间是指在界定的空间内，通过界面的局部变化而再次限定的空间，如局部升高或降低地坪或天棚，或以不同材质、色彩的平面变化来限定空间等。

虚幻空间是指室内镜面反映的虚像，把人们的视线带到镜面背后的虚幻空间去，于是产生空间扩大的视觉效果，有时还通过几个镜面的折射，把原本平面的物件造成立体空间的幻觉，紧靠镜面的物体，还能把不完整的物件（如半圆桌），造成完整的物件的假象。因此，室内特别狭小的空间，常利用镜面来扩大空间感，并利用镜面的幻觉装饰来丰富室内景观。除镜面外，有时室内还利用有一定景深的大幅面绘画，把人们的视线引向远方，造成空间深远的意象。

7. 空间的分隔与联系

从某种意义上讲，室内空间的组合，也就是根据不同使用目的，对空间在垂直和水平方向进行各种各样的分隔和联系，通过不同的分隔和联系方式，为人们提供良好的空间环境，以满足不同的活动需要，使其达到物质功能与精神功能的统一。空间的分隔和联系不仅是一个技术问题，也是一个艺术问题，除了从功能使用要求来考虑空间的分隔和联系外，对分隔和联系的处理，如形式、组织、比例、方向、线条、构成以及整体布局等，反映出设计的特色和风格。良好的分隔总是以少胜多，构成有序，自成体系。

空间的分隔，应该处理好不同的空间关系和分隔的层次。首先是室内外空间的分隔，如入口、天井、庭院，它们与室外紧密联系，体现内外结合及室内空间与自然空间交融等。其次是内部空间之间的关系，主要表现在封闭和开敞的关系、空间的静止和流动的关系、空间序列的开合、扬抑的组织关系、开放性与私密性的关系以及空间性格的关系。最后是个别空间内部在进行装修、布置家具和陈设时，对空间的再次分隔。

建筑物的承重结构，如承重柱、剪力墙以及楼梯、电梯井和其他竖向管线井等，都是对空间的固定不变的分隔因素。因此，在划分空间处理时应特别注意它们对空间的影响，非承重结构的分隔材料，如各种轻质隔断、落地罩、博古架、家具、绿化等分隔空间，应注意它们构造的牢固性和装饰性。

此外，利用天棚、地面的高低变化或色彩、材料质地的变化，可进行象征性的空间限定。

8. 空间的过渡和引导

空间的过渡和过渡空间，是根据人们日常生活的需要提出来的，如当人们回到自己的家时，都希望在门口有块地方换鞋、放置雨伞，或者为了家庭的安全性和私密性，也需要在入室前有一块缓冲地带。例如在影剧院中，为了不使观众从明亮的室外突然进入较暗的观众厅而引起视觉上的急剧变化的不适应，常在门厅、休息厅和观众厅之间设立渐次减弱光线的空间。这些都属于实用性的过渡空间。此外，如厂长、经理办公室前设置的秘书接待室，某些餐厅、宴会厅前的休息室，除了一定的实用性外，还体现了某种礼节、规格、档次和身份。凡此种种，都说明了过渡空间的性质，它包括实用性、私密性、安全性、礼节性、等级性等。除此之外，过渡空间还常作为一种艺术手段起到空间的引导作用。

过渡空间作为前后空间、内外空间的媒介、桥梁、衔接体和转换点，在功能和艺术创作上，有其独特的地位和作用。过渡的形式是多种多样的，有一定的目的性和规律性，如从公共性至私密性的过渡常和开放性至封闭性过渡相对应，和室内外空间的转换相联系：公共性→半公共性→半私密性→私密性；开敞性→半开敞性→半封闭性→封闭性；室外→半室外→半室内→室内。

过渡的目的常和空间艺术的形象处理有关，如欲扬先抑、欲散先聚、欲广先窄、欲高先低等。要达到文学中所说的"山重水复疑无路，柳暗花明又一村""曲径通幽处"等诗情画意的境界，都离不开过渡空间的处理。过渡空间也常起到功能分区的作用，如动区和静区等的过渡地带。

9. 空间的序列

人的每一项活动都会在时空中体现出一系列的过程。空间序列设计虽以活动过程为依据，但仅仅满足人们行为活动的物质需要，是不够的，因为这是一种"行为过程"的体现。空间序列布置艺术，是我国建筑文化的一个重要内容。空间的连续性和时间性是空间序列的必要条件，人在空间内活动所感受到的精神状态是空间序列考虑的基本因素；空间的艺术章法，则是空间序列设计的主要研究对象，也是对空间序列全过程构思的结果。

1）空间序列的全过程

空间序列的全过程一般可以分为下列几个阶段。

（1）起始阶段。这个阶段为序列的开端，使空间具有足够的吸引力，是起始阶段考虑的主要核心。

（2）过渡阶段。它既是起始后的承接阶段，又是高潮阶段的前奏，在序列中起到承前启后、继往开来的作用，是序列中关键的一环。特别是在长序列中，过渡阶段可以表现出若干不同层次和细微的变化，由于它紧接着高潮阶段，因此对最终高潮出现前所具有的引导、启示、酝酿、期待，乃是该阶段考虑的主要因素。

（3）高潮阶段。高潮阶段是全序列的中心，从某种意义上说，其他各个阶段都是为高潮的出现服务的，因此序列中的高潮常是精华和目的所在，也是序列艺术的最高体现。充分考虑期待后的心理满足和激发情绪达到巅峰，是高潮阶段的设计重心。

（4）终结阶段。由高潮恢复到平静，恢复正常状态是终结阶段的主要任务，它虽然没有高潮阶段那么显要，但也是必不可少的组成部分，良好的结束似余音缭绕，有利于对高潮的联想，耐人寻味。

2）不同类型的建筑对序列的要求

不同性质的建筑有不同的空间序列布局，不同的空间序列艺术手法有不同的序列设计章法。因此，在现实的活动内容中，空间序列设计绝不会是完全像上述序列那样一个模式，打破常规有时反而能获得意想不到的效果，这几乎也是一切艺术创作的一般规律。因此，在熟悉、掌握空间序列设计的普遍性外，在进行创作时，应充分注意不同情况下的特殊性。一般说来，影响空间序列的关键在于序列长短的选择。序列的长短即反映高潮出现的快慢。由于高潮一出现，就意味着序列全过程即将结束，因此，对高潮的出现绝不轻易处置，高潮出现越晚，层次必须增多，通过时空效应对人心理的影响必然更加深刻。因此，长序列的设计往往运用于需要强调高潮的重要性、宏伟性与高贵性的建筑。

对于某些建筑类型来说，采取长时间的长序列手法并不合适。如以讲效率、速度、节约时间为前提的各种交通客运站，它的室内布置应该一目了然，层次越少越好，通过的时间越短越好，不使旅客因找不到办理手续的地点和迂回曲折的出、入口而造成心理紧张。对于有充裕时间进行观赏游览的建筑空间，为了迎合游客尽兴而归的心理愿望，将建筑空间序列适当拉长也是恰当的。

3）序列布局类型的选择

采取何种序列布局，决定于建筑的性质、规模、地形环境等因素。一般可分为对称式和不对称式、规则式或自由式。空间序列线路，一般可分为直线式、曲线式、循环式、迂回式、盘旋式、立交式等。我国传统的寺庙建筑以规则式和曲线式居多，而园林建筑以自由式和迂回曲折式居多，这对建筑性质的表达很有作用。现代许多规模宏大的集合式空间，常以循环往复式和立交式的序列线路居多，这与方便功能联系、创造丰富的室内空间艺术景观效果有很大的关系。

高潮的选择，在某类建筑的所有房间中，总可以找出具有代表性的、反映该建筑性质特征的、集中一切精华所在的主体空间，常常把它作为选择高潮的对象，成为整个建筑的中心和参观来访者所向往的最后目的地。根据建筑的性质和规模不同，考虑高潮出现的次数和位置也不一样，多功能、综合性、规模较大的建筑，具有形成多中心、多高潮的可能性。即便如此，也有主次之分，整个序列正如起伏的波浪一样，从中可以找出最高的波峰。根据正常的空间序列，高潮的位置总是偏后，故宫建筑群主体太和殿和毛主席纪念堂的代表性空间瞻仰厅，均布置在全序列的中偏后。如广州白天鹅宾馆的中庭，以故乡水为题，山、泉、桥、亭点缀其中，不但提供了良好的游憩场所，而且满足了一般旅客特别是侨胞的心理需要。像旅馆那样以吸引和招揽旅客为目的的公共建筑，高潮中庭在序列的布置中显然不宜过于隐蔽，相反地希望以此作为显示该建筑的规模、标准程度的体现，常布置于接近建筑入口和建筑的中心位置。这种在短时间出现高潮的序列布置，因为序列短，很少有预示性的过渡阶段，让人由于缺乏思想准备，反而会产生新奇感和惊叹感，这也是一般短序列章法的特点。由此可见，不论采取何种序列章法，总是和建筑的目的性是一致的，只有建立在客观需要基础上的空间序列艺术，才能显示其强大的生命力。

4）空间序列的设计手法

良好的建筑空间序列设计，宛若一部完整的乐章、动人的诗篇。空间序列的不同阶段和写文章一样，有主题，有起伏，有高潮，有结束；也和剧作一样，有主角和配角，有矛盾的对立面，也有中间人物。通过建筑空间的连续性和整体性给人以强烈的印象、深刻的记忆和美的享受。但是良好的序列章法还是要通过每个局部空间，包括装修、色彩、陈设、照明等一系列艺术手段的创造来实现的，因此，研究与序列有关的空间构图就成为十分重要的问题，一般应注意下列几方面。

（1）空间的导向性。指导人们行动方向的建筑处理，称为空间的导向性。良好的交通路线设计，不需要指路标和文字说明，而是用建筑所特有的语言传递信息，与人对话。许多连续排列的物体，如列柱、连续的柜台，以及装饰灯具与绿化组合等，容易引起人们的注意而不自觉地随着行动。有时也利用带有方向性的色彩、线条，结合地面和顶棚等的装饰处理，来暗示或强调人们行动的方向和提高人们的注意力。因此，室内空间的各种韵律构图和象征方向的形象性构图，就成为空间导向性的主要手法。没有良好的引导，对空间序列是一种严重破坏。

（2）视觉中心。在一定范围内引起人们注意的目的物称为视觉中心。空间的导向性有时也只能在有限的条件内设置，因此在整个序列设计过程中，有时还必须依靠在关键部位设置引起人们强烈注意的物体，以吸引人们的视线。视觉中心的设置一般是以具有强烈装饰趣味的物体作为标志物，因此，它既有被欣赏的价值，又在空间上起到一定的注视和引导作用，一般多在交通的入口处、转折点和容易迷失方向的关键部位设置有趣的雕塑，或者华丽的壁饰、绘画，形态独特的古玩，奇异多姿的盆景等。有时也可利用建筑构件本身，如形态生动的楼梯、金碧辉煌的装修引起人们的注意，吸引人们的视线，必要时还可配合色彩照明加以强化，进一步突出其重点作用。因此，在进行室内装修和陈设布置时，除了美化室内环境外，还必须充分考虑作为视觉中心职能的需要，加以全面支撑。

（3）空间构图的对比与统一。空间序列的全过程，就是一系列相互联系的空间过渡。对不同序列阶段，在空间处理上（空间的大小、形状、方向、明暗、色彩、装修、陈设）的方法也各有不同，以造成不同的空间气氛，但又彼此联系，前后衔接。空间的连续过渡，前一空间就为后来空间准备，按照总的序列格局安排，来处理前后空间的关系。在高潮阶段出现之前，空间过渡的形式应该有所区别，但在本质上应基本一致，以强调共性，一般应以"统一"的手法为主。但作为高潮前准备的过渡空间，往往就采取"对比"的手法，如先收后放、先抑后扬等。

10. 空间形态的构思和创造

随着社会生产力的不断发展以及科学技术水平的提高，人们对空间环境的要求也越来越高，而空间形态乃是空间环境的基础，它决定空间总的效果，对空间环境的气氛、格调起着关键性的作用。室内空间的不同处理手法和不同目的要求，最终将表现在各种形式的空间形态之中。尽管经过长期的实践，对室内空间形式的创造积累了丰富的经验，但由于建筑室内空间的无限丰富性和多样性，对于不同方向、不同位置空间上的相互渗透和融合，有时确实很难找出恰当的临界范围而明确地划分这一部分空间和那一部分空间，这就为室内空间形态分析带来一定的困难。然而，当人们抓住了空间形态的典型特征及其处理方法的规律，就可以从浩如烟海、眼花缭乱、千姿百态的设计空间中理出头绪。

1）常见的基本空间形态

（1）下沉式空间。室内地面局部下沉，在统一的室内空间中就产生了一个界限明确、富有变化的独立空间。由于下沉地面标高比周围的要低，因此有一种隐蔽感和宁静感，使其成为具有一定私密性的小天地。人们在其中休息、交谈也倍觉亲切，在其中工作、学习，较少受到干扰。

（2）地台式空间。与下沉式空间相反，将室内地面局部升高也能在室内产生一个边界十分明确的空间，但其功能、作用几乎与下沉式空间相反，由于地面升高形成一个台座，与周围空间相比变得十分醒目突出，因此它们的用途适宜于惹人注目的展示和陈列。许多商场常利用地台式空间将最新产品陈列在那里，使人们一进店堂就可一目了然，很好地起到了对新商品的宣传作用。

（3）凹室与外凸空间。凹室是在室内局部凹进的一种室内空间形态，特别在住宅建筑中运用比较普遍。由于凹室通常只有一面开敞，因此在空间中比较少受干扰，形成安静的一角，有时常把天棚降低，造成具有清静、安全、亲密感的空间，是一种私密性较高的空间形态。根据凹进的深浅和面积大小的不同，可以作为多种用途的布置，在住宅中多数利用它布置床位。有时甚至在家具组合时，也特地空出能布置座位的凹角。在公共建筑中常用凹室避免人流穿越干扰，获得良好的休息空间。许多餐厅、茶室、咖啡厅，也常利用凹室布置雅座。对于长廊式的建筑，如宿舍、门诊、酒店客房、办公楼等，适当间隔布置一些凹室作为休息等候场所，可以避免空间的单调感。

凹凸是一个相对概念，凸式空间就是一种对内部空间而言是凹室，对外部空间而是向外凸出的空间。如果周围不开设窗户，内部保持了凹室的一切特点，但这种不开窗的外凸式空间，在设计上没有多大意义。除非外形需要，或仅能作为外凸式楼梯、电梯等使用，大部分的外凸式空间将建筑更好地伸向自然、水面，达到三面临空，既可以饱览风光，又使室内外空间融合在一起，这是外凸式空间的主要优点。住宅建筑中的阳台、日光室都属于这一类。外凸式空间在西洋古典建筑中运用得比较普遍。

（4）回廊与挑台。它们是室内空间中独具一格的空间形态。回廊常用于门厅和休息厅，以增强其入口宏伟、壮观的第一印象和丰富垂直方向的空间层次。结合回廊，有时还常利用扩大楼梯休息平台和不同标高的平台，布置一定数量的桌椅作为休息交谈的独立空间，并造成高低错落、生动别致的室内空间环境。由于挑台居高临下，提供了丰富的俯视视角环境，现代宾馆建筑中的中庭，许多是多层回廊挑台的集合体，表现出多种多样的效果。

（5）交错、穿插空间。城市中的立体交通，车水马龙，显示出一个城市的活力，也是城市壮观的景象之一。现代室内空间设计不满足于习惯的封闭六面体和静止的空间形态，在创作中也常把室外的城市立交模式引进室内，不但对于大量群众的集合场所（如展览馆、俱乐部等建筑），在分散和组织人流上颇为相宜，而且在某些规模较大的住宅也有使用。在这样的空间中，人们上、下活动交错川流，俯仰相望，静中有动，不仅丰富了室内景观，同时也给室内环境增添了生气和活跃的气氛。

（6）母子空间。人们在大的空间环境下一起工作、交谈或进行其他活动，有时会感到彼此干扰，缺乏私密性，空旷而不够亲切；而在封闭的小房间虽然避免了上述缺点，但又会产生工作上的不便和空间上的沉闷、闭塞感。采用大空间内围隔出小空间，这种封闭与开敞相结合的办法可使二者兼容，因此在许多建筑类型中被广泛采用。

（7）共享空间。从空间处理上讲，共享大厅可以说是一个具有运用多种空间处理手法的综合体系。现在许多四季厅、中庭等一类的共享大厅，在各类建筑中竞相效仿，相继诞生。但某些大厅却缺乏应有的活力，很大程度上是由于空间处理不够生动，没有恰当地融合各种空间形态。变则动，不变则静，单一的空间类型往往是静止的感觉，多样的、变化的空间形态就会形成动感。

2）室内空间设计手法

内部空间多种多样的形态，都是具有不同的性质和用途的，它们受到决定空间形态的各方面因素的制约，决非任何主观臆想的产物。因此，要善于利用一切现实的客观因素，并在此基础上结合新的构思，特别要注意化不利因素为有利因素，才是室内空间创造的正确途径。

结合功能需要提出新的设想。许多真正成功的优秀作品，几乎毫无例外地紧紧围绕着"用"字上下功夫，以新的形式来满足新的用途，就要有新的构思。

建筑本身是一个完整的整体，外部体量和内部空间只是其表现形式的两个方面，是统一的、不可分割的。在研究内部空间的同时，还应该熟悉和掌握现代建筑对外部造型上的一些规律和特点，那就是：整体性，强调大的效果；单一性，强调简洁、明确的效果；雕塑性，强调完整独立的性格；重复性，强调单元化、重复印象；规律性，强调主题符号，贯彻始终；几何性，强调鲜明性；独创性，强调建筑个性、地方性，标新立异，不予雷同；总体性，强调与环境结合。这些特点都会反映和渗透到内部空间来，设计者要有全局观点和掌握协调内外的本领。

11. 室内空间构图

1）构图要素

协调处理室内空间各组成部分之间关系，将室内设计的基本特征体现出来。

任何物体都可以找出它的线条组成，以及它所表现的主要倾向。在室内设计中，虽然多数设计是由许多线条组成的，但经常是一种线条占优势，并对设计的性格表现起到关键的作用。观察物体时，总是要受到线条的驱使，根据线条的不同形式，获得某些联想或某种感觉，引起感情上的共鸣。线条有两类，即直线和曲线，它们反映出不同的效果。直线包括垂直线、水平线和斜线。

（1）垂直线具有严肃的效果。在室内空间中，垂直线使人觉得房间较高。

（2）水平线使人感觉宁静和轻松，它有助于增加房间的宽度，引起随和、平静的感觉，水平线由室内的桌椅、床形成，或由某些家具陈设处于同一水平高度而形成，使空间具有开阔和完整的感觉。

（3）斜线。斜线好似嵌入空间中活动的线，因此它们很可能促使眼睛随其移动。连续的锯齿形，具有类似波浪起伏式的前进状态。

（4）曲线。曲线的变化几乎是无限的，非常富有动感。不同的曲线表现出不同的情绪和思想。任何丰满动人的曲线，都会给人轻快柔和的感觉，这种曲线在室内的家具、灯具、花纹织物、陈设等中都可以找到。曲线有时能体现出特有的文雅、活泼、轻柔的美感，但若使用不当，也可能造成软弱无力和烦琐、不安定的效果。

室内空间的形式、结构、构造等所表现的线条以及装饰线条等（如门、拱门、墙裙、线脚、家具、陈设、图案等），都必须在设计时充分考虑其线条在整体空间中造成的效果。

强调一种线型有助于主题的体现。如一个房间要想显得轻松、宁静，水平线应占统治地位。家具在室内具有主要地位，某些家具可以全部用直线组成，而另一些家具则可以用直线和曲线相结合。此外，织物图案也可以用来强调线条，如条纹、方格花纹和各种几何形状花纹。一个房间的气氛可因非常简单的、重要的线条的改变而发生变化。人们常用垂悬于窗上的织物、装饰性的窗帘钩，去形成优美的曲线。

形状和形式。立方体是一种稳定的形式，但用得过多就显单调；球体和曲线组成的空间，更能引人入胜。一个物体的形式通常也代表了它的功能，如按人体工程学要求做的座椅靠背呈曲线形。在一个房间中仅有一种形式是很少见的，大多数室内表现是各种形式的综合，如曲线形的灯罩、直线构成的沙发、矩形的地毯、斜角顶棚或楼梯。

图案纹样。墙纸、窗帘、地毯、沙发织物等，常以其图案纹样、色彩、质地而吸引顾客去购买。图案纹样几乎是千变万化的，可由不同的线条构成，有各种不同的植物、动物、花卉、几何图案、抽象图案等。它们常占有室内空间的较大面积，用得恰当可增加趣味，起到装饰作用，丰富室内景观。采用什么样的图案花纹，其形状、大小、色彩、比例与整个室内空间的尺度与室内总的效果和装饰目的结合起来考虑。

2）构图原则

室内设计在某种意义上来说，就是对形、色、质地的选择和布置，其结果也表达了某种个性、风格和爱好。对于设计的综合选择和布置，并没有固定的规则和公式，因为一些规则和公式，将会影响个性的自然表现和缺乏创造性。按陈规的和缺乏个性的模仿设计，会使人厌烦。但是如果要使设计达到某种效果和目的，对一些基本的原则还需要考虑。

（1）协调。设计最基本的是协调，应将所有的设计因素和原则，结合在一起去创造协调。各因素或综合体必须合而为一整体。采用的形、色、图案和线条都一样，那就会很单调的。必要的变化给予趣味，然而太多的变化会产生混乱。一个好的室内设计应既不单调又不混乱。

（2）比例。室内设计的各部分比例和尺度，局部和局部、局部与整体，在生活中都会遇到，并且运用了这些原则，有时也是无意识的。

（3）平衡。当各部分的质量，围绕一个中心焦点而处于安定状态时称为平衡。平衡对视觉感到愉快，室内的家具和其他的物体的"质量"，是由其大小、形状、色彩、质地决定的。所有这些，必须考虑使其适合于平衡，如果两物体大小相同，但一为亮黄色，一为灰色，则前者显得重，粗糙的表面比光滑的显得重，有装饰的比无装饰的要重。

（4）韵律。视觉从一部分自然地、顺利地巡视至另一部分时的运动力量，来自韵律的设计。

韵律的原则在产生统一方面极端重要，因为它使眼睛在特殊焦点上静止前已扫视整个室内，而如果眼睛从一个地点跳至另一地点，其结果是对视觉的不适和最大干扰。在设计中产生韵律的方法如下。

① 连续的线条。一般房间的设计是由许多不同的线条组成的，连续线条具有流动的特质，在室内经常用于挂镜线、装饰线条的镶边以及各种在同一高度的家具陈设所形成的线条，如画框顶和窗户的高度一致，椅子、沙发和桌子高度一致等。

② 重复。通过线条、色彩、形状、光、质地、图案或空间的重复，能引导人们的眼睛按指定的方向运动，虽然垂线能令人的眼睛上下看，但一组水平方向布置的垂线，却能使眼睛从这一边看到那一边，即沿着不是垂直的而是水平方向移动。形状的重复也能令人眼睛向某种方向移动，如一排陈列在墙上的装饰盘，可使眼睛从这一点移至另一点；在室内具有相同的色彩、质地、图案纹样的织物或家具，由于其重复使用，人们一进入室内就能很快被引导到这些物件中来。但应避免重复过多或形成单调，如果同样颜色重复过多，那么也可以通过不同的质地或图案的变化而突破其单调性。

③ 放射。创造出特殊的气氛和效果。由中心发出的放射形，常在照明装置、结构件和许多装饰物中运用。

④ 渐变。通过一系列的级差变化，可使眼睛从某一级过渡到另一级，这个原则也可通过线条、大小、形状、明暗、图案、质地、色彩的渐次变化而达到。渐变比重复更为生动。运用渐变方法，利用陈设品比用大件家具更容易做到。色彩的渐变多用于某些织物。

⑤ 交替。任何因素均可交替，白与黑、冷与暖、长与短、大与小、上与下、明与暗等，自然界中的白天与夜晚、冬与夏、阴与晴的交替，斑马条纹的深浅的交替等。这种交替所创造的韵律，是十分自然生动的。在有规律的交替中，意外的变化也可造成一种不破坏整体、统一的、独特的风格，如当黑白条纹交替时，突然出现二条黑条纹，它增加了一种有趣的变化，但不影响统一。

（5）重点。根据房间的性质，围绕预期的思想和目的，进行有意识的突出和强调，经过周密的安排、筛选、调整、加强和减弱等工作，使整个室内主次分明，重点突出，形成视觉焦点或趣味中心。在一个房间内可以多于一个趣味中心，但重点太多必然引起混乱。

（6）趣味中心的选择。决定于房间的性质、风格和目的，也可以按主人的爱好、个性特点来确定。某些房间的结构常成为注意的中心，设有火炉的起居室，常以火炉为中心突出室内的特点，窗口也常成为视觉的焦点，如果窗外有良好的景色也可以作为趣味中心。某些卧室把精心设计的床头作为突出卧室的趣味中心。壁画、珍贵陈设品和收藏品，均可引起人们的注意，用来加强室内的重点。

（7）形成重点的手法。加强对室内重要部分的注意，包括通过异常的大小、质地、线条、色彩、空间、图案等形成的对比；也可以通过物体的布置、照明的运用以及出其不意的安排来形成重点。

5.2　室内界面的处理

室内界面，即围合成室内空间的底面（地面）、侧面（墙面、隔断）和顶面。人们使用和感受室内空间，但通常直接看到甚至触摸到的则为界面实体。从室内设计的整体观念出发，必须把空间与界面、"虚无"与实体的矛盾有机地结合在一起来分析。在具体的设计过程中，不同阶段也可以各有重点，如在室内空间组织、布局基本确定以后，对界面实体的设计就显得非常突出。室内界面的设计，既有功能技术要求，也有造型和美观要求。作为材料实体的界面，有线形和色彩设计，界面的材质选用和构造问题。此外，现代室内环境的界面设计还需要与房屋室内的设备进行周密的协调，如界面与风管尺寸，以及出、回风口的位置；界面与嵌入灯具或灯槽的设置，以及界面与消防喷淋、报警、通信、音响、监控等设施的接口也需重视。

1. 界面的要求和功能特点

1）各类界面的共同要求

耐久性及使用期限；耐燃及防火性能；无毒、无害的核定放射剂量；易于制作安装和施工，便于更新；必要的隔热保暖、隔声吸声性能；装饰及美观要求；相应的经济要求。

2）各类界面的功能特点

底面——耐磨、防滑、易清洁、防静电等。

侧面——较高的隔声、吸声、保暖、隔热要求。

顶面——质轻，光反射率高，较高的隔声、吸声、保暖、隔热要求。

2. 界面装饰材料的选用

室内装饰材料的选用，是界面设计中涉及设计成果的实质性的重要环节，它将直接影响到室内设计整体的实用性、经济性，以及环境气氛和美观与否。应熟悉材料质地、性能特点，了解材料的价格和施工操作工艺要求，善于和精于运用当今先进的物质技术手段。界面装饰材料的选用，需要考虑下面几方面的要求。

1）适应室内使用空间的功能性质

对于不同功能性质的室内空间，需要由相应类别的界面装饰材料来烘托室内的环境氛围，如文教、办公建筑的宁静、严肃气氛，娱乐场所的欢乐、愉悦气氛，与所选材料的色彩、质地、光泽、纹理等密切相关。

2）适合建筑装饰的相应部位

不同的建筑部位，相应地对装饰材料的物理、化学性能，观感等的要求也各有不同。如对建筑外装饰材料，要求有较好的耐风化、防腐蚀的性能，由于大理石中的主要成分为碳酸钙，受到城市大气中的酸性侵蚀，因此外装饰一般不宜使用大理石；又如室内房间的脚线部位，由于需要考虑地面清洁工具、家具、器物底脚碰撞时的牢度和易于清洁，通常需选用有一定强度、易于清洁的装饰材料，常用的粉刷、涂料、织物软包等墙面装饰材料，都不能直落地面。

3）符合更新、时尚的发展需要

由于现代室内设计具有动态发展的特点，设计装修后的室内环境，并非是"一劳永逸"的，而是需要更新的。原有的装饰材料需要由无污染、质地和性能更好的、更为新颖美观的装饰材料来取代。界面装饰材料的选用，还应注意"精心设计、巧于用材、优材精用、一般材质新用"。

室内界面处理，铺设或粘贴装饰材料是"加法"，但一些结构体系和结构构件的建筑室内，也可以做"减法"，如结构构件可利用模板纹理的混凝土构件或清水砖面等。如某些体育建筑、交通建筑需显示结构的构件构成，有些不直接接触的墙面，可用不加装饰、具有模板纹理的混凝土面或清水砖面等。

在现代工业社会，"回归自然"是室内装饰的发展趋势之一，因此室内界面装饰应适量地选用天然材料。即使是现代风格的室内装饰，也常选配一定量的天然材料，因为天然材料具有优美的纹理和材质，它们和人们的感受易于沟通。

木材具有质轻、强度高、韧性好、热性能较佳而且手感、触感好等特点。纹理和色泽优美愉悦，易于着色，便于加工、连接和安装，但需注意防火和防蛀，表面的油漆或涂料应选用不致散发有害气体的涂层。

石材厚重、耐久，纹理和色泽极为美观，且品种的特色鲜明。其表面根据装饰效果的需要，可作凿毛、烧毛、亚光、磨光镜面等多种处理，运用现代加工工艺，可使石材成为具有单向或双向曲面、饰以花色线脚等的异形材质。天然石材作为装饰用材时，宜注意材料的色差，如施工工艺不当和湿作业时常留有明显的水渍，影响美观。

3. 室内界面处理及其感受

人们对室内环境气氛的感受，通常是综合的、整体的，既有空间形状，也有作为实体的界面。

界面的主要因素有：室内采光、照明、材料的质地和色彩、界面本身的形状、线脚和面上的图案肌理等。在界面的具体设计中，根据室内环境气氛的要求和材料、设备、施工工艺等现实条件，也可以在界面处理时重点运用某一手法。如显露结构体系与构件构成；突出界面材料的质地与纹理；界面凹凸变化造型特点与光影效果；强调界面色彩或色彩构成；界面上的图案设计与重点装饰等。

1）材料的质地

室内装饰材料的质地，根据其特性大致可以分为：天然材料与人工材料；硬质材料与柔软材料；精致材料与粗犷材料。

天然材料中的木、竹、藤、麻、棉等材料常给人们以亲切感，室内采用显示纹理的木材、藤竹家具、草编铺地以及粗加工的墙体面材，粗犷自然，富有野趣，使人有回归自然的感受。由于色彩、线形、质地之间具有一定的内在联系和综合感受，又受光等整体环境的影响，因此，上述感受也具有相对性。

2）界面的线形

界面的线形是指界面上的图案、界面边缘、交接处的线脚以及界面本身的形状。

界面上的图案必须从属于室内环境整体气氛的要求，起到烘托、加强室内精神功能的作用。根据不同的场合，图案可能是具象的或抽象的、有彩的或无彩的、有主题的或无主题的；图案的表现手段有绘制的、与界面同质材料的，或以不同材料制作。界面的图案还需要考虑与室内织物（如窗帘、地毯、床罩等）的协调。

界面的边缘、不同材料的连接，它们的造型和构造处理，即所谓的"收头"。收头是室内设计中的难点之一。界面的边缘转角通常以不同断面造型的线脚处理，光洁材料和新型材料大多不作为传统材料的线脚处理，但也有界面之间的过渡和材料的"收头"问题。界面的图案与线脚的花饰和纹样，也是室内设计艺术风格定位的重要表达语言。

界面的形状是以结构构件、承重墙、柱等为依托，以结构体系构成轮廓，形成平面、拱形、折面等不同形状的界面；如剧场、音乐厅的顶界面，近台部分往往需要根据几何声学的反射要求，做成反射的曲面或折面。界面的形状也可按所需的环境气氛设计。

3）界面的不同处理与视觉感受

室内界面由于线型的不同划分、花饰大小的尺度各异、色彩深浅的不同配置以及采用各类材质，都会给人们视觉上的不同感受。

5.3 应用研究——
九江市动漫嘉年华主题KTV室内空间设计

1. 项目概况

整个KTV的面积达3000m²，有豪华大包2间、VIP包间3间、大包26间、中包21间、小包19间、迷你包4间。

2. 设计理念

在动漫KTV的设计方案构思中，遵循以客观环境为设计基础，以人为本的核心，以科学性与艺术性相结合为创作设计手段，注重时尚感与动漫元素并重的、动态的和可持续发展的设计理念。整个方案富有层次，不搞平均主义，重点和附属、总体和细部要深入，大处着眼、细处着手。

3. 设计风格

一种典型风格的形式，通常是与当地的人文因素和自然条件密切相关，同时又需要创作中的构思和造型特点。KTV设计风格的形成，是不同的时代思潮和地区特点，通过创作构思和表现，逐渐发展成为具有代表性的室内设计形式，形成KTV设计风格的外在和内在因素。

现代风格的动漫主题KTV强调突破传统，创造新建筑，重视功能和空间组织，注意发挥结构本身的形式美，造型简洁，反对多余装饰，崇尚合理的构成工艺，尊重材料的性能，讲究材料自身的质地和色彩的配置效果，发展了非传统的以功能布局为依据的不对称的构图手法。

4. 界面设计

1）墙面设计

墙面是构成空间的要素之一，按其在建筑中的位置可分为外墙和内墙，按受力性能可分为承重墙与非承重墙，在建筑空间中墙体主要起围护和间隔作用。除此以外，墙体的作用就要数装饰性了。KTV的墙面设计是最能发挥其创造力的地方，也是整个KTV最出彩的地方，对于KTV包间拥有一个好的形象非常重要。要想长期经营，得到更多顾客的喜爱，KTV 包间内部的墙面设计是必不可少的一个方面。在 KTV 设计中应该营造一种客人向往的、追求唱歌的氛围，挖掘内在的商业价值，利用材料、灯光等打造梦幻、甜美、活力等兴奋点。这与室内设计效果有着天壤之别，家的氛围是平和、安静、温馨，可能没有不同主题，而 KTV 需要设计运用材料、色彩、灯光、音响等，将 KTV 玩家"不为人知"的另一面释放出来。在设计中充分考虑比例与尺度、封闭与开敞、丰富与简洁、亲切与冷漠、人工与自然、秩序与混乱、动与静等因素。有时出于功能上与艺术上的需求，地面、墙面、顶棚、隔断的边界不是很明确，甚至浑然一体。在 KTV 设计过程中，对不理想的空间感受，通过色彩、线形、材质照明、陈设、绿化、水体、错觉及启发联想等进行调节，以满足人们不同的心理需求。

2）材料的选择

在 KTV 装饰材料中需要用到的一般是隔音材料、吸音材料、减振材料等减振、吸音、降噪材料。

KTV 包房装修材料和结构的不同，会形成声污染现象。一方面要采用适合声学装修的材料，如矿棉吸声板等。另一方面装修要采用环保材料，材料的好坏直接关系到人的健康和声音质量，在保证声音质量的条件下，会建议选择环保型的装修材料。因为 KTV 是公用场所，所以防火是最重要的，因此一些防火的 KTV 装修材料要使用。天花要使用轻钢龙骨、硅钙板、石膏板，墙身使用木方及夹板，要在木料表面用防火漆涂刷才可以使用。

5. 色彩和灯光设计

1）色彩搭配

色彩在墙面设计装饰中具有相当重要的作用，色彩是更能使人通过视觉产生不同感受的一种的手段。所以，色彩运用得当，就能够调节气氛，改善视觉环境，增强艺术效果。在 KTV 空间的设计中更是如此，色彩搭配的得当可以更好地体现动漫主题，显示出 KTV 与众不同的风格。

在 KTV 色彩设计中，应该有鲜明、丰富、和谐、统一的特点。鲜明的色彩可以给人以强烈的视觉刺激，也符合 KTV 的风格与内涵；丰富的色彩给人以充实、持久感，而单调的色彩则使人产生视觉疲劳；和谐统一是对色彩的设计要求。应设置一种基调，处理好相似色和互补色之间的关系。在具体的色彩环境中，各种颜色是在相互作用中存在、在协调中得到表现、在对比中得以衬托的。色彩的统一离不开主题和基调，定义了墙面的基调，其他的配色都围绕着基调展开。KTV 很需要这种非同一般的色彩表现方法，以引起客人的兴趣，加深客人对 KTV 的印象。

因此，在 KTV 空间中，为了改善由于色彩对比过于强烈而造成的不和谐局面，达到一种广义上的色彩调和境界，即色调既鲜艳夺目、强烈对比、生机勃勃，而又不过于刺激、尖锐、眩目，这就必须运用好色彩的变化。

2）光影构成

灯光创造环境气氛，与 KTV 的空间环境结合起来，它既要体现美感，还要满足采光照度要求，因此灯光映射的环境气氛，能直接影响到人们的心情。光线是 KTV 气氛设计应考虑的最关键因素之一，也是 KTV 墙面设计的一种手段，因为光线系统能够决定夜店的格调。不同性质的环境需要不同的光线设计，以适应人们在不同环境中的行为特点及心理需求。KTV 环境中的光应精心构思，把技术性与艺术性相结合，并融合光的实用功能、美学功能及精神功能为一体，使 KTV 环境更好地适应人们的行为和心理需求。灯光调配是室内设计中相当重要的环节。灯光能使 KTV 室内的空间环境结合起来，可以创造出不同风格的 KTV 情调，取得良好的装饰效果。在设计时可灵活运用灯光的光色，并将其与室内装饰材料的色彩、传感配合起来。

通过灯光与墙面的呼应，增加了 KTV 包间丰富的色彩和立面层次，增强了夜店的文化气质与内涵。

6. 设计图

1）平面图

如图 5-1 所示，是一个 3000m² 空间的原始平面图，而且整个空间相对比较规矩，能更容易、更合理的对空间进行功能区的划分和布置。但是不足的地方就是梁和柱比较难处理。

2）平面布局图

如图 5-2 所示，整个空间有豪华包间 2 间、VIP 共 3 间、大包 26 间、中包 21 间、小包 19 间、迷你包 4 间。所有隔断均采用轻钢龙骨纸面石膏板隔断至结构顶，面饰乳胶漆并在内填充防火岩

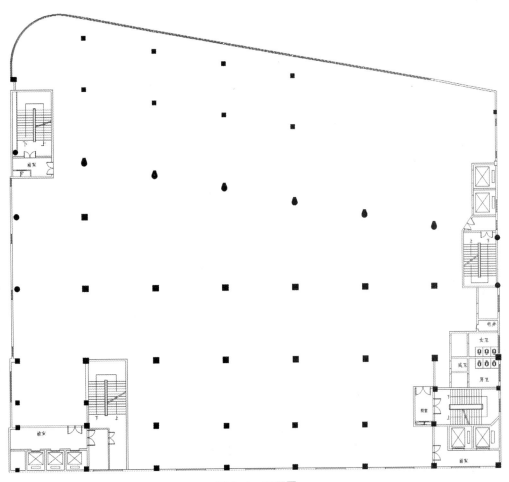

图 5-1　平面图

图 5-2　平面布局示意图

棉，不但具有消防防火功能，而且保证了良好的隔音效果。主通道宽度不小于 2.7m，次通道不小于 1m。大厅通道采用 800cm×800cm 抛光砖，包厢选用 600cm×600cm 抛光砖。顶棚均采用轻钢龙骨纸面石膏板面饰乳胶漆。

3）大厅设计

大厅（图 5-3）是迎送客人的礼仪场所，也是 KTV 最重要的交通枢纽，其装修设计风格会给消费者留下极为深刻的印象。大厅明亮宽敞，多以镜面亮色为主，给客人一种到了动漫世界的感觉，使客人一进大厅就有一种舒适的感觉。材质上，选用了耐脏、易清洁的饰面为材料，地面与墙面采用统一和谐的色调，以加强整体感。

整个主题 KTV 是在步行街建筑的二层。有两部电梯供上、下，一进门进入视线的是一面弧形的带突出造型的玻璃镜，第一眼就给人梦幻的感觉，在进门处设置一个小装饰墙。下面放置弧形的长沙发供人休息。中间提供休息的八爪鱼沙发，上方是一块长方形的菱形镜子，给人带来无限的遐想。左边是一个两级阶梯的不锈钢铁条修边的舞台，舞台选用木龙骨骨架搭建，台面用黑色亮面饰面板饰面，四周为蓝色灯带。舞台靠墙也是一面菱形的镜子，是与八爪鱼上方的那一面呼应，整个空间会用到菱形镜子来提高空间的气氛。舞台的下角摆放黑红搭配的展示架，上面摆放动漫人物玩偶，作为动漫主题 KTV 展示架。

4）收银台和饮品区

收银台的造型是半圆形的（图5-4），用金属材质饰面，侧面为发光灯带和五角星造型，显得空间比较轻松、自然；中间为圆柱，刷银色亮面乳胶漆。为了配合半圆的收银台造型，吊顶也做半圆形的造型；为了使空间梦幻，增加两圈吊坠。

饮品区是以米奇为元素做的一个小空间。空间外摆了一个米奇的造型来明确空间的主题。空间里面有米老鼠的形象灯箱，吧台和桌椅都选择红色，而且都是以米老鼠头像为原型做的桌椅，给饮品区添加了一个独特的主题，让空间更有动漫情调。

5）卡座

卡座是用U字造型隔出的、具有私密性的空间，如图5-5所示。因为动漫给人很完美的感觉，所以这个大厅的每一处我都想做得尽量完美，给人甜蜜、温馨、舒适的感觉。卡座的整体色调是白色配上橘黄的灯带。墙面上做了一排各种颜色的石膏条，从地面延伸到吊顶上，让人感觉到童话般的味道。

6）走廊

走廊由数根支柱支撑，两边有许多动漫主题的插图和镜面发光材质，地面铺浅黄色地砖，如图5-6所示。每个包厢里面都有一个主题。在每个包厢上方都做了灯箱，只要看到灯箱上的动漫主题，就能知道该包厢内部的主题。过道的吊顶采用菱形镜面，从镜面里能够看到周围环境的映射，使整个空间更加华丽、梦幻。

7）超市

超市是一家KTV必不可少的组成部分，它提供着整个KTV的饮食部分，其重要性可见一斑，如图5-7所示。选择前、后两面墙粘贴动漫壁画，起到点题的作用。左右墙面就不再过

图5-3 大厅

图5-4 收银台和饮品区

图5-5 卡座

图5-6 走廊（附彩图）

图 5-7　超市

图 5-8　Kitty 包间（附彩图）

图 5-9　海贼王包间

图 5-10　哆啦 A 梦包间

多地修饰，使用白色乳胶漆，让整个空间简单明亮。地面铺黑白马赛克。超市收银台的整体效果呈灰色调，与地面相协调。在靠墙处摆放一排实木书架。在空间白墙的 2m 左右摆放贴有动漫人物的照片灯箱，为整个空间增添了趣味性。

8）包间

KTV 包间作为顾客消费的主要空间。

Kitty 主题包间，如图 5-8 所示。

Kitty 受到无数人的热爱，Kitty 猫对消费者有多方面的影响力，她是一个可爱的玩具；又具有怀旧情结，令人回想到童年的纯真。采用大红配上蓝色的灯光材质。灯光的色彩以粉红色调为主。这是一个半圆形的空间，因为空间看上去较柔和，做成受女性欢迎的主题 Kitty 猫包间。地面是黑白马赛克地砖，配上红色的沙发，蓝色的灯光，使整个空间变得神秘、优雅。在弧形的墙面上用木条把原本单调的背景打碎隔开，空间细节更加丰富。

海贼王主题包间，如图 5-9 所示。

海贼王算是人们喜爱的连载动漫之一。海贼王主题包间采用了有代表性的元素，像"骷髅""One Piece"的 LOGO 等。沙发背景墙是一组关于海贼王里被悬赏的图片。图片具有代表性，用在背景墙上是一道亮点。两边配有骷髅头图案，分别设计成灯箱。电视机背景墙两边同样是骷髅头的小方块灯箱与沙发背景墙相对应。中间摆放电视，电视下设置几个独立的人物灯箱，电视上方是一个立体的 One Piece 造型。吊顶是一个回字形吊顶内嵌灯槽，中间往下伸的地方同样贴的是骷髅头图案。整个空间充分地利用海贼王动漫的元素，让整个空间变得具有情趣，动漫感十足。

哆啦 A 梦主题包间，如图 5-10 所示。

哆啦 A 梦是给我们童年带来无限快乐的一部动漫作品。空间中的沙发采用蓝色，背景墙是竖纹偏暖色调的壁纸，与沙发形成冷暖对比。背景墙上制作许多不同形态的叮当猫，使整个背景墙一下子活跃起来，增添了几分童真。包厢里面的墙面是大灯箱，外配图片。背景墙是大的叮当猫造型，把电视内嵌进去，就像是在叮当猫的肚子里一样。吊顶是圆形的吊顶内嵌灯带，一圈红色，恰好是将叮当猫脖子上挂的那一圈铃铛作为设计元素。

9）卫生间

卫生间的设计如图5-11所示。

在动漫非常流行的今天，各种以动漫为主题

图5-11　卫生间

的商业空间如雨后春笋般出现。因此，在整个主题KTV的设计中，最好能充分地运用和诠释动漫文化，在完善基本功能设施的基础上，力求采用别具特色的装饰手法，使KTV在设计上凸显出个性。

本章小结

绘画和室内空间设计虽然表达的形式不一样，制作的工艺技巧不相同，但绘画是室内空间设计的基础，只有具备绘画的基础才能完善而又准确地表达设计意图；绘画和室内空间设计有着共同的美的法则，而且绘画的色彩原理还直接影响到室内空间设计的气氛烘托问题。

室内空间大部分由简单的几何形体构成，在设计的时候要注意主从关系，不能扰乱了室内空间本身的形式关系；均衡表达了对称与非对称的稳定性，突出了室内空间的活跃性；注意室内空间的比例与尺度，错误的比例与尺度会给出错误的视觉感受，不利于室内空间美的创造；只有对比才有突出。突出室内空间的某种特点时，要利用对比的手法，大与小、粗糙与光滑、轻与重等；但过多的对比又会造成空间的杂乱无章，因此要注意整个空间的和谐；多样统一，要求既要丰富室内空间的造型要素，又要使其统一于一个大概念之下，这样才是美的空间。

利用色彩的基本知识、色彩的调和理论、色彩自身所代表的含义来分析室内空间设计的各个色彩制约要素。归纳色彩的配搭关系和运用法则，运用色彩的知觉性和色彩的冷暖变化来改善室内设计的空间和功能问题。

我们已经进入了一个高速发展的世纪，这是一个信息传播高速而又充满竞争的世纪，这就要求室内空间要更加依靠设计，为了不断满足在新材料、新观念充斥的世界中人的物质文化生活，设计师要在已有的基础上继承发展，不断创新。在众多的艺术风格中把室内空间设计提高到一个更高的层次，创造更多的符合人们审美观念的室内空间。

第6章 室内色彩设计

色彩是一种能无限唤起感觉的媒介，它所固有的力量可以激起人们直接而显著的反应。它在室内环境中的运用也不例外，可以显著地影响空间和形式的感知。当今，在室内空间规划与设计方法中，色彩已经成为很重要的一部分。现代商业文化和工业文化的传播发展，使色彩与设计思维合为一体，大大促进了经济的发展和文化的繁荣。在此发展基础上，色彩的运用更加贴近设计的深层本质，从而提高人们的生活质量。室内的色彩设计，与其说是根据室内装饰的风格式样来进行的，不如说是从塑造符合居住者的生活情趣而开始的。于是，在拥有环境和建筑空间的特征和制约的因素中，室内设计永远是以人为中心的。色彩作为创造形形色色生活场景的室内装饰设计技巧，目的是使人类走向更满足、丰富而舒适的空间。

分析色彩心理，掌握正确的色彩搭配方法，可以发挥色彩在室内设计中的作用。正确掌握色彩心理和人类生活情趣相结合的表现方法，才能够灵活、自由、含蓄地表现复杂的现实生活。只有进行客观的分析，并合理利用两者之间的关系，才能创造出功能合理、绿色、美感效能高的室内空间。

6.1 色彩的基本概念

色彩，它不是一个抽象的概念，它和室内每一个物体的材料、质地紧密地联系在一起。色彩能随着时间的不同而发生变化，微妙地改变着周围的景色，如清晨、中午、傍晚、月夜，景色都很迷人，主要是因光色的不同而各具特色。一年四季不同的自然景观，丰富着人们的生活。

1. 色彩的来源

光是一切物体的颜色的唯一来源，它是一种电磁波的能量，称为光波。可见光的波长范围在 770~390 纳米之间。波长不同的电磁波，引起人眼的颜色感觉不同。770~622 纳米，感觉为红色；622~597 纳米，橙色；597~577 纳米，黄色；577~492 纳米，绿色；492~455 纳米，蓝靛色；455~390 纳米，紫色。它们在电磁波巨大的连续统一体中，只占极狭小的一部分。光刺激到人的视网膜时形成色觉。物体色是指物体的反射颜色，没有光，也就没有颜色。物体的有色表面，反射光的某种波长可能比反射其他的波长要强得多，这个反射最长的波长，通常称为物体的色彩。

2. 色彩三属性

色彩具有三种属性，称为色彩三要素，即色相、明度和彩度，这三者在任何一个物体上是同时显示出来的，不可分离的。

（1）色相，即色彩所呈现的相貌，如红、橙、黄、绿等色。色彩之所以不同，决定于光波波长的长短，通常以循环的色相环表示。

（2）明度，即色彩的明暗程度。明度决定于光波波幅，波幅越大，亮度越大，但和波长也有关系。通常从黑到白分成若干阶段作为衡量的尺度，接近白色的明度高，接近黑色的明度低。

（3）彩度，即色彩的强弱程度，或色彩的纯净饱和程度。因此，有时也称为色彩的纯度或饱和度。它决定于所含波长的单一性还是复合性。单一波长的颜色彩度大，色彩鲜明；混入其他波长时彩度就减低。在同一色相中，把彩度最高的色称该色的纯色，色相环一般均用纯色表示。

3. 色标体系

根据色彩三属性，可以制成包括一切色彩的立体模型，称为色立体或色标。根据不同色彩体系制成的各种色立体形状虽不同，但都以同一原则为根据。在中心垂直轴上，从黑到白称为无彩色，中心轴以外的各种颜色均为有彩色。色立体的每一个水平切面，代表处于一定明度水平的、可供采用的全部色阶，越接近切面的外边，颜色越饱和，即彩度越高；越接近中央轴线，同一明度的灰色就越多，即彩度越低。

色标常用在油漆、印染工业。可利用它作为对任何一个颜色进行客观鉴别的参考，并指明哪些颜色是相互协调的。

4. 色彩的混合

（1）原色。红、黄、青称为三原色，因为这三种颜色在感觉上不能再分割，也不能用其他色彩来调配。蓝色不是原色，蓝色里有红色的成分，而其他色彩不能调制成青色，因此青色才是原色。

（2）间色，或称二次色，由两种原色调制成的。即，红+黄=橙，红+青=紫，黄+青=绿，共三种。

（3）复色。由两种间色调制成的称为复色。即，橙+紫=橙紫，橙+绿=橙绿，紫+绿=紫绿。

（4）补色。在三原色中，其中两种原色调制成的颜色与另一原色，互称为补色或对比色，即红与绿、黄与紫、青与橙。

这里应说明的是颜料的混合称为减色混合，而光混合称为加色混合，因为光混合是不同波长的重叠，每一种色光本身的波长并未消失。三原色的颜色混合成黑色，光色混合成白色。黄色光+青色光=灰色或白色，黄颜料+青颜料=绿色。此外，纯色加白色称为清色，纯色加黑色称为暗色，纯色加灰色称为浊色。

5. 图形色与背景色

知道色彩的产生和形成后，更重要的是应该知道如何去运用色彩和如何正确地处理色彩之间的相互关系？色彩中最基本的关系就是图与底的关系，或称图形色或背景色，如果没有这种关系，就无法辨认任何事物。辨认图形色的规律是：小面积色彩比大面积色彩成为图形的机会多；被围绕着的色彩比围绕的色彩作为图形的机会多；静止的比动态的作为图形的机会多，当然也需按具体情况而论，在一定条件下是可以转化的；简单而规则的比复杂而不规则的作为图形的机会多。

基于上述关系，引申出色彩的可读性和注目性。同样的色彩，在不同的背景下，效果是不同的。如底色为白色，则绿色比黄色可读性大。而色彩的注目性，一般认为决定于明度。而可读性高，注目性也相对提高。

其次，富有刺激性的暖色系，注目性占优势，其顺序为朱红、赤红、橙、金黄、黄、青、绿、黑、紫、灰。此外，白色作为背景时，注目性就没有黑色强。

6.2 材质、色彩与照明

室内一切物体除了形、色以外，材料的质地即它的肌理与线、形、色一样传播信息。室内的家具设备，不但近在眼前而且许多和人体发生直接接触，可以说是看得清、摸得到的，使用材料的质地对人引起的质感就显得格外重要。初生的婴儿首先是通过嘴和手的触觉来了解周围的世界，人们对喜爱的东西，也总是喜欢通过抚摸、接触来得到满足。材料的质感会在视觉和触觉上同时反映出来，因此，质感给予人的美感中还包括了快感，比单纯的视觉现象略胜一筹。

1. 粗糙和光滑

表面粗糙的有许多材料，如石材、未加工的原木、粗砖、磨砂玻璃、长毛织物等。光滑的如玻璃、抛光金属、釉面陶瓷、丝绸、有机玻璃。同样是粗糙面，不同材料有不同质感，如石材壁炉和长毛地毯，质感完全不一样，一硬一软，一重一轻，后者比前者有更好的触感。光滑的金属镜面和光滑的丝绸，在质感上也有很大的区别，前者坚硬，后者柔软。

2. 软与硬

许多纤维织物，都有柔软的触感。棉麻为植物纤维，它们都耐用和柔软，常作为轻型的蒙面材料，玻璃纤维织物从纯净的细亚麻布到织物有很多品种，它易于保养、能防火、价格低，但其触感有时是不舒服的。硬的材料如砖石、金属、玻璃，它们耐用耐磨，不变形，线条挺拔。硬材有很好的光洁度、光泽。晶莹明亮的硬材，使室内有生气，但从触感上说，人们一般喜欢光滑柔软，而不喜欢坚硬冰冷。

3. 冷与暖

质感的冷暖表现在身体的触觉、座面、扶手、躺卧之处，都要求柔软和温暖，金属、玻璃、大理石都是很高级的室内材料，如果用多了可能产生冷漠的效果。但在视觉上由于色彩的不同，其冷暖感也不一样，如红色花岗石、大理石触感冷。而白色羊毛触感温暖，视感却是冷的。选用材料时应从两方面同时考虑。木材在表现冷暖软硬上有独特的优点，比织物要冷，比金属、玻璃要暖，比织物要硬，比石材又较软，可用于许多地方，既可作为承重结构，又可作为装饰材料，更适宜做家具，又便于加工，从这一点上看，可称室内装饰材料之王。

4. 光泽与透明度

许多经过加工的材料具有很好的光泽，如抛光金属、玻璃、磨光花岗石、大理石、搪瓷、釉面砖、瓷砖，通过镜面般光滑表面的反射，使室内空间感扩大。同时映衬出光怪陆离的色彩，是丰富和活跃室内气氛的好材料。有光泽的材料表面易于清洁，减少室内劳动，保持明亮，具有积极意义，用于厨房、卫生间是十分适宜的。

透明度也是材料的一大特色。透明、半透明材料，常见的有玻璃、有机玻璃、丝绸，利用透明材料可以增加空间的广度和深度。在空间感上，透明材料是开敞的，不透明材料是封闭的；在物理性质上，透明材料具有轻盈感，不透明材料具有厚重感和私密感。如在家具布置中，利用玻璃面茶几，由于其透明，使较狭隘的空间感到宽敞一些。通过半透明材料隐约可见背后的模糊景象，在一定情况下，比透明材料的完全暴露和不透明材料的完全隔绝，具有更大的魅力。

5. 弹性

人们走在草地上要比走在混凝土路面上舒适，坐在有弹性的沙发上比坐在硬面椅上要舒服。因其弹性的反作用，达到力的平衡，从而感到省力而得到休息的目的。这是软材料和硬材料都无法达到的。弹性材料有泡沫塑料、泡沫橡胶、竹、藤，木材也有一定的弹性，特别是软木。弹性材料主要用于地面、床和座面，给人以特别的触感。

6. 肌理

材料的肌理或纹理，有均匀无线条的、水平的、垂直的、斜纹的、交错的、曲折的等自然纹理。暴露天然的色泽肌理比刷油漆更好。某些大理石的纹理，是人工无法达到的天然图案，可以作为室内的欣赏装饰品，但是肌理组织十分明显的材料，必须在拼装时特别注意其相互关系，以及其线条在室内所起的作用，以便达到统一和谐的效果。当然，在室内肌理纹样过多或过分突出时，也会造成视觉上的混乱。

有些材料可以通过人工加工进行编织，如竹、藤、织物；有些材料可以进行不同的组装拼合，形成新的构造质感，使材料的轻、硬、粗、细等得到转化。

用色时，一定要结合材料质感效果、不同质地和在光照下的不同色彩效果。

（1）不同光源光色对色彩的影响，加强或改变色彩的效果。

（2）不同光照位置，对质地、色彩的影响。在正面受光时，常起到强调该色彩的作用；在侧面受光时，由于照度的变化，色彩将产生彩度、明度上的退晕效果；对雕塑或粗糙面，由于产生阴影，从而加强了其立体感，强化了粗糙的效果；在背光时，物体由于处于较暗的阴影下面，则能加强其轮廓线成为剪影，其色彩和质地相对处于模糊和不明显的地位。

（3）对光滑坚硬的材料，如金属镜面、磨光花岗石、大理石、水磨石等，应注意其反映周围环境的镜面效应，有时对视觉产生不利的影响。如在电梯厅内，应避免采用有光泽的地面，因光亮表面反映的虚像，会使人对地面高度产生错觉。

黑色表面较少有影子，它的质地不像光亮的表面那么显著。强光加强质地；漫射光软化质地；有一定角度的强光，创造激动人心的质感；从头顶上的直射光，使质地的细部表现缩至最小。

6.3 色彩的物理、生理与心理效应

1. 色彩的物理效应

色彩对人引起的视觉效果还反映在物理性质方面，如冷暖、远近、轻重、大小等，这不但是由于物体本身对光的吸收和反射不同的结果，而且还存在着物体之间的相互作用的关系所形成的错觉，色彩的物理作用在室内设计中可以大显身手。

1）温度感

在色彩学中，把不同色相的色彩分为暖色、冷色和温色，从红紫、红、橙、黄到黄绿色称为暖色，以橙色最暖。从青紫、青至青绿色称冷色，以青色为最冷。紫色是红与青色混合而成，绿色是黄与青混合而成，因此是温色。但是色彩的冷暖既有绝对性，也有相对性，愈靠近橙色，色感越热；愈靠近青色，色感越冷。如红比红橙较冷，红比紫较热，但不能说红是冷色。此外，还有补色的影响。如小块白色与大面积红色对比时，白色明显带绿色，即红色的补色（绿）的影响加到白色中。

2）距离感

色彩可以使人感觉到进退、凹凸、远近的不同。一般暖色系和明度高的色彩具有前进、凸出、接近的效果，而冷色系和明度较低的色彩则具有后退、凹进、远离的效果。室内设计中常利用色彩的这些特点去改变空间的大小和高低。

3）重量感

色彩的重量感主要取决于明度和纯度，明度和纯度高，显得轻，如桃红、浅黄色。在室内设计的构图中常以此方法达到色彩的平衡和稳定。

4）尺度感

色彩对物体大小的作用，包括色相和明度两个因素。暖色和明度高的色彩具有扩散作用，因此物体显得大。而冷色则具有内聚作用，因此物体显得小。不同的明度和冷暖有时也通过对比作用显示出来，室内不同家具、物体的大小和整个室内空间的色彩处理有密切的关系，可以利用色彩来改变物体的尺度、体积，使室内各部分之间的关系更为协调。

2. 色彩对人的生理和心理反应

生理与心理学研究表明，感受器官能把物理刺激能量，如压力、光、声和化学物质等转化为神经冲动，神经冲动传达到大脑，从而产生感觉和知觉。人的心理过程，如对先前经验的记忆、思想、情绪和注意集中等，它们表现了神经冲动的实际活动。

3. 色彩的含义和象征性

人们对不同的色彩表现出不同的好恶，这种心理反应，常常是因为人们生活经验、利害关系以及由色彩引起的联想造成的。此外也和人的年龄、性格、素养、民族、习惯分不开。

色彩在心理上的物理效应，如冷热、远近、轻重、大小等；感情刺激，如兴奋、消沉、开朗、抑郁、动乱，镇静等；象征意象，如庄严、轻快、刚、柔、富丽、简朴等，被人们用来创造心理空间，表现内心情绪，反映思想感情。任何色相、色彩性质常有两面性或多面性，要善于利用它积极的一面。其中对感情和理智的反应，不可能完全取得一致的意见。根据画家的经验，一般采用暖色相和明色调占优势的画面，容易造成欢快的气氛，而用冷色相和暗色调占优势的画面，容易造成悲伤的气氛。这对室内色彩的选择也有一定的参考价值。

6.4 室内色彩设计的基本要求和方法

1. 室内色彩的基本要求

在进行室内色彩设计时，应首先了解与色彩有密切联系的以下问题。

（1）空间的使用目的。不同的使用目的，如会议室、病房、起居室，显然在考虑色彩的要求、性格的体现、气氛的形成时，各不相同。

（2）空间的大小、形式。色彩可以按不同空间的大小、形式来进一步强调或削弱。

（3）空间的方位。不同方位在自然光线作用下的色彩是不同的，冷暖感也有差别，因此，可利用色彩来进行调整。

（4）使用空间的人的类别。老人、小孩、男、女对色彩的要求有很大的区别，色彩应适合居住者的喜好。

（5）使用者在空间内的活动及使用时间的长短。学习的教室、工业生产车间，不同的活动与工作内容，要求不同的视线条件，才能提高效率、安全和达到舒适的目的。长时间使用的房间的色彩对视觉的作用，应比短时间使用的房间强得多。色彩的色相、彩度对比等的考虑也存在着差别。对长时间活动的空间，主要应考虑避免产生视觉疲劳。

（6）该空间所处的周围情况。色彩和环境有密切的联系，尤其在室内，色彩的反射可以影响其他颜色。同时，不同的环境，通过室外的自然景物也能反射到室内来，色彩还应与周围环境取得协调。

（7）使用者对于色彩的偏爱。在符合原则的前提下，应该合理地满足不同使用者的爱好和个性，才能符合使用者心理要求。在符合色彩的功能要求原则下，可以充分发挥色彩在构图中的作用。

2. 室内色彩的设计方法

1）色彩的协调问题

室内色彩设计的根本问题是配色问题，这是室内色彩效果优劣的关键，孤立的颜色无所谓美或不美。就这个意义上说，任何颜色都没有高低贵贱之分，只有不恰当的配色，而没有不可用的颜色。色彩效果取决于不同颜色之间的相互关系，同一颜色在不同的背景条件下，其色彩效果可以迥然不同，这是色彩所特有的敏感性和依存性，因此如何处理好色彩之间的协调关系，就成为配色的关键问题。

色彩与人的心理、生理有密切的关系。当我们注意红色一定的时间后，再转视白墙或闭上眼睛，就仿佛会看到绿色（即红色的补色）。此外，在以同样明亮的纯色作为底色，色域内嵌入一块灰色，如果纯色为绿色，则灰色块看起来带有红味（即绿色的补色），反之亦然。这种现象，前者称为"连续对比"，后者称为"同时对比"。而视觉器官按照自然的生理条件，对色彩的刺激本能地进行调剂，以保持视觉上的生理平衡，并且只有在色彩的互补关系建立时，视觉才得到满足而趋于平衡。如果在中间灰色背景上去观察一个中灰色的色块，那么就不会出现与中灰色不同的视觉现象。因此，中间灰色就同人们视觉所要求的平衡状况相适应，这就是在考虑色彩平衡与协调时的客观依据。

色彩协调的基本概念是由白光光谱的颜色，按其波长从紫到红排列的，这些纯色彼此协调，在纯色中加进等量的黑或白所区分出的颜色也是协调的，但不等量时就不协调。如米色和绿色、红色与棕色不协调，绿和黄接近纯色是协调的。在色环上处于相对地位并形成一对互补色的那些色相是协调的。色彩的近似协调和对比协调在室内色彩设计中都是需要的。近似协调固然能给人以统一和谐的平静感觉，但对比协调在色彩之间的对立、冲突所构成的和谐关系却更能动人心魄。

2）室内色调的分类与选择

室内色调可以分为如下几类。

（1）单色调。以一个色相作为整个室内色彩的主调，称为单色调。单色调可以取得宁静、安详的效果，具有良好的空间感以及为室内的陈设提供良好的背景。在单色调中应特别注意通过明度及彩度的变化，加强对比，用不同的质地、图案及家具形状来丰富整个室内。单色调中也可适当加入黑、白、灰无彩色作为必要的调剂。

（2）相似色调。相似色调是最容易运用的一种色彩方案，也是目前最大众化和人们喜爱的一种色调，这种方案只用两三种在色环上互相接近的颜色，如黄，橙、橙红，蓝，蓝紫、紫等，所以十分和谐。相似色彩同样也很宁静、清新，这些颜色也由于它们在明度和彩度上的变化而显得丰富。一般来说，需要结合无彩体系，才能加强其明度和彩度的表现力。

（3）互补色调。互补色调或称对比色调，是运用色环上的相对位置的色彩，如青与橙、红与绿、黄与紫，其中一个为原色，另一个为二次色。对比色使室内空间生动而鲜亮，使人能够引起兴趣。但采用对比色必须慎重，其中一色应始终占支配地位，使另一色保持原有的吸引力。过强的对比有产生震动的效果，可以用明度的变化而加以"软化"。同时，强烈的色彩也可以降低其彩度，使其变灰而获得平静的效果。采用对比色意味着房间中具有互补的冷暖两种颜色，对房间来说显得小一些。

（4）分离互补色调。采用对比色中一色的相邻两色，可以组成三个颜色的对比色调，获得有趣的组合。互补色双方都有强烈表现自己的倾向，用得不当，可能会削弱其表现力，而采用分离互补，如红与黄绿和蓝绿，就能加强红色的表现力。如选择橙色，其分离互补色为蓝绿和蓝紫，就能加强橙色的表现力。通过此三色的明度和彩度的变化，也可获得理想的效果。

（5）双重互补色调。双重互补色调有两组对比色同时运用，采用四个颜色，对小的房间来说可能会造成混乱，但也可以通过一定的技巧进行组合尝试，使其达到多样化的效果。对大面积的房间来说，为了增加其色彩变化，是一个很好的选择。使用时注意两种对比中应有主次，对小房间说来更应把其中之一作为重点处理。

（6）三色对比色调。在色环上形成三角形的三个颜色组成三色对比色调，如常用的黄、青、红三原色，这种强烈的色调组合适于文娱空间。如果将黄色软化成金色，红色加深成紫红色，蓝色加深成青蓝色，这种色彩的组合如在优雅的房间中布置重色调的东方地毯。如果将此三色都软化成柔和的玉米色、玫瑰色和亮蓝色，其组合的结果常像我们经常看到的印花布和方格花呢，这种轻快的、娇嫩的色调适宜用于小女孩卧室。其他的三种色彩也基于对比色调（如绿、紫、橙），有时会显得非常耀眼。但当用不同的明度和彩度变化后，可以组成十分迷人的色调来。

（7）无彩色调。由黑、灰、白色组成的无彩系，是一种十分高级和高度吸引人的色调。采用黑、灰、白无彩系色调，有利于突出周围环境的表现力。因此，在优美的风景区以及繁华的商业区，高明的建筑师和室内设计师都极力反对过分地装饰或精心制作饰面，因为它们只会有损于景色。在室内设计中，粉白色、米色、灰白色以及每种高明度色相，均可被认为是无彩色，完全由无彩色建立的色彩系统，非常平静。但由于黑与白的强烈对比，用量要适度，如大于 2/3 为白色面积，小于 1/3 为黑色，在一些图样中可以用一些灰。

在某些黑白系统中，可以加进一种或几种纯度较高的色相，如黄、绿、青绿或红，这和单色调的性质是不同的，因其无彩色占支配地位，彩色只起到点缀作用，也可称无彩色与重点色相结合的色调。这种色调，色彩丰富而不紊乱，彩色面积虽小而重点更为突出，在实践中被广泛运用。

无论采用哪一种色调体系，决不能忽视无彩色在协调色彩方面的不可忽视的作用。白色，几乎是唯一可推荐作为大面积使用的色彩。黑色，具有力量和权力的象征。在实际生活中，凡是采用纯度极高的鲜明色彩，当鲜红色、翠绿色等一经与黑色配合，不但使其色彩更为光彩夺目，而且整个色调显得庄重大方，避免了娇艳轻薄之感。当然，也不能无限制地使用，以免引起色彩上的混乱和乏味。

3. 室内色彩构图

色彩在室内构图中常可以发挥独特的作用。可以使人对事物引起注意，或使其重要性降低；色彩可以使目的物变得最大或最小；色彩可以强化室内空间形式，也可破坏其形式。例如为了打破单调的六面体空间，采用超级平面美术方法，它可以不依天花、墙面、地面的界面区分和限定，自由地、任意地突出其抽象的彩色构图，模糊或破坏空间原有的构图形式。

色彩可以通过反射来修饰。由于室内物件的品种、材料、质地、形式和彼此在空间内层次的多样性和复杂性，室内色彩的统一性显然居于首位。一般可归纳为下列各类色彩部分。

（1）背景色。如墙面、地面、天棚等占有极大面积，起到衬托室内一切物件的作用。因此，背景色是室内色彩设计中首要考虑和选择的问题。不同色彩在不同的空间背景上所处的位置，对房间的性质、对心理知觉和情感反应可以产生很大的不同。一种特殊的色相虽然完全适用于地面，但当它用于天棚上时，则可产生完全不同的效果。

（2）装修色彩。如门、窗、通风孔、博古架、墙裙、壁柜等，它们常和背景色彩有紧密的联系。

（3）家具色彩。各类不同品种、规格、形式、材料的各式家具，如橱柜、梳妆台、床、桌、椅、沙发等，它们是室内陈设的主体，是表现室内风格、个性的重要因素，它们和背景色彩有着密切的关系，常成为控制室内总体效果的主体色彩。

（4）织物色彩，即窗帘、帷幔、床罩、台布、地毯、沙发、座椅等蒙面织物。室内织物的材料、质感、色彩、图案五光十色，千姿百态，与人的关系更为密切，在室内色彩中起着举足轻重的作用，如不注意可能成为干扰因素。织物也可用于背景，也可用于重点装饰。

（5）陈设色彩。灯具、电视机、电冰箱、热水瓶、烟灰缸、日用器皿、工艺品、绘画雕塑，它们体积虽小，常可起到画龙点睛的作用，不可忽视。在室内色彩中，常作为重点色彩或点缀色彩。

（6）绿化色彩。盆景、花篮、吊篮、插花、花卉、植物等，有不同的姿态、色彩、情调和含义，容易与其他色彩协调，对丰富空间环境、创造空间意境、加强生活气息有着特殊的作用。

根据上述分类，常把室内色彩概括为三部分：作为大面积的色彩，对其他室内物件起衬托作用的背景色；在背景色的衬托下，以在室内占有统治地位的家具为主体色；作为室内重点装饰和点缀的面积小却非常突出的重点色或称强调色。

以什么为背景、主体和重点，是色彩设计首先应考虑的问题。同时，不同色彩物体之间的相互关系形成的多层次的背景关系，如沙发以墙面为背景，沙发上的靠垫又以沙发为背景。另外，在许多设计中，如墙面、地面，也不一定只是一种色彩，可能会交叉使用多种色彩，图形色和背景色也会相互转化，必须予以重视。

色彩的统一与变化，是色彩构图的基本原则，应着重考虑以下问题。

1）主调

室内色彩应有主调，冷暖、性格、气氛都通过主调来体现。对于规模较大的建筑，主调更应贯穿整个建筑空间，在此基础上再考虑局部的、不同部位的适当变化。主调的选择是一个决定性的步骤，因此必须和要求反映空间的主题十分贴切，即希望通过色彩达到怎样的感受，是典雅还是华丽，安静还是活跃，纯朴还是奢华。用色彩语言来表达不是很容易的，要在许多色彩方案中，认真仔细地去鉴别和挑选。主调一经确定为无彩系，设计者绝对不应再迷恋于市场上五彩缤纷的各种织物、用品、家具，而是要大胆地将黑、白、灰色彩运用到不常用该色调的物件上去。这就要求设计者摆脱世俗的偏见和陈规，所谓"创造"也就体现在这里。

2）大部位色彩的统一协调

主调确定以后，就应考虑色彩的配色部位及其比例分配。作为主色调，一般应占有较大比例，而次色调作为与主调相协调的调色，只占小的比例。室内色彩设计时，分类可以简化色彩关系，但不能代替色彩构思。由于作为大面积的界面，在某种情况下也可能作为室内色彩重点表现对象。因此，可以根据设计构思，采取不同的色彩层次或缩小层次的变化，选择和确定图底关系，突出视觉中心。

在进行较大面积的色彩协调时，有时可以仅突出一、二件陈设，即用统一顶棚、地面，墙面、家具来突出陈设，如墙上的画、书橱上的书、桌上的摆设、座位上的坐垫以及灯具、花卉等。由于室内各物件使用的材料不同，即使色彩一致，由于材料质地的区别，还是会显得十分丰富。因此，无论色彩简化到何种程度，也决不会单调。

色彩的统一，还可以采取选用材料的限定来获得。如可以用大面积的木质地面、墙面、顶棚、家具等。也可以用色、质等一致的蒙面织物来用于墙面、窗帘、家具等方面。某些设备，如花卉盛具和某些陈设品，还可以采用套装的办法，来获得材料的统一。

3）加强色彩的魅力

背景色、主体色、强调色三者之间的色彩关系绝不是孤立的、固定的，如果机械地理解和处理，必然千篇一律，变得单调。既要有明确的图底关系、层次关系和视觉中心，但又不刻板、僵化，才能达到丰富多彩。

色彩的重复或呼应，即将同一色彩用到关键性的几个部位上去，从而使其成为控制室内空间的关键色。如用相同色彩于家具、窗帘、地毯，使其他色彩居于次要的、不明显的地位。同时，也能使色彩之间相互联系，形成一个多样而统一的整体，色彩上取得彼此呼应的关系，才能取得视觉上的联系和唤起视觉的运动。例如白色的墙面衬托出红色的沙发，而红色的沙发又衬托出白色的靠垫，这种在色彩上图底的互换性，既是简化色彩的手段，也是活跃图底色彩关系的一种方法。

布置成有节奏的连续。色彩的有规律布置，容易引导视觉上的运动，称为色彩的韵律感。色彩的韵律感不一定用于大面积的室内空间，也可用于位置接近的物体上。当一组沙发、一块地毯、一个靠垫、一幅画或一簇花上都有相同的色块而取得联系时，室内空间物与物之间的关系像"一家人"一样，显得更有内聚力。墙上的组画、椅子的坐垫、瓶中的花等均可作为布置韵律的地方。

色彩的强烈对比。色彩由于相互对比而得到加强，当室内存在对比色时，其他色彩就会退居次要地位，视觉很快集中于对比色。通过对比，各自的色彩更加鲜明，从而加强了色彩的表现力。提到色彩对比，不要以为只有红与绿、黄与紫等，实际上，色彩对比还包括色相的对比、明度的对比、彩度的对比、清色与浊色对比、彩色与非彩色对比等。在进行整个室内色彩构图的时候，应该多进行观察与比较，即把哪些色彩再加强一些，或把哪些色彩再减弱一些，来获得色彩构图的最佳效果。不论采取何种加强色彩的方法，其目的都是为了达到室内的统一和协调，加强色彩的魅力。

室内的趣味中心或室内的重点，是构图中需要考虑的，它可以是一组家具、一幅壁画、床头靠垫的布置或其他形式，可以通过色彩来加强它的表现力和吸引力。但加强重点，不能造成色彩孤立。

总之，解决色彩之间的相互关系，是色彩构图的中心。室内色彩可以统一划分成许多层次，色彩关系随着层次的增加而复杂，随着层次的减少而简化，不同层次之间的关系可以分别考虑为背景色和重点色。背景色常作为大面积的色彩，宜用灰调，重点色常作为小面积的色彩，在彩度、明度上通常比背景色要高。在色调统一的基础上可以采取加强色彩力量的办法，即重复、韵律和对比来强调室内某一部分的色彩效果。室内的趣味中心或视觉焦点或重点，同样可以通过色彩的对比等方法来加强它的效果。通过色彩的重复、呼应、联系，可以加强色彩的韵律感和丰富感，使室内色彩达到多样统一，统一中有变化，不单调、不杂乱，色彩之间有主从、有中心，形成一个完整和谐的整体。

6.5　应用研究——广州林夕舍娱乐会所设计

本项目位于广州岗顶天河娱乐广场，通过对项目的实地考察、分析以及综合定位，根据客户需求和对设计定位的理论分析，打造具有特色的、以后现代风格为主、融入地中海风情的娱乐空间设计。

本商业娱乐空间设计占地面积总共 1100 多平方米，根据业主要求将功能区划分为三个主要部分，即酒吧区、桌球区和桌游区。在林夕舍空间设计中严格按照区域划分，以游乐场的梦幻元素、远离世俗的疲乏、梦想与真实之间的互动贯穿本次设计，整体呈现后现代和地中海风格。本次设计考虑到林夕舍作为娱乐空间，有明显的昼夜两种不同的氛围，在设计中以后现代风格为主融入了一些地中海元素，从酒吧区到桌球区，再到桌游区，有着两种风格的过渡和碰撞，就像是能明显感觉到白天和黑夜的不同。林夕舍与酒吧等一些商业娱乐空间最大的不同，可能就是它没有热辣、没有性感、没有喧闹，更多的是新奇、浪漫和清新。

设计中从空间划分到风格的确定，都围绕林夕舍的功能分区进行设定，例如酒吧区偏向后现代风格，而桌游区偏向于地中海风格，两种不同的风格在林夕舍中通过点、线、面相互碰撞、相互融合。

1. 定位分析

客户的需求与要求是设计本项目的立足点之一，项目的设计需要符合客户个体与共体的需求，满足客户在实际生活中对项目提出的合理要求。林夕舍不同于酒吧或高级休闲会所，更多的是倾向于以三个主要功能（酒吧、桌球和桌面游戏）为集合体的娱乐场所。林夕舍针对的大多是在校大学生和工薪阶层的小白领，年龄定位在 18~35 岁，所以在设计中除了满足客户的要求外，还必须考虑消费者的年龄层次、审美层次的相关问题，根据客户意见，把握设计风格定性，创立设计方案。

2. 设计分析

林夕舍娱乐会所主要包括功能系统分析定位，空间造型风格分析定位，造价分析定位及流线、材质、色调、照明、内外景观、空调、通风等方面的分析定位。对于项目空间整体布局从建筑状况，环境因素，服务对象，功能系统和投资策划入手。

1）建筑状况

环境艺术设计与建筑艺术设计是紧密相连的，设计师在进行环境艺术专题空间设计时，要了解相应的建筑状况。例如，建筑结构特性（混凝土框架结构或悬挑结构）、建筑空间的特色（高层建筑或低层建筑）以及建筑功能性质。林夕舍地处广州岗顶天河娱乐广场大厦高层，消防是高层建筑的一大难题，所以在设计中要设置烟雾感应器和自动喷淋。

2）环境因素

每个项目所在的地理位置都有着特殊的环境因素，设计时必须现场考察，了解工程项目的环境状况并依据环境特点进行设计定位。环境因素包括自然环境因素与社会环境因素。广州作为中国五大中心城市之一，在这个城市聚集着来自五湖四海的年轻人，怀揣一股强大的热情来这个陌生的城市打拼，在生活上需要激情的释放，在精神上需要灵魂的寄托，所以，在设计中可以通过后现代风格来吸引这些追求小资情调和浪漫情怀的年轻人。另外，广州的海洋性气候特征特别显著，具有温暖多雨、光热充足、温差较小、夏季长、霜期短等气候特征，所以在本次设计中将以"蔚蓝色的浪漫情怀，海天一色、艳阳高照的纯美自然"为设计主题。

3）服务对象

各项专题空间设计都是为特定的使用者服务，都有自己不同的社会物质与精神条件。本次设计主要服务的是在校大学生和工薪阶层的白领，年龄在 18~35 岁，年轻人思路活跃、性格开朗，不喜欢被环境所束缚。所以林夕舍提供的是一种比较宽松而自由的环境，轻柔的音乐能化解沉闷的气氛，在颜色、材质、照明等运用上没有太过热辣和暧昧。

3. 风格定位

1）后现代风格

后现代风格是对现代风格中的纯理性主义倾向的批判，它注重强调建筑以及室内装潢应具有历史的延续性，但又不拘泥于传统的逻辑思维，探索创新造型手法，它追求一种文化媒体的传播，寻求时间的流逝与历史的价值；强调室内的复杂性与矛盾性，反对简单化、模式化；讲究历史文化蕴意，追求人情味，从地域历史、地区文化和传统文化出发，创造使人有一种归属感的环境，这种历史主题与现代感的融合真正体现了大众的风格。

后现代主义崇尚隐喻与象征的表现，尤其室内空间中的家具、陈设艺术品等往往突出隐喻的意义；提倡空间—时间的新概念，通过"多层空间"扩展视野的空间；他们的仿古不是直接的复古，而是采用古典主义的精神、仿古典的技术，寻找新的设计语言，大胆运用装饰色彩，追求人们喜欢的古典的精神与文化；在造型设计的构图中吸收其他艺术和自然科学的概念，如夸张、片断、折射、裂变、变形等；也用非传统的方法来运用传统，刻意制造各种矛盾，如：断裂、错位、扭曲、矛盾共处等，把传统的构件组合在新的情景中，让人产生复杂的联想，以创造一种感性与理性、传统与现代、大众与行家融于一体的建筑形象与室内环境。

在嘈杂的城市，林夕舍的梦幻和现代一定能带给您惬意自由的感觉。本项目的设计理念就是将林夕舍打造成现代都市年轻人和白领的梦幻城堡，就像爱丽丝从兔子洞进入一处神奇的国度。因此，在本项目设计中完全抛弃了现代主义的严肃与简朴，充满大量的装饰细节，刻意制造出一种含混不清、令人迷惑的情绪，强调与空间的联系，使用非传统的色彩，利用多种不同的材质组合空间，光亮的、暗淡的、华丽的、古朴的、平滑的、粗糙的相互穿插对比，形成有力量但不生硬、有活力但不过分张扬的风格。

2）地中海风格

地中海风格给人清新和温暖的感觉，同其他的风格流派一样，地中海风格有它独特的美学特点。地中海风格的美包括明亮的色彩、仿佛被水冲刷过后的白墙、路旁奔放的成片的色彩，还有历史悠久的古建筑。地中海风格最主要的建筑特色是拱门与半拱门、马蹄状的门窗。建筑中的圆形拱门及回廊通常采用数个连接或以垂直交接的方式，在走动观赏时，出现延伸般的透视感。

地中海风格在选色上有以下三种典型的颜色搭配。

（1）蓝与白，这是比较典型的地中海颜色搭配。希腊的白色村庄与沙滩和碧海、蓝天连成一片，甚至门框、窗户、椅面都是蓝与白的配色，加上混着贝壳、细沙的墙面、小鹅卵石地、拼贴马赛克、金银铁的金属器皿，将蓝与白不同程度的对比与组合发挥到极致。

（2）黄、蓝紫和绿，南意大利的向日葵、南法的薰衣草花田，金黄与蓝紫的花卉与绿叶相映，形成一种别有情调的色彩组合，具有自然的美感。

（3）土黄及红褐，这是北非特有的沙漠、岩石、泥、沙等天然景观的颜色，再辅以北非植物的深红、靛蓝，加上黄铜，带来一种大地般的浩瀚感觉。

设计采用地中海风格元素，这些元素主要运用在桌面游戏区，如明亮、大胆、丰富的色彩和独特的锻打铁艺家具等。除此之外，家具多采用低彩度、线条简单且修边浑圆的木质家具。地面则多铺赤陶或石板。表现地中海风格不需要太多的技巧，而是保持简单的理念，捕捉光线，从大自然中取材，大胆而自由地运用色彩。

4. 林夕舍的空间布局

林夕舍娱乐会所位于繁华的广州岗顶天河娱乐广场，被年轻人居多的 IT 集散商业区围绕，交通便捷。

空间布局设计是否合理，归根结底都要落实在平面设计上。要做好平面设计首先应考虑四个方面的问题：一是做好功能分区；二是满足各功能部分的具体要求；三是安排好便捷的交通系统；四是有利于形成丰富的内部空间环境。

如图 6-1 所示，林夕舍的功能分区主要为酒吧区、桌球区和桌面游戏区。因此，在平面设计中要根据三个主要功能去进行划分，然后根据交通路线进行补充设计。进入林夕舍，首先映入眼帘的是方形吧台和弧状网吧，进门后可以看见左、右两个区域，功能划分明显，左边是以后现代风格为主的酒吧区域，右边是以后现代风格为主的桌球区，一直往里走，便是地中海风格明显的桌面游戏区。除此之外，林夕舍还设有四个包间（桌面游戏和桌球包间各两个）、两个吧台、网吧，以及卫生间。

在功能分区中，除需要考虑各区域内部功能的联系外，还需要特别强调的就是要做到"动静分区"。动静分区就是要按照对外界的干扰程度将群众活动用房分为"闹""动""静"三类区域。其中人流集中、声音干扰大的酒吧属于"闹"区。气氛稳重、响动教少的桌球区属于"静"区。而声响不大，然而流动频繁，仍存在干扰的桌游区属于"动"区。对于"闹""动""静"三类区域在本

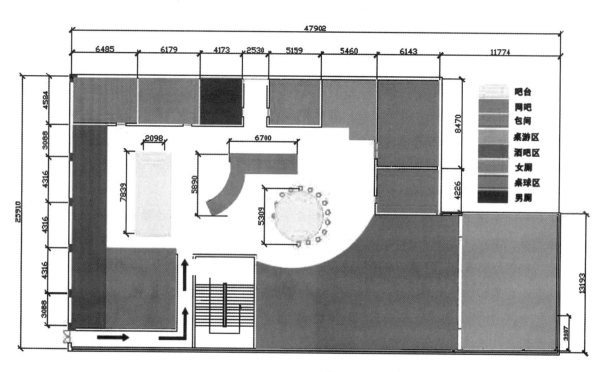

图6-1　平面图

次平面图设计中有明显的设置。考虑到与外部城市交通的相对位置关系，不怕城市外界影响的"闹"区，即酒吧区设置在一进门就能看见的外围。这样的分区可以使会所在大的功能分区上具有一个合理的安排，避免在后续设计中出现先天性的失误，为深入设计打下基础。

入口处是客人第一印象的空间，也就是整个会所设计格调的集中展现。如图6-2所示，入口处设置陈设艺术品等，突出隐喻的意义；提倡空间–时间的新概念，通过多层空间扩展视野的空间。入口处的设计反对简单化、模式化，所以采用的壁纸和地面铺装都强调元素的重复排列，强调室内的复杂性与矛盾性，形成小品般的空间趣味。亚光黑白马赛克地板、造型诡异的灯具、大面积的复古镜子，各种抽象符号共同构成了这个情趣浪漫的酒吧空间，将你带入迷幻城堡。

入口的设计灵感来源于《爱丽丝梦游仙境》，爱丽丝带着强大的好奇心跟着兔子进入梦幻王国时我的好奇心也被激发，仿佛跟随着爱丽丝喝完神奇的药水钻进小木门，进入红心皇后统治的迷幻世界。在设计入口处时，希望当顾客看见入口处时也能像我一样揣着一份童趣和好奇心，进入林夕舍这座坐落于钢铁城市的迷幻城堡。

图6-2 入口

图6-3 酒吧吧台区（附彩图）

在现代构成中，将点、线、面、色彩、材料、技法、法则按照形式美法则重新组合，以抽象的知觉样式转化为美学形式，创造出新的形态。设计是相通的，点、线、面是构成风格的主要元素。如图6-3所示，进入林夕舍映入眼帘的便是彩色球体和方形吧台，利用色彩和造型的差异塑造迷幻的空间效果。例如利用吧台桌面灯和马赛克灯箱来衬托吧台；又如悬空的彩球密布在酒吧区上空，构成了布景般的人工夜景。时尚元素、抽象符号有机融合，加上多组灯光的搭配，塑造了这个独特的酒吧空间。

现代时尚酒吧最显著的特征就是对空间和光线的强调，在设计中摒弃了烦琐的家具装饰，青睐抽象的形体构成，多采用塑造感极强的几何构成来塑造室内空间，使得室内空间具有宽敞明晰的轮廓和简洁明快的整体效果，功能上既实用又舒适。在所有童话故事中都有一个拿着水晶球无所不知的人，悬空的彩球中会不会有你想占为己有的那一颗。幽暗的蓝紫色灯光，造成了一种感知上的困难，人们

图 6-4　酒吧卡座区

图 6-5　酒吧区包间

图 6-6　酒吧区台球桌

图 6-7　桌球区（附彩图）

会觉得在这种环境中，不同的物体都会变得非常有意思，这是一个充满神秘的休闲之旅。一踏入酒吧区，就马上被笼罩在梦幻中。静谧的香槟、蓝紫色的光线在酒吧间碰撞；幽暗的灯光下，不同元素的组合产生了一种梦幻、浪漫的氛围。

酒吧卡座的设计分布在大厅的两侧，成半包围结构（图 6-4），里面设有沙发和茶几。卡座是给来得较多的客人准备的，卡座区靠吧台内侧，在这里可以邀上朋友，喝喝啤酒，打打台球，玩玩桌面游戏，或谈天论地，或品尝红酒，谈情说爱。在舒适的环境中享受优雅的音乐，品味美酒，享受林夕舍带来的惬意。

蓝、紫、白三种不同色调的灯光或者与飞马雕塑的隔断在一起，或者与迷幻的彩球在一起，都能在这里得到高度统一与利用，看上去既梦幻又宁静。陈设的小饰物，精致而又不落俗套，没有张扬的气势，默默地配合着整体环境的气氛。运用现代立体构成的理念，在卡座和吧台之间的过道上空用金属彩球进行装饰，打破了单调的视觉空间，使空间充满了视觉张力，显得更加梦幻。

图 6-5 展示的是酒吧区的包间，这一包间的设计风格和酒吧区相统一。在装饰元素上采用非传统的混合、叠加、错位、裂变等手法和象征、隐喻等手段，彰显了后现代风格的特色。重复排列的几何方块墙体、骑士雕塑、白色城堡电视背景墙等，这些元素都使包间内的几何元素不尽相同，但整体格调却高度统一。直条的墙壁营造出一种有条理的空间氛围；色彩丰富而柔软的沙发，夹杂着个性而时尚的气氛。

图 6-6 展示的是酒吧区内的台球桌，喝点小酒邀上朋友打一局。这一个小角落依旧是采用蓝紫色幽暗灯光，各种表现形式相组合，整体地表现了后现代风格，也融入了现代社会体现舒适、张扬个性的元素，突显了时尚美。

图 6-7 展示的是桌球区，在设计桌球区时应考虑到桌球场地要平坦、干净、无灰尘、明亮及通风条件良好，否则不利于健康。而照明灯要装在较大的灯罩中，避免散射，也可以避免刺眼，灯罩也在球台上方 75cm 的地方，一般需要 300W 的灯光。在设计中，这一区域在色彩上选择了沉稳又神秘的紫色，装饰物摒弃了烦琐复杂，选择了简洁，没有过多的装饰，只有基本的台球桌、灯具、沙发，使整个桌球区照明充足、光线柔和，环境美观、舒适、大方、优雅。较酒吧区来说，桌球区表现得更加简单、沉稳。

桌上游戏起源于德国，大家以游戏会友、交友。桌上游戏内容涉及战争、贸易、文化、艺术、城市建设、历史等多个方面，大多使用纸质材料加上精美的模型辅助。桌面游戏这种"不插电"的游戏事实上是把游戏从网络"拉"回了桌面，几个人围着一张桌子，不仅可以扮演各种角色，在斗智斗勇的同时还可以增进彼此的沟通了解，加深友谊，这种独特的催化剂是在现在大行其道的网络游戏中所没有的。而且，文明的"桌游"可以让一些人远离网络暴力游戏。

图 6-8　桌游区角度一（附彩图）

林夕舍作为年轻人的娱乐场，当然不会放过桌游这个利益点，酒吧区和桌球区一动一静，而桌游区比较中和。图 6-8 是林夕舍的桌游区之一，桌游区主要采用的地中海风格，露天的区域光线充足，所以在沙发上方搭配了紫色帷幔，实用而又浪漫。

如图 6-9 所示，桌游区的地中海风格明显，色彩丰富了，并且光照足，所有颜色的饱和度也很高，体现出色彩最绚烂的一面。所以地中海的颜色特点就是，无须造作，本色呈现。在设计中大胆用色，以白、蓝、土黄为主色，玫瑰红和紫色加以装饰，颜色清新、艳丽。质感原始的墙面和地板、白灰泥墙、蓝白条纹的沙发、连续的拱廊与拱门、复古的铁艺灯具等都是地中海风格的融入。桌游区的设计体现的是一种精致、轻松的格调，一种品味生活的心态，整个空间清爽、浪漫。

图 6-9　桌游区角度二

运用不喧哗的材料是突显空间意境的重要方法。由图 6-10 中可以看到紫色帷幔，透过光线的流转变化，使整个空间充满了灵秀之气。角落安静的钢琴，选择直逼自然的柔和色彩，

图 6-10　桌游区钢琴角（附彩图）

在组合设计上注意空间的搭配，充分利用每一寸空间，但不显局促、不失大气，清新而浪漫。阳光、质感淳朴的地板、蓝白色的沙发，是贯穿其中的风格灵魂。粗犷的地板与精致的帷幔形成鲜明对比，豪放与雅致并存，造成别具个性的视觉效果。

图6-11展示的是桌游区的一个小角落，设计灵感呈现在各处的细节处理上：一缕亮光、一束鲜花、一面内凹的地图墙、方块亚光地板、复古铁艺灯，自然的形成一种小品般的空间趣味。墙面、顶、的装饰细节，家具、配饰的成设点缀，地中海气息尽情流露。强调风格的内在性，不过分追求华丽，崇尚清新、自然，令人倍感轻松。

图6-11　桌游区角度三

本章小结

色彩是一个古老的话题，从牛顿揭示光色原理到今天，色彩学的发展，已形成相对成熟的科学体系。光源的辐射能和物体的反射是属于物理学范畴的，而大脑和眼睛却是生理学研究的内容，但是色彩永远是以物理学为基础的，而色彩感觉包含着色彩的心理和生理作用的反映，使人产生一系列的对比与联想。人们对于色彩的研究基本分为两个大类：色彩基础研究和实用色彩研究。室内色彩设计其实也是色彩学在人类生活环境中的一种实际运用，与其他实用色彩研究一样。

总之，室内设计用色是一个多学科交融的新兴研究领域，它从一个相对宏观的视角重新审视了"色彩"这个古老的话题，而这一过程对人类在建筑与室内空间的发展中如何建设一个良好的室内人居环境有着十分重要的意义。

第7章 室内照明设计

7.1 采光照明的基本概念与要求

就人的视觉来说，没有光也就没有一切。在室内设计中，光不仅是为满足人们视觉功能的需要，而且是一个重要的美学因素。光可以形成空间，改变空间或者破坏空间，它直接影响到人对物体大小、形状、质地和色彩的感知。研究证明，光还会影响细胞的再生长、激素的产生、腺体的分泌以及体温、身体的活动和食物的消耗等的生理节奏。因此，室内照明是室内设计的重要组成部分之一，在设计之初就应该加以考虑。

在室内设计中，光不仅是为了满足人们视觉功能的需要，而且是一个重要的美学元素。室内照明是室内设计的重要组成部分之一。

1. 光的特性与视觉效应

根据物理学的解释，光是一种波长极短的电磁波。这种射线其波长是可以度量的，它规定的度量个位是纳米，它等于十亿分之一米，可见光与其他电磁波的最大不同是它作用于人的肉眼时能够引起的视觉。可见光的波长范围为 380nm~780nm。不同波长的可见光会引起不同色觉，将可见光展开，依次呈现紫色、蓝色、青色、绿色、黄色、橙色、红色。波长为 10nm~380nm 的电磁波叫紫外线，波长为 780nm~1mm 的电磁波叫红外线。

2. 光通量

光通量的实质是用眼睛来衡量光的辐射通量，是通过人的眼睛来描述光。科学的定义是单位时间光源向空间发出的、使人产生光的能量。设光源在 t 秒内总共辐射出的光能是 W，我们就把辐射出来的光能 W 与辐射所经过的时间 t 之比称为光通量。光通量是衡量光源发光多少的一个指标。以 F 单位为表示，单位为光瓦。光瓦单位太大，常用流明（lm）作为实用单位，它们的关系是 1 光瓦 =683 流明（lm）。1lm=1cd·sr。普通 40W 荧光灯的光通量为 2200lm（100h），国产白炽灯每消耗 1W 电能所产生的光通量约为 12.5lm。

3. 光强

光强度是光度学的一个基本物理量，是光通量的空间密度，即单位立体角的光通量，也就是衡量光源发光强弱程度的量。单位为坎德拉（cd）。一支蜡烛的发光强度约为 1cd。国产 100W 普通白炽灯的发光强度约为 100cd。

4. 照度

照度是受光表面上光通量的面密度，即单位面积的光通量。照度是表示受光表面被照亮程度的一个量，以 E 表示，单位为勒克斯（lx）。自然光的照度大约如下：晴天的阳光直射下为 100000lx。晴天时背阴处为 10000lx。晴天时室内角落为 20lx。月夜为 0.2lx。

一般办公室要求的照度为 100lx~200lx；一般学习的照度应不少于 75lx；在 40W 普通灯泡正下方 1m 处的照度约为 30lx；40W 荧光灯正下方 1.3m 处的照度约为 90lx。

5. 亮度

单位表面在某一方向上的光强密度，它等于该方向上的发光强度和此表面在该方向上的投影面积之比，即被视物体在视线方向单位投影面上的发光强度，称为该物体表面的亮度。亮度往往是表示某个方向上的亮度。以 B 表示，单位：坎德拉每平方米，符号：cd/m^2。40W 荧光灯的表面亮度为 $7000cd/m^2$。一般阴天天空亮度平均值为 $2000cd/m^2$。

7.2　室内采光部位与照明方式

1. 采光部位与光源类型

1）采光部位

利用自然采光，不仅可以节约能源，并且在视觉上更为习惯和舒适，在心理上能和自然接近、协调，可以看到室外光线，更能满足精神上的要求。如果按照精确的采光标准，日光完全可以在全年提供足够的室内照明。室内采光效果，主要取决于采光部位和采光口的面积大小和布置形式，一般分为侧光、高侧光和顶光三种形式。侧光可以选择良好的朝向、室外景观，使用和维护也较方便，但当房间的进深增加时；采光效果很快降低。因此，常增加高度或采用双向采光或转角采光来弥补这一缺点。顶光的照度分布均匀，影响室内照度的因素较少，但当上部有障碍物时，照度就急剧下降。此外，在管理、维修方面较为困难。

室内采光还受到室外周围环境和室内界面装饰处理的影响，如室外邻近的建筑物，既可阻挡日光的射入，又可从墙面反射一部分日光进入室内。此外，窗户对室内说来，可视为一个面光源，它通过室内界面的反射，增加了室内的照度。由此可见，进入室内的日光因素由下列三部分组成：直接天光、外部反射光和室内反射光。

2）光源类型

光源类型可以分为自然光源和人工光源。在白天才能感到自然光、昼光。昼光由直射地面的阳光和天空光组成。自然光源主要是日光，日光的光源是太阳，太阳连续发出的辐射能量相当于约 6000K 色温的辐射体，但太阳的能量到达地球表面，经过了化学元素、水分、尘埃颗粒的吸收和扩散，被大气层扩散后的太阳能产生蓝天，或称天光，这个蓝天才是作为有效的日光光源，它和大气层外直接的阳光是不同的。当太阳高度角较低时，由于太阳光在大气中通过的路程长，太阳光谱分布中的短波成分相对减少，故在朝、暮时，天空呈红色。当大气中的水蒸气和尘雾多、混浊度大时，天空亮度高而呈白色。

家庭和一般公共建筑所用的主要是人工光源：白炽灯和荧光灯。放电灯由于其管理费用较少，近年来也有所增加。每一光源都有其优点和缺点，但和早先的火光和烛光相比，显然是一个很大的进步。

（1）白炽灯。自从爱迪生时代起，白炽灯基本上保留同样的构造，即由两金属支架间的灯丝，在气体或真空中发热而发光。在白炽灯光源中发生的变化是增加玻璃罩、漫射罩以及反射板、透镜和滤光镜等去进一步控制光。

白炽灯可用不同的外罩制成，一些采用晶亮光滑的玻璃，另一些采用喷砂或用硅石粉末涂在灯泡内壁，使光更柔和。色彩涂层也运用于白炽灯，如珐琅质涂层、塑料涂层等。

另一种白炽灯为水晶灯或碘灯，它是一种卤钨灯，体积小、寿命长。卤钨灯的光线中都含有紫外线和红外线，因此受到它长期照射的物体都会褪色或变质。

白炽灯的优点是光源小、便宜。具有种类极多的灯罩形式，并有轻便灯架、顶棚和墙上的安装用具和隐蔽装置。通用性大，彩色品种多。具有定向、散射、漫射等多种形式。能用于加强物体立体感。白炽灯的色光最接近于太阳光色。

白炽灯的缺点是不环保，发出的较低的光通量，产生的热为80%，光为20%，使用寿命相对较短。

（2）荧光灯。荧光灯是一种低压放电灯，灯管内是荧光粉涂层，它能把紫外线转变为可见光，并有冷白色、暖白色、冷白色、暖白色等。颜色变化是由荧光粉涂层方式控制的。暖白色最接近于白炽灯，放射更多的红色，荧光灯产生均匀的散射光，发光效率为白炽灯的1000倍，其寿命为白炽灯的10~15倍，因此荧光灯不仅节约电，而且可节省更换费用。

（3）日光灯。日光灯一般分为三种形式，即快速起动、预热起动和立刻起动，这三种都为热阴极机械起动。快速起动和预热起动管在灯开后，短时发光，立刻起动管在开灯后立刻发光，但耗电稍多。由于日光灯管的寿命与使用起动频率有直接的关系，从长远的观点看，立刻起动管花费较多，快速起动管在电能使用上比较经济。

（4）氖管灯（霓虹灯）。霓虹灯多用于商业标志和艺术照明，近年来也用于其他一些建筑。形成霓虹灯的色彩变化是由管内的荧光粉涂层和充满管内的各种混合气体，氧和汞也都可用。霓虹灯和所有放电灯一样，必须有镇流器能控制的电压。霓虹灯是相当费电的，但很耐用。

（5）高压放电灯。高压放电灯至今一直用于工业和街道照明。小型的在形状上与白炽灯相似，有时稍大一点，内部充满汞蒸汽、高压钠或各种蒸汽的混合气体，它们能用化学混合物或在管内涂荧光粉涂层，校正色彩到一定程度。高压水银灯冷却时趋于蓝色，高压钠灯带黄色。高压灯都要求有一个镇流器，这样最经济，因为它们产生很大的光量而发生很小的热，并且比日光灯寿命长50%。

2. 照明方式

对光源不加处理，既不能充分发挥光源的效能，也不能满足室内照明环境的需要，有时还能引起眩光的危害。直射光、反射光、漫射光和进射光，在室内照明中具有不同用处。在一个房间内如果有过多的明亮点，不但互相干扰，而且会造成能源的浪费；如果漫射光过多，也会由于缺乏对比而造成室内气氛平淡，甚至因其不能加强物体的空间体量而影响人对空间的错误判断。

因此，利用不同材料的光学特性，利用材料的透明、不透明、半透明以及不同表面质地制成各种各样的照明设备和照明装置，重新分配照度和亮度，根据不同的需要来改变光的发射方向和性能，是室内照明应该研究的主要问题。如利用光亮的、镀银的反射罩作为定向照明或用于雕塑、绘画等的聚光灯，利用经过喷砂处理成的毛玻璃灯罩，使形成漫射光来增加室内柔和的光线等。

1）间接照明

由于将光源遮蔽而产生间接照明，把90%~100%的光射向顶棚或其他表面，从这些表面再反射至室内。当间接照明紧邻顶棚，几乎可以造成无阴影，是最理想的整体照明。从顶棚和墙上端反射下来的间接光，会造成天棚升高的错觉，但单独使用间接光，则会使室内平淡无趣。

2）半间接照明

半间接照明将60%~90%的光向天棚或墙上部照射，把天棚作为主要的反射光源，而将10%~40%的光直接照于工作面。从天棚来的反射光，趋向于软化阴影和改善亮度比，由于光线直接向下，照明装置的亮度和天棚亮度接近相等。具有漫射的半间接照明灯具，更有利于阅读和学习使用。

3）直接间接照明

直接间接照明装置，对地面和天棚提供近于相同的照度，即均为40%~60%，而周围光线只有很少一点。这样就必然在直接眩光区的亮度是低的。这是一种同时具有内部和外部反射灯泡的装置，如某些台灯和落地灯能产生直接间接光和漫射光。

4）漫射照明

这种照明装置，对所有方向的照明几乎都一样，为了控制眩光，漫射装置要大，灯的瓦数要低。

5）半直接照明

在半直接照明灯具装置中，有60%~90%光向下直射到工作面上，而其余10%~40%光则向上照射，向下照明软化阴影光的百分比很少。

6）宽光束的直接照明

这种照明具有强烈的明暗对比，并可造成有趣生动的阴影，由于其光线直射于目的物，如不用反射灯泡，会产生强的眩光。鹅颈灯和导轨式照明属于这一类。

7）高集光束的下射直接照明

因高度集中的光束而形成光焦点，可用于突出光的效果和强调重点的作用，它可作为在墙上或其他垂直面上充足的照度，但应防止过高的亮度比。

7.3　室内照明作用与艺术效果

当夜幕徐徐降临的时候，就是万家灯火的世界，也是多数人在白天繁忙工作之后希望得到休息娱乐以消除疲劳的时刻，无论何处都离不开人工照明，也都需要用人工照明的艺术魅力来充实和丰富生活的内容。无论是公共场所还是家庭，光的作用影响到每一个人，室内照明设计就是利用光的一切特性，去创造所需要的光的环境，通过照明充分发挥其艺术作用。

1. 创造气氛

光的亮度和色彩是决定气氛的主要因素。光的刺激能影响人的情绪，亮的房间比暗的房间更为刺激，但是这种刺激必须和空间所应具有的气氛相适应。极度的光和噪声一样，都是对环境的一种破坏。适度的愉悦的光能激发和鼓舞人心，而柔弱的光则会令人轻松而心旷神怡。光的亮度也会对人的心理产生影响。

室内的气氛也由于不同的光色而变化。许多餐厅、咖啡馆和娱乐场所，常常用加重暖色如粉红色、浅紫色，使整个空间具有温暖、欢乐、活跃的气氛，暖色光使人的皮肤、面容显得更健康、美丽动人。由于光色的加强，光的相对亮度相应减弱，使空间感觉亲切。家庭的卧室也常因采用暖色光而显得更加温暖和睦。但是冷色光也有许多用处，特别在夏季，青、绿色的光就使人感觉凉爽。应根据不同气候、环境和建筑的性格要求来确定。强烈的多彩照明，如霓虹灯、各色聚光灯，可以把室内的气氛活跃起来，增加繁华热闹的节日气氛，现代家庭也常用一些红、绿的装饰灯来点缀起居室、餐厅，以增加欢乐的气氛。不同色彩的透明或半透明材料，在增加室内光色上可以发挥很大的作用。

由于色彩随着光源的变化而不同，许多色调在白天阳光照耀下显得光彩夺目，但日暮以后，如果没有适当的照明，就变得暗淡无光。因此，德国巴斯鲁大学心理学教授马克思·露西雅谈到利用照明时说，"与其利用色彩来创造气氛，不如利用不同程度的照明，效果会更理想"。

2. 加强空间和立体感

空间的不同效果，可以通过光的作用充分表现出来。实验证明，室内空间的开敞性与光的亮度成正比，亮的房间感觉要大一点，暗的房间感觉要小一点，充满房间的无形的漫射光，也使空间有无限的感觉，而直接光能加强物体的阴影，光影相互对比，能加强空间的立体感。

3. 光影艺术与装饰照明

光和影本身就是一种特殊性质的艺术，当阳光透过树梢，地面洒下一片光斑，疏疏密密随风变幻，这种艺术魅力是难以用语言表达的。如月光下的粉墙竹影和风雨中摇晃着的吊灯的影子，却又是一番滋味。自然界的光影由太阳、月光来安排，而室内的光影艺术就要靠设计师来创造。光的形式可以利用各种照明装置，在恰当的部位，以生动的光影效果来丰富室内的空间，既可以表现光为主，也可以表现影为主，也可以光影同时表现。此外还有许多实例造成不同的光带、光圈、光环、光池。光影的造型是千变万化的，关键是在恰当的部位采用恰当的形式表达出恰当的主题思想。

装饰照明是以照明自身的光色造型作为观赏对象，通常利用点光源通过彩色玻璃照射在墙上，产生各种色彩形状。用不同光色在墙上构成光怪陆离的抽象"光画"，是光的又一个艺术新领域。

4. 照明的布置艺术和灯具造型艺术

光既可以是无形的，也可以是有形的，光源可隐藏，灯具却可暴露，有形、无形都是艺术。大范围的照明，如天棚、支架照明，常常以其独特的组织形式来吸引观众。天棚是表现布置照明艺术的重要场所，因为它无所遮挡，稍一抬头就历历在目。因此，室内照明的重点常常选择在天棚上，而且常结合建筑式样，或结合柱子的部位来达到照明和建筑的统一和谐。常见的天棚照明布置，有成片式、交错式、井格式、带状式、放射式、围绕中心的重点布置式等。在形式上应注意它的图案、形状和比例，以及它给人的韵律感。

灯具造型一般以小巧、精美、雅致为主要创作方向，因为它离人较近，常用于室内的立灯、台灯。利用台灯布置，形成视觉中心。灯具造型，一般可分为支架和灯罩两大部分进行统一设计。有些灯具设计重点放在支架上，也有些把重点放在灯罩上，不管哪种方式，整体造型必须协调统一。现代灯具都强调几何形体构成，在基本的球体、立方体、圆柱体、锥体的基础上加以改造，演变成千姿百态的形式，同样运用对比、韵律等构图原则，达到独特的效果。但是在选用灯具的时候一定要与整个室内空间布局一致、统一，决不能孤立地评定其优劣。

由于灯具是一种可以经常更换的消耗品和装饰品，因此它的美学观近似日常日用品和服饰，具有变换性。由于它的构成简单，显得更利于创新和突破，不断变化和更新、生产新产品，才能满足要求，这也是小型灯具创作的基本规律。

7.4 建筑照明

考虑室内照明的布置时应首先考虑使光源布置和建筑结合起来，这不但有利于利用顶面结构和装饰天棚之间的巨大空间，隐藏照明管线和设备，而且可使建筑照明成为整个室内装修的有机组成部分，达到室内空间完整统一的效果，它对于整体照明更为合适。通过建筑照明可以照亮大片的窗户、墙、天棚或地面，荧光灯管很适用于这些照明，因它能提供一个连贯的发光带，白炽灯泡也可运用，发挥同样的效果，但应避免光带不均匀的现象。

1）窗帘照明

将荧光灯管安置在窗帘盒背后，内漆白色以利反光，光源的一部分朝向天棚，另一部分向下用在窗帘或墙上，窗帘盒把设备和窗帘顶部隐藏起来。

2）花槽反光

花槽反光用作整体照明，槽板设在墙和天棚的交接处，至少应有 15cm~24cm 深度，荧光灯板布置在槽板之后，常采用较冷的荧光灯管，这样可以避免任何墙的变色。为了有最好的反射光，面板应涂以无光白色，花槽反光对引人注目的壁画、图画、墙面的质地是最有效的，在低天棚的房间中，特别适合采用。因为它可以在视觉上增加天棚的高度。

3）凹槽口照明

这种槽形装置，通常靠近天棚，使光向上照射，提供全部漫射光线，又称为环境照明。由于亮的漫射光造成天棚表面有退远的感觉，使其能创造开敞的效果和平静的气氛，光线柔和。此外，从天棚射来的反射光，可以缓和房间内直接光源的热辐射。

4）发光墙架

发光墙架即由墙上伸出的悬架，它布置的位置一般要比窗帘照明低。

5）底面照明

任何建筑构件下部底面均可作为底面照明，某些构件下部空间为光源提供了一个遮蔽空间，这种照明方法常用于浴室、厨房、书架、镜子、壁龛和搁板。

6）龛孔照明

将光源隐蔽在凹处，这种照明方式包括提供集中照明的固定装置，可为圆的、方的或矩形的金属盘，安装在顶棚或墙内。

7）泛光照明

加强垂直面上照明的过程称为泛光照明，起到柔和质地和阴影的作用。

8）发光面板

发光面板可以用在墙上、地面、天棚或某一个独立装饰单元上，它将光源隐蔽在半透明的板后。发光天棚是常用的一种，广泛用于厨房、浴室或其他工作地区，为人们提供一种舒适的无眩光的照明。

9）导轨照明

导轨照明包括一个凹槽或装在面上的电缆槽，灯支架就附在上面，布置在轨道内的圆辊可以很自由地转动，轨道可以连接或分段处理，做成不同的形状。这种灯能用于强调或平化质地和色彩，主要决定于灯的所在位置和角度。

10）环境照明

环境照明是指照明与家具陈设相结合，其光源布置与完整的家具和活动隔断结合在一起。家具的光洁度面层具有良好的反射光质量，在满足工作照明的同时，适当增加环境照明的需要。家具照明也常用于卧室、图书馆的家具上。

7.5 室内艺术照明的设计方法

1. 项目分析

每个优秀的照明设计方案都源于对项目的仔细分析，其目的是完成和满足各项条件和要求。大众化的照明设计在很大程度上只是遵循标准而放弃针对性，而艺术照明设计需要了解与照明环境相关的信息，以及它使用的要求、使用者和建筑类型。

1）空间用途

项目分析的核心是需要了解空间用途，在这个空间环境下会有何种行为或状况发生，重点是什么？设计任务的理性分析要得出空间中的各类视觉要求，以及这些要求的特性。有关视觉要求的两个标准是尺寸和细节对比，必须记录或掌握其信息，而满足视觉要求的色彩和表面结构也很重要。

2）心理需求

心理需求包括环境的感知、建立时间、天气和提供空间导向。有序简洁的结构化环境对整体感受很有好处。不同的照明提供不同的功能区域的空间描绘。

2. 照明方案

照明方案应当表达出照明所应有的属性。照明方案不必具体到灯具或光源的选型以及布置。项目分析提供有关单个照明形式的照明质量原则，这些与照明的数量、质量的特性，以及时空的迁移相关。良好的照明设计方案应满足其商业要求，必须满足相关标准的规定以及将投资与运行费用考虑在内。

1）设计

在设计阶段，根据光源与灯具的使用决定灯具和调控、控制装置的安装，还包括照度和费用的计算。光源的类型可以在方案开始就确立，也可以在设计阶段进行选择；灯具可以在选择特定的光源或者灯具标准后进行布置。

2）安装

灯具类型的种类很多，从投射灯到灯具结构件，都无一例外地作为附加元素进行安装。灯具一般安装在轨道或结构件上，悬吊在顶棚下，或者安装在墙体及屋顶表面。下照灯和格栅灯的应用范围较广泛，设计时必须考虑周全，以满足不同的安装方式。墙体或地板安装灯具必须使用表面安装或者嵌入式安装。

3）维护

照明灯具的维护通常包括光源更换、灯具清洁和投光灯及可移动灯具的重新布置和调节。维护的目的是保证原有的设计照度，限制照明光源的光衰减。光衰减的原因可能是光源的缺陷，也可能是反射器上的污垢所造成的光输出损失。为了避免光衰减，所有的光源必须周期性地进行更替，对灯具进行清洁。照明设计师的任务就是制订一个维护计划。

3. 深化设计

完成项目分析和照明方案后，下一步就是进行深化设计：决定光源与灯具的选择，灯具的布置和安装。从最初基于照明质量的设计方案发展成细化的设计。

1）光源选择

选择正确的光源是基于照明的需要，而成功实现照明方案的重要因素则包括六项物理及功能标准。

（1）造型力。造型力和璀璨度都是由直接光产生的。紧凑型的光源，如低压卤素灯或金卤素灯是很好的选择。对雕塑进行照明时，表现力和材质表面的照明都是非常重要的。

（2）显色性。光源的显色性受到光源光谱的限制。连续光谱可以得到较好的显色性，线状或者块状光谱通常会降低显色性。白炽灯和卤素灯都可以产生高质量的显色性。

（3）光色。光源的光色取决于发射光的光谱分布。实际上，光色可分为暖白光、中性白和日光白。暖白光光源可以强调红、黄光谱范围，日光白用来强调蓝、绿冷色系。

（4）光通量。与传统白炽灯和紧凑型荧光灯相比，低压卤素灯光通量值较小。相反，卤钨灯、荧光灯和高压放电灯都具有高光通值，金卤灯的值最高。

（5）光效。光源的经济型取决于光效、光源寿命以及光源成本。白炽灯和卤钨灯光效是最低的。荧光灯、高压汞灯和金卤灯的价值比较高。白炽灯、卤钨灯的寿命最短，荧光灯相对较长。

（6）辐射。在展示领域，辐射热的问题非常重要。红外线和紫外线辐射都会造成展品的损伤。低光效的光源如白炽灯、卤钨灯很大的一部分转化为红外热辐射和热对流。传统型以及紧凑型的荧光灯的红外辐射相当低，可以通过使用滤镜来降低红外光和紫外光部分。

2）灯具选择

光源的选择确定了照明设计方案的光质量。在选定光源范围内，照明效果取决于选用此光源的灯具，光源和灯具的选择因此密切相关，光源和灯具会互相限制两者的选择范围。

（1）配光。对于一般照明而言，宽光束的灯具，如下照灯是适宜的，统一的照明能够通过间接照明来获取。重点区域的溢出光一般可以提供足够的环境照明。窄光束的直接照明灯具可以用于重点照明，可调的聚光灯和直接型照明灯具都是理想的选择。

（2）直接－间接。直接照明提供漫射和指向性的光，一般照明和重点照明设计可以利用直接照明来提供不同种类的光分布，通过高对比加强被照物的立体感。

（3）宽光束－窄光束。窄光束或宽光束的光分布根据一般或不同的照明来设计。小于 20° 光束角的灯具为聚光灯，大于 20° 角的灯具为泛光灯，宽光束提供较高的垂直照度。

（4）对称型－非对称型。对称的配光可以提供均衡的照明。配光为宽的下照灯用于垂直面的一般照明。使用聚光灯的情况下，光束较窄，提供高光照明。非对称配光灯具用于提供空间某一面的均布照明，这类灯具中典型的有墙面布光灯和顶棚布光灯。

（5）水平－垂直。水平照明按直线排列可以提供针对用户功能需求的光。如用于工作区的照明，其主要是提供均匀的水平视觉作业照明。垂直照明部分主要由漫射光来提供，这些光来源于被照亮的水平面。

（6）定制设计。在大多数项目中，灯具可以从标准产品中选择，因为这些产品可以在短时间内供应，有着稳定的性能，非常安全。标准灯具可以用于特殊结构，如整合在建筑内的照明装置，如发光顶棚。有些项目会定制照明设计解决方案，或是设计一组新型的灯具。

4. 灯具安装

建筑室内空间中安装灯具有两种对立的概念，这涉及照明装置的美学功能和提供照明的各种可能性。一方面，尽可能将灯具与建筑整合；另一方面，在已有建筑上附加灯具，将灯具作为设计的元素之一，两个概念不应成为独立部分，它们是设计和技术的两个极端。另外，也可以提供整合在一起的方案和解决办法，为固定或可变的照明装置提供不同的选择。

7.6 应用研究——徐州嘉利国际酒店室内环境设计

1. 设计定位

徐州嘉利国际酒店坐落在徐州淮海广场，酒店设计新颖，建筑独特，装饰典雅，是一家具有浓郁西式风格的酒店，交通便利又无闹市的喧嚣，是目前徐州市酒店业中设施规模较大、标准较高、服务项目齐全的星级酒店。因此，其定位是中高档消费水准的商业空间。

2. 客户定位

消费者人群的需求与要求决定着一个酒店项目设计的条件。由于嘉利酒店地处市区的繁华地段，客流量很大，因此，人群定位主要为外来游客以及在徐州的各类商务高端人群。在设计定位以及实际运用中，考虑到设计定位的艺术性与实用性相结合，运用建筑学、美学、艺术学、人体工程学等专业知识，在空间效果的把握上注重整体色调以及风格的统一，合理运用空间，理论联系实际，体现"以人为本"的设计。

3. 风格定位

风格定位以西方的简欧风格为主。简约欧式装修风格不同于传统的欧式风格，主要以其典雅、自然、高贵的气质见长，尤其是在生活元素多元化的今天，简欧风格的家居设计更是以其浪漫温馨的情调备受广大年轻人的青睐。简欧的设计风格其实就是改良后的古典欧式风格。传统的欧洲文化所蕴含的丰富艺术底蕴，还有其开放的设计思想以及它们与生俱来的尊贵，一直以来都颇受人们的喜爱。新古典主义的装饰风格主张从简单到复杂、从整体到局部，在细节的刻画上，它的精雕细琢、镶花刻金都留给人一丝不苟的、严谨的印象。酒店设计一方面保留了原本自然的材质、色彩，可以十分强烈地感受到传统的历史痕迹与深厚的文化底蕴，同时简化了线条，摒弃了那些复杂的肌理和眼花缭乱的装饰，视觉效果更显大气也更贴近自然。

4. 设计分析

徐州嘉利国际酒店主楼共 28 层，拥有 208 间标准客房以及豪华套房，另有 30 套公寓式的写字间，并且拥有风格迥异的中西餐厅以及多功能厅，可以用来举办大型会议和宴会。在位于酒店主楼的顶层，是能够鸟瞰整个徐州全貌的旋转餐厅，这也是徐州最高的餐厅。在设计中本着"以人为本"的设计原则，秉持如何让顾客更加放心入住的态度，首先在酒店大堂的设计中会尽量多地运用简单、大方的铺装以及清爽温馨的色调，可以使顾客在进入酒店时有一种心旷神怡的感觉，而在整体的视觉上也不失豪华、富丽的特点。在客房的设计上，也主要营造出舒适温馨的气氛，纯正的欧式风格在这里就显得过于繁杂，给人一种压抑的感觉，而简化的欧式风格客房就显得更适应现代人生活的安逸与舒适。

1）酒店室内设计要素

合理的功能系统的设计是一个酒店盈利的基石，室内设计师应进行充分的市场调查，并且根据不同的酒店类型，恰当地进行功能布局和流程的合理设计，最大限度地发挥酒店的社会效益和经济效益。功能系统主要包括酒店的大堂、餐厅、客房、会议设施、健身娱乐设施、商务中心等项目。

大堂是酒店的中心，是客人对酒店的第一印象，也是酒店为客人提供服务最多的地方；客房是酒店的主体，旅客的大部分时间都是在客房中度过的，因此，客房的设计要考虑使用舒适、方便，使旅客有"宾至如归"的感觉；餐厅是酒店不可缺少的服务措施，餐厅的环境也与酒店的档次息息相关；随着我国现代化建设的快速发展，会议旅游已经成为不可忽视的客源市场，而健身娱乐设施就为紧张的会议日程提供了轻松休闲的场所。

在日常居住的室内空间中，首先要考虑到的因素是日常生活的功能，应多一些展示其实用性的功能。而对于度假性质的别墅、酒店之类的环境设计，可以相对多元化一点，既营造一种与日常居家不同的感觉，又让旅客体验到酒店特有的韵味。而注重居住的室内设计风格可以是淡雅的、现代时尚的，也可以带一些浪漫情调。此外，酒店在大空间的装饰风格上一定要考虑当地的气候、地理以及地域文化等因素，酒店的装修要保证内外相协调，多种装修风格可以互相搭配。

欧式酒店的设计，灯饰造型是极为重要的。在设计中应选择具有西方风情的造型，如藤蔓般的壁灯会增添西方古典的韵味，在整体明快、简约的空间中亦可以体现出它的与众不同，带着西方文化底蕴的壁灯静静地泛着影影绰绰的灯光，会给整个空间增添神秘之美。

古典挂画也是欧式酒店空间设计中能充分体现西方文化的元素。挑选金属框挂画，挂画内容可以选择抽象画或者摄影作品，也可以是带有神秘色彩或者具有美丽故事的油画。

优秀的酒店设计，不仅仅需要高雅、独特、华美的意境，还要在其艺术设计的前提下呈现出历史的气息和文化的气息。目前国内的很多酒店都是通过大型雕塑艺术品的陈设、大片的墙面利用艺术浮雕的设计以及大幅字画的悬挂等一系列大气的摆设来反映出整个酒店自身的文化内涵，从而达到提高酒店档次、体现酒店气质的目的。最后，要注意酒店装饰设计在艺术性和功能性上的平衡。一个只具备使用功能的设计由于缺乏特色，很难被人们记住。同样，如果过分强调艺术性而忽视了功能性，就造成了资源的浪费。因此，必须实现设计的艺术性和功能性相辅相成，相互协调，充分体现人性化的设计理念。

2）布局设计

嘉利酒店地处火车站主广场这一繁华地段，交通便利，建筑独特，装饰典雅，是一个具有浓郁西式风格的酒店。此次设计以简洁大方、温馨的设计风格为主调，通过淡淡的暖色调让人有一种归属感。现在大部分酒店一味地强调奢侈华丽，从而将大部分投资用在了酒店大厅，这样虽然客人刚进门会感觉富丽堂皇，但是他们并不会对此留下什么深刻印象，因为多数酒店都是以这种格调为主，让客人感觉宾馆就是暂时的落脚地，没有宾至如归的感觉。

酒店大厅是一个酒店留给客人的第一印象，本设计大厅的布置相对简单明了，目的是让旅客更加清晰快捷地了解酒店的一些基本布置。该酒店大门朝向西北，因此很少接收到阳光，所以在大门一侧选择将墙壁掏空，只留有承重的柱子，这样，不但将自然光照的利用率最大化，使整个酒店更加通透亮丽，还可以让外面的行人透过落地玻璃窗看到酒店内部的布置，无形中提高了关注度，从而增加客人的入住率。

如图7-1所示，酒店一层分为大厅、电梯间、公共卫生间、储藏室、行李接待处、钢琴区、安全通道和操作间8个密闭的空间，以及一个半开放式的通往二楼酒水吧散座区域的楼梯间。而大厅又分为服务台区域、接待区、会客区和休息区。如此一来，在一个有限的空间内将各个区域进行合理分割，既规范又有利于对客人进行服务。刚进大门第一时间映入客人眼帘的就是正对着大门的服务台，以及服务台后的金色镜面饰面和米黄大理石墙面，强烈的视觉冲击力能够让旅客印象深刻。

进入旋转大门后，左边是休息区以及会客区，舒适典雅的欧式沙发能使旅客疲惫一天后瞬间得到放松，右边则是行李接待处，人性化的处理可以让旅客在刚进入酒店的那一刻就能够体会到服务人员的贴心问候和服务。在总台的右边是钢琴区，优美轻快的曲调飘荡在整个大厅中，给本身就温馨淡雅的大堂布置增添了些许灵动之美。再往里便是两个安全通道，可供紧急突发情况时人员的逃生。

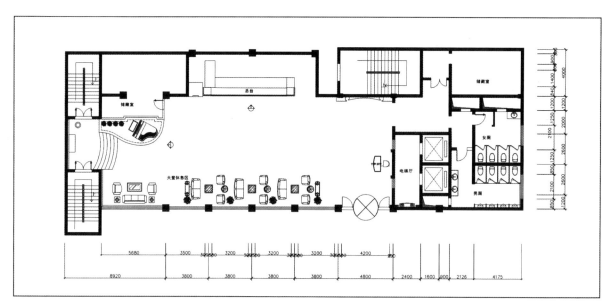

图 7-1　酒店一层平面布置图

　　如图 7-2 所示，由于本案酒店的风格定位为浓郁的简欧风格，因此在吊顶的布置上多采用射灯、筒灯等小型灯，只在大堂的中间布置了一个稍大一些的水晶吊灯，更显华丽，而周围小型灯的使用则是为了避免由于水晶灯自身带来的压迫感，使整体空间更显轻快。

　　餐厅部位于酒店的二层，如图 7-3 所示，酒店的餐厅划分为酒水吧散座区、用餐区、包间、制作间四个部分。前期调研发现，多数消费者喜欢坐在靠窗的位置饮食，因此本次设计二楼餐厅的南北两面均采用落地玻璃窗当作墙式，靠南边的区域则是运用地台的方式将这一部分分隔出来，凸显嘉利酒店餐厅的特色。在其旁边布置的吧台可供旅客随意休息落座，南边的用餐区依然是靠窗设置，整体的布局划分合理，座位的布置紧凑又不显拥挤，舒适的简欧沙发座椅、窗外的美好景色，以及餐厅中播放的优雅的曲调，无一处不吸引着旅客带着一种愉悦的心情在此用餐。

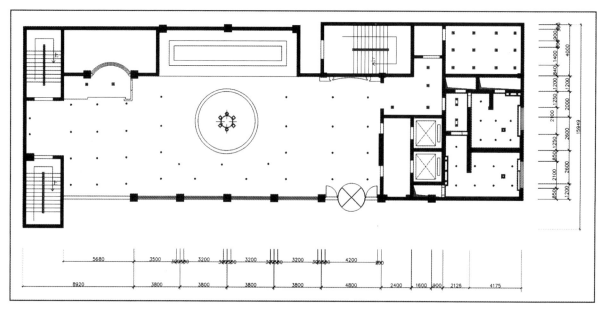

图 7-2　酒店一层顶面布置图

110

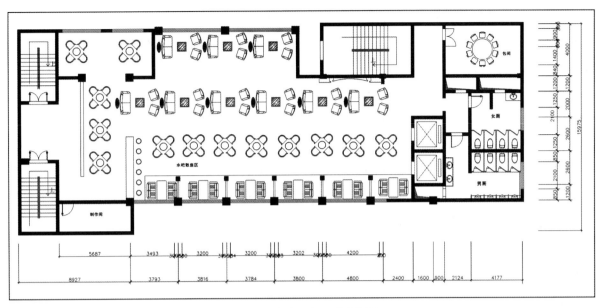

图 7-3　酒店二层平面布置图

　　旅客在进入客房部必经客房走道，因此，为了符合酒店所呈现的风格，在酒店客房层的走道上也运用了壁纸、地毯等代表性的材质，吊灯则采用云石花纹作为灯饰。与大厅相似，酒店客房的整个楼层也并没有过多复杂的灯饰，有的只是为旅客悉心准备的简洁与淡雅，家一般的空间配上家一般的光线，无一处不是为了给旅客送上更满意的服务。

　　酒店客房分为标准间、单人间和商务套房，如图 7-4 所示，此图为酒店的三层，在整个楼层中分布有标准间、单人间和一间商务套房。由于嘉利酒店地处徐州东站主广场一侧，客流量较大，因而房间的布局也较为紧密，虽然布局紧密但是每个房间的面积还是相当宽敞，整个楼层的占地得到了更加合理的使用，不仅解决了酒店的客源，旅客的住宿问题，同时也让旅客在进入客房部的那一刻充分体会到嘉利酒店的优势，以及更加舒心的服务。

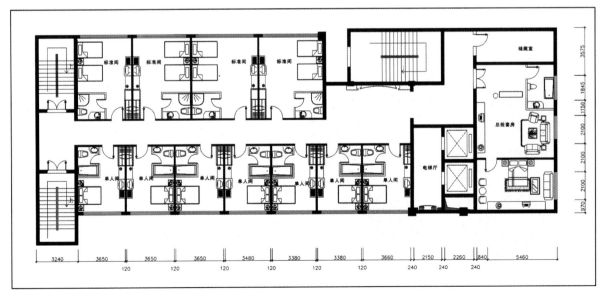

图 7-4　酒店客房平面布置图

在客房的布置上，标准间配备的是两张 1.2m 的单人床，而单人间大床房的尺寸为 1.5m。此外，由于标准间是两个人同时入住，在卫生间的设置上采用的是墙体与客房休息区隔开，这是考虑到客人的隐私。单人间由于是一个人或者情侣、夫妻入住，因此，卫生间采用的是透明玻璃作为分隔来保证客房的干湿分离，如此一来，既增加了整个房间的通透感，使得客房看起来更加宽敞，又给入住的情侣或夫妻增添了更多的浪漫情调。

3）风格运用

优雅、和谐、舒适、浪漫、豪华的简约欧式风格是本次设计的主流，而这种婉约型的设计风格也越来越受到广大业主的青睐。本设计中，室内装饰与陈列较多地运用带有图案的壁纸、地毯、窗帘、床罩以及带有欧洲神秘色彩的古典装饰画，以此体现出华丽的风格，并且在陈设的周边加入线条或者金边的设计。软装在设计中是极为重要的，一个完美的空间展示离不开细节的刻画，在整个酒店的设计中，风格正是从这些小细节中体现出来。

图 7-5　大堂会客区

图 7-6　酒店客房

如图 7-5 所示，在大厅的会客区采用了弧形线条的墙饰，以及石材的运用，使造型更为丰富，既不显得过于死板，又给整体空间增添了些许生动的氛围，保证了顾客在入住的同时，能够有一个愉悦放松的心情。在整个大堂的色调中，以淡淡的浅黄暖色调为主，柔和的灯光如沐春风般给旅客带来了身心上的归属感。在墙壁上点缀了带有欧洲风情的壁灯以及装饰画，藤蔓般的造型更是增添了西方古典的韵味。装饰画的选择则为带有西方神秘色彩或者具有美丽故事的油画，带着浓浓的历史痕迹与浑厚的文化底蕴的装饰。

如图 7-6 所示，在酒店客房的设计中，依然采用凸显风格的家具与装饰，在简欧的风格设计中，白色家具的运用虽然看起来简单，但也是具有自己独特魅力的。而深色家具更显庄重古典，也更加大气、贴近自然。本设计在客房的家具选用中，运用了白色的床头柜来凸显简欧风格的典雅、素净；而进门处柜子以及天花上的装饰则运用深色的木质，继承传统的欧式风格的特点，传统与现代的变化，使得空间更具层次感。

4）色彩运用

在色调的运用上，则主要选择淡黄的暖色调，白色的墙壁和个别的家具，再搭配上深沉的重色调予以辅助。过于古典的欧式风格线条很是复杂，色彩也比较低沉，而在本案中所运用的简欧风格则是在古典欧式的基础上，以其简约的线条代替了复杂的花纹，并且采用的是明快清新的颜色。

如图7-7所示，酒店的大厅整体色调非常协调，均是以暖色为主，例如金丝米黄的瓷砖，白色的墙壁和吊顶，白的钢琴，具有欧洲独特韵味的白色柱子，给酒店增添了些许素雅、质朴。正对大门的服务台则是用的深色调，使得整个画面看起来虽然轻松温馨却又不失作为国际酒店的庄重感。而服务台的背景墙也是采用金色镜面饰面做装饰，彰显简欧风格的高贵与华丽。

图7-7　酒店大堂全景（附彩图）

如图7-8所示，在酒店餐厅的设计中，简欧风格清新、简单、大方的特点便由此体现出来了。在本案餐厅的设计中，主色调依然是暖色，但是与其他不同的是这里的餐桌运用的是玫瑰红、白、浅黄色，玫瑰红是青春的色彩，是恋爱的色彩，白色的沙发座椅以及浅黄的纱质窗帘，向周围释放着典雅古朴的氛围。因为嘉利酒店地处徐州东站主广场一侧，因此入住的客人旅客居多，旅客中年轻情侣或者夫妻占多数，这样玫瑰色的餐饮氛围不仅使旅客能够带着轻松愉悦的心情用餐，也给用餐的情侣旅客们增添了不一样的浪漫气息。

图7-8　酒店餐厅

113

图7-9 客房走道

如图 7-9 所示，在客房走道的设计中，为了与整体色调相协调，墙面运用的是浅色马赛克壁纸，地面铺装也是带有花纹的同色系的地毯，简欧风格不仅是简化了的欧式风格，同时也继承了传统欧式风格的典雅庄重，因此，客房的门采用的是深色的木质门。而墙面的挂画的画框是金边装饰，这样一来，当旅客们向客房走去的这一段路程中，同样能够感受到嘉利酒店独特的西式风格。

如图 7-10 所示，酒店的大堂是旅客第一印象的空间，在酒店的形象上占据重要地位，走进酒店的旋转大门，映入眼帘的便是带有咖啡纹的大理石服务台，以及服务台后金色镜面饰面的墙饰。地面的金丝米黄的抛光砖增添了空间的通透性，当旅客走进酒店的那一刻，便有工作人员上前询问并且进行行李接待。对于接待台，则采用了具有古典色彩的红褐色胡桃木，给大厅简约的装饰风格增添了庄重的成分。大厅左边的休息区摆放的是具有欧式风格的沙发、茶几可供旅客休息，而茶几上的杂志也可供旅客们在休息之余翻阅。

如图 7-11 所示，酒店的餐厅包房设计将本次课题的主题风格——简欧很好展现出来，此包间中分为用餐区和休息区两个区域。用餐区的桌椅采用带有花纹的浅黄色布艺，与休息区的布艺沙发相呼

图7-10 酒店大堂接待区（附彩图）

图 7-11　酒店餐厅包房

应，以及带有古典花纹的地毯作为地面铺装，使得整个包间凸显一种华丽、高贵的氛围，而在整个空间中又运用了黑樱桃的木质家具，现代与古典传统的色彩相结合，当旅客们在用餐时将会被嘉利酒店的国际范儿所吸引。

图 7-12　酒店套房（附彩图）

　　如图 7-12 所示，在酒店套房的设计中，更是将简欧风格的特点体现得淋漓尽致。整个套房的色调依然是以暖色调为主，白色的吊顶虽简单却不失素雅质朴，依然是淡色的地毯作为地面铺装。古典木质色彩的床头柜体现了古典的欧式风格，在床的旁边则是具有欧洲风格的沙发可供旅客们休息，华美的水晶吊灯为整个房间增添了华贵。最值得一提的是在整个画面中唯一冷色调的蓝灰色窗帘，漂亮的冷暖对比，使得空间更具层次感，视觉上也更加舒适。嘉利酒店的套房依然是以柔和的暖黄色灯光为主，试想一下，旅客在拖着疲惫的身躯走进卧室的那一刻，嘉利酒店的独特装饰风格犹如家的感觉一般温馨，如此贴心的服务也会让旅客们更加放心地入住。

图 7-13　酒店套房卫生间

　　如图 7-13 所示为套房的卫生间，高贵的套房当然也要配备华丽的卫生间，也由此更加

图 7-14　电梯间

能够呈现出嘉利酒店的高档次。米黄色的地面铺装以及同样材质的墙面装饰，不仅增加了卫生间的通透感，同样也是欧式风格的独特展现，凡尔赛金的大理石浴池以及带有西方特色的椭圆花边镜子，还有华贵的水晶吊灯，无一处不体现出了欧式风格给我们带来的高贵、典雅的感觉。在这个套房卫生间中浅粉色的纱质窗帘则将过于繁重的气氛打破，增添了灵动的气息。整体的装饰虽显华丽、富贵，但不失高雅。电梯间的设计如图 7-14 所示。

本章小结

照明设计在环境艺术设计中占有重要地位。光使得我们能够看到建筑、人和物体。光影响我们，影响艺术的效果，影响空间和区域的气氛。光使得我们能够感知空间，能够延展或强调空间，在各个区域之间建立联系。

随着现代科学技术的进步，环境设计行业的电气照明技术有了长足的发展，电气照明技术作为专门的学科研究，在各个领域得到了重视，从而推动了照明设计不断地向前发展。艺术照明设计是指在照明技术的基础上，为了满足人们的审美要求，设计师在进行室内设计时，更多地思考如何去处理光与造型、光与空间、光与色彩、光与材质等所产生的"光"环境艺术效果。"光"已经占据了室内设计的主宰地位，照明设计师利用光的表现力对室内空间进行文化艺术创造，满足视觉审美的要求。

第8章 室内陈设设计

8.1 陈设设计的基本元素与概念

1. 陈设设计的基本元素

陈设设计是陈设物品在空间里的组织和规划。要深入、完整地做好陈设设计，首先要认识陈设物品这些最基本元素的性质、属性等，在进行室内策划时，才能准确、生动地运用并发挥陈设物品在室内空间中的作用。

陈设物品因性能不一样，基本上分为两类：实用性陈设物品和装饰性陈设物品。

实用性陈设物品指具有实际使用功能，同时兼有观赏性的物品。它通常决定室内物质层面的质量。由于实用性陈设物品的特性，这类陈设物品多数为日常生活用品。这类日常生活用品的造型、色调等，基本上能与室内空间相融合，成为室内空间的有机组成部分。实用性陈设物品的存在，客观上美化了室内环境，丰富了室内空间层面，调节了空间节奏。在某些特殊的场所，实用性陈设物品本身的展示，也会传达出不同凡响的情调和韵味。

装饰性陈设物品不具备实用性功能，只注重精神层面的需求，具有唯美特征。装饰性陈设物品是室内陈设中的重要内容。这一类陈设物品只有浓厚的艺术趣味、强烈的装饰效果，旨在陶冶情操、增加人文氛围，提供赏心悦目的空间环境。个人的兴趣、爱好和职业特色能在这一类陈设物品中充分体现出来。

2. 陈设设计的基本概念

"陈设"一词最早起源于《后汉书·阳球传》："权门闻之，莫不屏气，诸奢之物，皆各缄縢，不敢陈设。"

陈设是指室内空间中的（除天棚、墙面、地面以外）家具，灯具，艺术作品，家用电器，植物，花卉等在室内空间中的组合关系。陈设既可独立，又依赖于围合的空间关系而存在。它最通俗的解释就是陈列、摆设。陈列、摆设的过程，就是陈设设计的具体体现。

室内陈设是室内设计的一个子系统，是室内空间的一个有机组成部分。虽然是一个子系统，但它所能表达的将是完整的概念。一滴清水微乎其微，但能折射出太阳的光芒。室内陈设的篇幅不多，一定要当作大文章来做。在构思时要纵观全局，局部深入，在方寸之间，在空间与空间的衔接上，创造出具有审美意义的个性化陈设空间。个性化陈设空间是个性化形式语言的体现，从中可折射出业主的身份与地位特征、兴趣爱好及文化品位等。

陈设设计的基本元素，基本概念应该说是简单明了的，重要的是如何应用这些陈设元素，组成特定内涵的空间形式。

8.2 室内陈设的意义、作用和分类

室内陈设或称摆设，陈设品的范围非常广泛，内容极其丰富，形式也多种多样，随着时代的发展而不断变化，但是作为陈设的基本目的和深刻意义，始终是以其表达一定的思想内涵和精神文化方面为着眼点，并起着其他物质功能所无法代替的作用，它对室内空间形象的塑造、气氛的表达、环境的渲染起着锦上添花、画龙点睛的作用，也是具有完整的室内空间所必不可少的内容；同时也应指出，陈设品的展示也不是孤立的，必须和室内其他物件相互协调和配合，亲如一家。此外，陈设品在室内的比例毕竟是不大的，因此为了发挥陈设品所应有的作用，陈设品必须具有感觉上的吸引力和心理上的感染力。也就是说，陈设品应该是一种既有观赏价值又能品味的艺术品。我国传统对联是室内陈设品的典型的杰出代表。

我国历来十分重视室内空间所表现的精神力量，如宫殿的威严、寺庙的肃穆、居室的温馨等。究其源，无不和室内陈设有关。至于节日庆典的张灯结彩，婚丧仪式的截然不同布置，更是源远流长，家喻户晓，世代相传，深入人心。室内陈设浸透着社会文化、地方特色、民族气质、个人素养的精神内涵，都会在日常生活中表现出来。

现代文化渗透在生活中的每一角落，现代商品无不重视其外部包装，以促其销。商品竞争规律也充分表现在各艺术领域，从而使艺术表现形式日新月异。但其中难免良莠不齐，雅俗共生。在掀起"包装"的时代，室内设计师有诱导社会潮流的职责，鉴别真伪的能力。常用的室内陈设包括如下几类。

1. 字画

我国传统的字画陈设表现形式，有对联、条幅、中堂、匾额以及具有分隔作用的屏风、祭祀用的画像等。所用的材料也丰富多彩，如有纸、锦帛、木刻、竹刻、石刻、贝雕、刺绣等。字画篆刻还有阴阳之分，十分讲究。画有泼墨、工笔等不同风格，可谓应有尽有。字画是一种高雅艺术，也是广为普及和为群众喜爱的陈设品，可谓装饰墙面的最佳选择。字画的选择在内容和品类、风格以及画幅大小等因素，如现代派的抽象画和室内装饰的抽象风格十分协调。

2. 摄影作品

摄影作品是一种纯艺术品。摄影和绘画的不同之处在于摄影只能是写实的和逼真的。少数摄影作品经过特技拍摄和艺术加工，也有绘画效果。因此摄影作品的一般陈设和绘画基本相同，而巨幅摄影作品常作为室内扩大空间感的界面装饰，意义已有不同。摄影作品制成灯箱广告，这是不同于其他绘画的特点。

3. 雕塑

瓷塑、泥塑、竹雕、石雕、木雕、玉雕、根雕等是我国传统工艺品之一，题材广泛，内容丰富，流传于民间和宫廷，是常见的室内摆设，有些已是历史珍品。现代雕塑的形式更多，有石膏、合金等。雕塑有玩赏性和偶像性之分，它反映了个人情趣、爱好、审美观念、宗教意识等。它属于三度空间，栩栩如生。其感染力常胜于绘画的力量。雕塑的表现还取决于光照、背景的衬托以及视觉方向。

4. 盆景

盆景在我国有着悠久的历史，是植物观赏的集中代表，被称为有生命的绿色雕塑。盆景的种类和题材十分广阔，它与电影一样，既可表现特写镜头，如一棵树桩盆景，老根新芽，充分表现植物的刚健有力，苍老古朴，充满生机，又可表现壮阔的自然山河，如一盆浓缩的山水盆景，可表现崇山峻岭、湖光山色、亭台楼阁、千里江山，尽收眼底。

5. 工艺美术品、玩具

工艺美术品的种类和用材更为广泛，有竹、木、草、藤、石、泥、玻璃、塑料、陶瓷、金属、织物等。有些本来就是属于纯装饰性的物品，如挂毯之类。有些是将一般日用品进行艺术加工或变形而成，旨在发挥其装饰作用和提高欣赏价值，而不在于实用性。

6. 个人收藏品和纪念品

个人的爱好既有共性，也有特殊性，家庭陈设的选择，往往以个人的爱好为转移，不少人爱好收藏，如邮票、钱币、字画、金石、钟表、古玩、书籍、乐器、兵器以及各式各样的纪念品，传世之宝，这里既有艺术品也有实用品。其收集领域之广阔，几乎无法予以规范。但正是这些反映不同爱好和个性的陈设，使家庭陈设各具特色，极大地丰富了社会交往内容和生活情趣。

7. 日用装饰品

日用装饰品是指日常用品中具有一定观赏价值的物品，它和工艺品的区别是，日用装饰品主要还是在于其实用性。这些日用品的共同特点是造型美观、做工精细、品位高雅，在一定程度上，具有独立欣赏的价值。因此，要在醒目的地方去展示它们。如餐具、烟酒茶用具，植物容器、电视音响设备、日用化妆品、古代兵器、灯具等。

8. 织物陈设

织物陈设，除少数作为纯艺术品外，如壁挂、挂毯等，大量作为日用品装饰，如窗帘、台布、桌布、床罩、靠垫等。它的材质形色多样，具有吸声效果，使用灵活，便于更换，使用极为普遍。由于它在室内所占的面积比例很大，对室内效果影响也极大，因此是一个不可忽视的重要陈设。纺织品应根据三个方面来选择。

（1）纤维性质：如自然的棉、麻、羊毛、丝。丝是所有自然织物中最雅致的，但经受不住直射阳光，价格也贵，羊毛织品特别适合于作为家具的蒙面材料，并可编织成粗面或光面。丝和羊毛均有良好的触感，棉麻制品耐用而柔顺，常用作窗帘材料。人造织物有尼龙、涤纶、人造丝等品种，一般说来比较耐用，也常用作窗帘和床罩，但手感一般不很舒适。

（2）编织方式：有不同的结构组织，表现出不同的粗、细、厚、薄和纹理，对视觉效果起到重要作用。

（3）图案形式：主要包括花纹样式和色彩（如具象和抽象）及其比例尺度、冷暖色彩效果等。它和室内空间形式和尺度有着密切的联系。

8.3　室内陈设的选择和布置原则

作为艺术欣赏对象的陈设品，随着社会文化水平的日益提高，它在室内所占的比重将逐渐扩大，它在室内所拥有的地位也更加重要，并最终成为现代社会精神文明的重要标志之一。

现代科学技术的发展和人们审美水平的提高，为室内陈设创造了十分有利的条件。如果说，室内必不可少的物件为家具、日用品、绿化和其他陈设品等，那么其中灯具和绿化已被列为陈设范围，留下的只有日用品了，它所包括的内容最为庞杂，并根据房间使用性质而异，如书房中的书籍、客厅中的电视音响设备、餐厅中的餐具等。但实际上，现代家具已承担了收纳各类物品的作用，而且现代家具本身已经历千百年的锤炼，其艺术水平和装饰作用已远远超过一般日用品。因此，只要对室内日用品进行严格管理，遵循"俗则藏之，美则露之"的原则，则不难看出现代室内已是艺术的殿堂，陈设的天地了。

由此可见，按照上述原则，室内陈设品的选择和布置，主要是处理好陈设和家具之间的关系、陈设和陈设之间的关系以及家具、陈设和空间界面之间的关系。由于家具在室内常占有重要位置和相当大的体量。因此，一般来说，陈设围绕家具布置已成为一条普遍规律。室内陈设的选择和布置应考虑以下几点。

1）室内的陈设应与室内使用功能相一致

一幅画、一件雕塑、一副对联，它们的线条、色彩，不仅为了表现本身的题材，也应和空间场所相协调，只有这样才能反映不同的空间特色，形成独特的环境气氛，赋予深刻的文化内涵。

2）室内陈设品的大小、形式应与室内空间家具尺度取得良好的比例关系

室内陈设品过大，常使空间显得小而拥挤，过小又可能产生室内空间过于空旷，局部的陈设也是如此，如沙发上的靠垫做得过大，使沙发显得很小，而过小则又如玩具一样很不相称。陈设品的形状、形式、线条更应与家具和室内装修取得密切的配合，运用多样统一的美学原则达到和谐的效果。

3）陈设品的色彩、材质也应与家具、装修统一考虑，形成一个协调的整体

在色彩上可以采取对比的方式以突出重点，或采取调和的方式，使家具和陈设之间、陈设和陈设之间取得相互呼应、彼此联系的协调效果。色彩又能起到改变室内气氛、情调的作用。如以无彩色处理的室内色调，偏于冷淡，常利用一簇鲜艳的花卉，或一对暖色的灯具，使整个室内气氛活跃起来。

4）陈设品的布置应与家具布置方式紧密配合，形成统一的风格

良好的视觉效果，稳定的平衡关系，空间的对称或非对称，静态或动态，对称平衡或不对称平衡，风格和气氛的严肃、活泼、活跃、雅静等，除了其他因素外，布置方式起到关键性的作用。

5）室内陈设的布置部位

（1）墙面陈设。墙面陈设一般以平面艺术为主，如书、画、摄影、浅浮雕等，或小型的立体饰物，如壁灯、弓、剑等，也常将立体陈设品放在壁龛中，如花卉、雕塑等，配以灯光照明，也可在墙面设置悬挑轻型搁架以存放陈设品。墙面上布置的陈设常和家具发生上、下对应关系，可以是正

规的，也可以是较为自由活泼的形式，可采取垂直或水平伸展的构图，组成完整的视觉效果。墙面和陈设品之间的大小和比例关系是十分重要的，留出相当的空白墙面，使视觉获得休息的机会。如果是占有整个墙面的壁画，则可视为起到背景装修艺术的作用了。

此外，某些特殊的陈设品，可利用玻璃窗面进行布置，如剪纸窗花以及小型绿化，以使植物能争取自然阳光的照射，也别具一格。

（2）桌面摆设。桌面摆设包括有不同类型和情况，如办公桌、餐桌、茶几、会议桌以及靠墙或沿窗布置的储藏柜和组合柜等。桌面摆设一般均选择小巧精致、宜于观赏的材质制品，并可按时或即兴灵活更换。桌面上的日用品常与家具配套购置，选用和桌面协调的形状、色彩和质地，常起到画龙点睛的作用。如会议室中的沙发、茶几、茶具、花盆等，须统一选购。

（3）落地陈设。大型的装饰品，如雕塑、瓷瓶、绿化等，常落地布置，布置在大厅中央的常成为视觉的中心，最为引人注目，也可放置在厅室的角隅、墙边或出入口旁、走道尽端等位置，作为重点装饰，或起到视觉上的引导作用和对景作用。

（4）陈设橱柜。数量大、品种多、形色多样的小陈设品，宜采用分格分层的搁板、博古架，或特制的装饰柜架进行陈列展示，这样可以达到多而不繁，杂而不乱的效果。布置整齐的书橱书架，可以组成色彩丰富的抽象图案效果，起到很好的装饰作用。壁式博古架，应根据展品的特点，在色彩、质地上起到良好的衬托作用。

（5）悬挂陈设。空间高大的厅内，常采用悬挂各种装饰品，如织物、绿化、抽象金属雕塑、吊灯等，弥补空间的不足，并有一定的吸声或扩散的效果，居室也常利用角隅悬挂灯具、绿化或其他装饰品，既不占面积，又装饰了枯燥的墙边角隅。

8.4　应用研究——
武当山太极湖生态旅游区品禅茶社空间环境设计

1. 项目概况

此项目位于武当山太极湖生态旅游区。太极湖生态文化旅游区位于武当山旅游经济特区北部，北与丹江口水库（太极湖）、南与武当山老城相邻。规划范围东至龙王沟村以东；西至特区西边界；北至特区丹江口水库（太极湖）分界线；南至汉十高速。规划范围总面积58.67平方千米。规划建设休闲度假区、旅游配套区、生态公园区、运动公园区、水上游乐区、太极湖新区6大功能区。品禅茶社则位于太极养生谷风景区，这样一个位于国际旅游景区和道教圣地的茶社，其设计一定要独具特色。道教文化和茶文化皆是中国的传统文化，作为旅游景区的茶社，如何把中国的传统文化更好地展现给世界游人，则是茶社设计的重点所在。

2. 设计理念

茶社装修坚持以人文本。在设计上多为顾客着想，每一个细节都要充分考虑客人的喜好，结合实际。只有充分满足了顾客的需求，才能吸引到更多的顾客。

在做茶社装修设计的时候，也要充分考虑到茶楼的管理。因为这样可以提高茶楼管理者的效率，在设计的时候充分考虑到每一个细节，包括仓库、客房、厨房等，应当使这些空间形成一个整体，方便管理者进行有效管理。

在前期，茶楼的位置选择也是很重要的。选择好的位置，对于茶楼的经营会起到很大的作用，还要考虑一下茶楼装修的规模和针对的顾客类型，并且要将这些因素与设计师进行充分交流，从而确定一个合适的设计方案。

茶楼装修效果上，不要一味地追求奢华，应当以简单大方为主，茶楼主要针对的是悠闲者，是为他们提供享受休息的地方，所以应当将重点放在环境典雅上面。

3. 设计依据

茶叶既是一种劳动产物又是一种饮品，茶文化则是顺应茶的发展进而传播各种文化，所以茶文化是茶与文化的有机结合体。早在唐代，随着社会生产力的发展，茶叶的种植区域在不断地扩大，人们逐渐认识到茶叶的作用不仅仅局限于生津止渴方面，还可以起到提神醒脑、陶冶情操的作用。于是饮茶在唐代就已经成为一种风尚，达官贵人、人文墨客以及平民百姓都将饮茶作为一种生活习惯。通过饮茶，人们可以得到精神上的享受、灵魂上的升华，于是饮茶逐渐成为一种风尚，形成了一种文化流传至今。

茶文化的源远流长赋予了茶文化的时代性和历史性，同时社会赋予茶文化的国际性，使茶文化不分国界、信仰、种族、宗教等观念的影响，使全世界的茶人共同切磋茶艺、学术交流和经贸洽谈，茶楼由此应运而生，并且不断地发展起来。

当今社会，茶文化既是一种高雅文化，也是大众文化，茶文化覆盖全民，影响这个社会，茶文化对于现代社会的作用主要有以下五个方面。

（1）茶文化以德为中心，注重协调人与人之间的关系，提倡对人们的尊敬，重视修身养德，有利于人们的心态平衡。

（2）茶文化是人们应对人生挑战的益友，在当今社会激烈的市场竞争下，工作、学习、生活以及各类依附在人们身上的压力，使得人们疲惫不堪。而参与茶文化，可以使精神和身心同时放松。

（3）有利于社会主义文明的建设，弘扬中国传统文化。

（4）可以提高人们的生活质量，丰富人们的文化生活。

（5）有利于推进国际文化交流，使茶文化跨越国界，成为人类文明的共同精神财富。

从历史的角度看，道教与茶文化的渊源关系虽是人们谈论最少的，但实质上是最为久远而深刻的。道家的自然观，一直是中国人精神生活及观念的源头。所谓"自然"，在道家指的是自然而然。道无所不在，茶道只是"自然"大道的一部分。茶的天然性质，决定了人们从发现它，到利用它、享受它，都必然要以上述观念灌注其全部历程。老庄的信徒们又欲从自然之道中求得长生不死的"仙道"，茶文化正是在这一点上，与道教发生了原始的结合。"自然"的理念导致道教淡泊超逸的心志，它与茶的自然属性极其吻合，这就确立了茶文化虚静恬淡的本性。道教的"隐逸"，即是在老庄虚静恬淡、随顺自然的思想上发展起来的，它与茶文化有着内在的关联；"隐逸"推动了茶事的发展，二者相得益彰。

　　从发展的角度看，茶文化的核心思想则应归之于儒家学说。这一核心即以礼教为基础的"中和"思想。儒家讲究"以茶可行道"，是"以茶利礼仁"之道。所以这种茶文化首先注重的是"以茶可雅志"的人格思想，儒家茶人从"洁性不可污"的茶性中吸取了灵感，应用到人格思想中，这是其高明之处。因为他们认为饮茶可自省、可审己，而只有清醒地看待自己，才能正确地对待他人；所以"以茶表敬意"成为"以茶可雅志"的逻辑连续。可见儒家茶文化表明了一种人生态度，基本点在从自身做起，落脚点在"利仁"，最终要达到的目的是化民成俗。所以"中和"境界始终贯穿其中。这是一种博大精深的思想体系的体现，其深层根源仍具一种宗教性的道德功能。

　　茶道以"和"为最高境界，亦充分说明了茶人对儒家和谐或中和哲学的深切把握。无论是宋徽宗的"致清导和"，陆羽的谐调五行的"中道之和"，裴汶的"其功致和"，刘贞亮的"以茶可行道"之和，都无疑是以儒家的"中和"与"和谐精神"作为中国的"茶道"精神。懂得了这一点，就有了打开中国茶道秘密的钥匙。

　　儒家茶文化有"化民成俗之效"是丝毫不过分的。因为儒家正是以自己的"茶德"，作为茶文化的内在核心，从而形成了民俗中的一套价值系统和行为模式，它对人们的思维乃至行为方式都起到指导和制约的作用。

　　如果说道教体现在源头，儒家体现在核心，则佛教禅宗则体现在茶文化的兴盛与发展上。中国的茶文化以其特有的方式体现了真正的"禅风禅骨"。茶与禅源远流长，"茶禅一味"的精练概括，浓缩许多至今也难以阐述得尽善尽美的深刻含义。佛教在茶的种植、饮茶习俗的推广、饮茶形式的传播等方面，其巨大贡献是自不待言；而"吃茶去"三个字，并非提示那提神生津、营养丰富的茶是僧侣们的最理想的平和饮料，而是在讲述佛教的观念，暗藏了许多禅机，成为禅林法语。"天下名山僧侣多""自古高山出好茶"。历史上许多名茶往往都出自禅林寺院。这对禅宗，对茶文化，都是无法回避的重头戏。尤其值得大书一笔的是，禅宗逐渐形成的茶文化的庄严肃穆的茶礼、茶宴等，具有高超的审美思想、审美趣味和艺术境界，因而它对茶文化推波助澜的传播，直接造成了中国茶文化的全面兴盛。

　　中国茶文化的千姿百态与其盛大气象，是儒、释、道三家互相渗透综合作用的结果。中国茶文化最大限度地包容了儒、释、道的思想精华，融会了三家的基本原则，从而体现出"大道"的中国精神。宗教境界、道德境界、艺术境界、人生境界是儒释道共同形成的中华茶文化极为独特的景观。

　　4. 设计目标

　　根据项目概况和设计定位分析，项目将按照以"静心圣地、享禅天境"为设计理念，采用古典与现代相结合的艺术设计模式，通过界面、空间的量化分析，合理地运用相关设计理论与方法，以打造一套具有新古典式风格的茶社设计项目为总体目标。

　　5. 风格定位

　　新古典主义的设计风格其实是经过改良的古典主义风格。欧洲文化丰富的艺术底蕴，开放、创新的设计思想，一直以来颇受人们的喜爱。新古典风格从简单到繁杂、从整体到局部，精雕细琢，镶花刻金都给人一丝不苟的印象。一方面保留了材质、色彩的大致风格，仍然可以很强烈地感受传统的历史痕迹与浑厚的文化底蕴，同时又摒弃了过于复杂的肌理和装饰，简化了线条。新古典风格符合茶楼设计的需求，结合实际意见调研和设计主题的拟定，着手打造具有恬静、大气、高雅味道的新古典主义风格。

"形散神聚"是新古典风格的主要特点。在注重装饰效果的同时，用现代的手法和材质还原古典气质，新古典风格具备了古典与现代的双重审美效果，也让人们在享受物质文明的同时得到了精神上的慰藉。讲求风格，在造型设计上不是仿古，也不是复古，而是追求神似。用简化的手法、现代的材料和加工技术去追求传统式样的大致轮廓特点。注重装饰效果，用室内陈设品来增强历史文脉特色，往往会照搬古典设施、家具及陈设品来烘托室内环境气氛。

茶艺馆于其他经营场所和居家不同，其设计布局应具有独特的风格。首先，茶艺馆使用的装饰材料不像其他经营场所那样多用现代的铝合金、不锈钢、石膏、大理石、玻璃、瓷砖等，而是多用竹、木、石、藤、草、布、砖等质朴、自然、素雅的材料；如古典式、传统型多用木、石、砖、布；乡土式、自然式多用木、草、藤、石、布等。茶艺馆装饰与布景的内容更深刻，内涵更丰富，不但是点、线、面的布置，而且还是立体空间感觉意境的布置；不但有静态的布景，而且还有动态的、变化的、虚化的景象。茶艺馆需要有艺术、文化氛围，有休闲、品茶、赏景的气氛。

6. 方案设计

茶楼门窗的装饰设计应与内部环境布置相协调，通过对门窗的大小、形状、造型、材质、色彩等设计，从而使其变得引人注目。

1）门

门是人们进出建筑物的通道，起到进出方便以及防卫安全的作用。茶馆的门与其他商家的门的区别在于文化艺术性的区别。门的空间或许是一样的，但门的样式可多种多样。材料应与茶艺氛围一致，如石材、砖块、木门框等。门额有富于雅趣的茶馆名称，如古色古香的各种形状的牌匾店名，既是书法艺术，又可细细品味，茶馆的门大多具有一些文化艺术意蕴，成为整个茶馆氛围的组成部分。

品禅茶社的外观装饰，古典中尽显雅致，假山、瘦竹，清风徐来，"品禅茶社"牌匾点出了内在主题。掩门而避实，悠然在其中，如图8-1、图8-2所示。

图8-1 品禅茶社门面设计手绘　　　　　　　图8-2 品禅茶社大门手绘

品禅茶社室内包间的门的一侧，翘角屋檐式的门头给人一种院落人家的亲切感。精致的炭烧木实门，突显传统审美情趣的稳重，虚实结合体现着一种韵律与节奏。花窗雕刻之精细成为目光聚焦之处，此外镂空的光线补充，满足了品茗观景需求。

2）窗

一般而言，窗是由于流通空气和采光等需要而在房屋四壁的合适部位开设的。茶馆中的窗装饰应与内部环境布置相协调。窗的大小、形状、造型、材质、色彩等有许多种类，按照中国传统审美观念，一般多用几何长方形、木质、花格窗。有的在窗上增设木质花格窗、江南的细竹帘、民俗特色的窗布幔等。有些茶馆引用民居中常用门窗合一方法，在门的上部装有细格的木窗，有的还雕刻花草、树木、鸟兽，寓意吉祥喜庆、镇邪驱魔的神话故事、民间传说、历史典故等。对门窗进行独具匠心的构思，给人深刻的印象。

茶艺馆窗子的装饰设计，是现代茶艺馆流行的装饰手法。用简单的线条突破一下单调的玻璃平面，营造出错落有致的几何图形。单扇窗从中轴线观赏有对称美，上下有呼应，几扇窗组合有重复美与韵律美，这是传统的花窗审美艺术。

窗的设计可分为茶馆内窗与茶馆外窗。茶馆外窗如围墙上的窗、墙壁上的窗、门上的窗；茶馆内窗有走廊上的窗、雅室与大厅间的窗，雅座与过道之间的窗。

品禅茶社大厅入门两侧各有两个较大的木质格栅窗，如图8-3所示。这两扇格栅窗是用长条的木质雕花门板造型拼接而成，格栅窗每片窗页都可以单独活动，左右旋转。窗体比较高，显得十分大气。透过格栅窗，绿绿的美景扑面而来。

茶馆内窗的材料基本上以木质为主，色彩与内部风格协调，外窗的功能兼具观景、采光、通风、安全、具观赏性等内容。内窗的功能以观赏性为主，采光、通风为次。窗的形状可丰富多彩，如六边形、八边形、葫芦形、坡形、不规则形、扇面形、圆形等。窗的装饰常见的有竹帘、窗帘、窗台、盆景、花格木窗等。

图8-3 品禅茶社的格栅窗

一般茶馆需要设置茶座、雅室、备茶间、收银台（茶吧台）、走廊与洗手间。如果是备有自助式茶点、茶食的茶馆，还需安排茶点、茶食台，有条件的茶馆还可以设置演艺台。从空间总体功能布局上分为品茶场所、通道处所、景点布置场所、后勤服务场地。

3）茶吧台

茶吧台往往设在茶馆进出口处，是为客人提供预定、引导、结账等服务的区域，便于管理、接待、招呼、送客以及收银。因为茶吧台的特殊功能，它往往设置在靠墙脚的地方或两边的墙中间，其外观是可以供人欣赏的，内部的抽屉、账本等杂物应该隐蔽在里面。茶吧台不仅具有较强的实用功能，还是向顾客展示茶楼风格，传递茶楼心意，与顾客进行沟通的窗口，亦是代表茶楼形象的特殊场所，所以茶吧台的设计不能忽视。

茶艺馆的茶吧台需要考虑的是位置、背景、台面及台前平面设计。位置一般考虑在进出的必经之道，服务员能容易地注意到客人来往，方便结账与服务。背景往往既注重形式美，又能与实用相结合，并且使之成为景观。此处光线相对而言应明亮些。台面及台前平面往往易成为装饰盲点，适当的材质变化与修饰能使人感觉到环境氛围的雅致，体现出茶馆的特征。

品禅茶社茶吧台背景墙以炭烧木质面板为底，上边镶嵌着用现代不锈钢材质制作的"品禅"二字，作为一个 logo 标示向顾客们阐述着茶社的主题，也是体现茶社文化的一个特殊空间，在 logo 的两边还种上了最具代表性的植物——竹子，这通常是为了弥补墙面的空旷，起到装饰环境的作用。前台柜台符合了茶楼建筑的风格和周围环境，以透光云石板为地，外加中式木条框架做出立体镂空的感觉，看起来就像是一个大灯箱，形式新颖，造型别致，成为前厅的一大亮点。柜台上方的水墨竹影画长方体吊灯也为前台增添了不少雅致的文化气息，如图 8-4 所示。

茶吧台左侧墙面则做了一些装饰，整面墙分成是古典的对联中堂画的形式，两边用木质镂空隔断贴墙加以装饰类似于中堂画中的对联形式，中间部分就像是中堂中的画布。中间的墙面做了一些装饰，贴上了一些原毛石材质将墙面做成了一面室外的院墙形式。将室外的景致引入室内，给人一种宁静致远的感觉，更加凸显了大厅的庭院感觉。毛石墙面还镶有一个现代合金的"茶"字，侧部附有发光板，既道出了主题，又做了装饰和灯饰，使得这简单的一个"茶"字在墙上熠熠生辉。

小型茶馆由于经营场所比较小，一般不设演艺台和大厅，可以有一定的分隔，布置相对安静的茶座，以接待两人、四人一组为宜，八到十人的茶座只能设置一至两个。茶桌、茶座高度设置应相对低一些，以增加茶馆内的宽敞感，并可多安排一些卡座式的茶座。

4）大厅区

大厅俗称"大堂"，其主要功能是供茶客品茗、聚会、休闲，是茶楼中较为宽阔和开放的空间，是体现茶社实用功能和艺术特色的中心场所。幽雅、清新、舒适的环境氛围会给人一种极大的享受，既能享受品茗，又能得到艺术的熏陶，如图 8-5 所示。

茶社的经营和室内的空间设计非常注重文化氛围的缔造，茶社大厅选用改良的中式木椅跟传统茶桌为主要茶座家具，不仅可以品茗，还可以就餐，既满足饮茶的需要，又符合就餐的环境需求，同时选用明清时期家具，以传统书画、摆件、挂件作为装饰，为了营造气氛，大厅内还布置了几处人造景观。虚中有实，实中有虚，为两边品茗的人留下更多的私人空间而又不显压抑。多处用到窗

图 8-4 茶吧台

图 8-5 大厅（附彩图）

格，它是传统建筑中常见的装饰手法之一，以天然木材为原料，形成各式各样的图案，符合传统的审美情趣。

5）包间区

包房的布置是茶楼文化内涵的综合反映，对于包房的设计，既要使之合理实用，又要有不同的审美情趣。营造一个功能合理、美观舒适的包房环境，需要对茶楼的建筑空间认真分析，装修上精美简洁，富有个性。

整个茶社共设有三个包间，都采用了统一的装饰风格和装修形式。每个包房内根据大小和功能的需要都设置有一张桌子跟几个座位，专供几个人品茗交谈、议事、休憩娱乐，具有一定的私密性和独立性。采用中式古典风格给人以历史延续和地域文脉的感受，使整个室内环境突出了民族文化的形象特征。室内的家具、装饰等，多方面组合成一个整体的室内空间。包房内总体上采用对称式布局，端正稳健，给人秩序感和均衡感。

以进门左拐面对的第一个包间为例，此包间采用的是一种有靠背和扶手的椅子，用料考究，制作精湛，融实用与装饰于一体。八把单人单椅，一张实木圆桌组合成饮茶用餐区，距离

图 8-6　包间

适中，摆放合理，不会让人感到拥挤。包间的墙面做了简单的装饰：一是安装有旋转格栅窗，透过格栅窗可以欣赏茶社外面花园的美景。一面用素雅的屏风隔断加以装饰，沙质的屏风上边印着浅淡素雅的荷花，给人一种恬静的感觉。另外墙面与前台一样也做成了类似于中堂画的对称形式，两边的对联位置用用木质镂空花格贴墙加以装饰，中间的画布位置摆上一幅大气圆润的"佛"字字画，十分贴切品禅的主题，如图 8-6 所示。

6）通道

通道是茶社经营活动场所的血脉，大通道与小通道恰如动脉与静脉，须回流畅通。茶社内的走廊和通道应尽可能避免干扰茶座的客人。走廊和通道需要有一定的宽度，依据人流多少而定，要让进出的人在相遇时能正常通过。小通道与大通道应设置得当，力求进出方便。在通道两旁，可以设置一些盆景或低木栅之类，起到指示通道的作用。在通道前后左右还可以设置一些屏风、布幔、吊兰、青藤，以适度阻挡视线。如果将通道与茶座地面的高度、质地、色彩加以区别，也是一种比较好的指示方法。在茶楼在原有格局上稍做修饰，楼道上摆上几盆植物，可改善视觉的单调、呆板。

品禅茶社大厅的通道都十分宽阔，配合了茶社院落的空旷与大气，还设有流水石桥，给人一种宁静、雅致之感。通道边还设有各式的盆景植物加以点缀，用落地灯、小烛台来烘托气氛，如图 8-7 所示。

7）演艺台

景点场所的布置是营造茶馆内文化艺术氛围的重要环节。如茶馆内演艺台大都布置在方便所有

图 8-7　大厅通道（附彩图）

茶座观景之处。如古装戏或歌舞表演需要后台的、比较复杂的演出或应面向听众的说书，可布置在长方形空间四边的一头。一般设计面向大厅茶座呈扇面的小型舞台，高度略高于大厅地面。材料一般是结实的木板。如演奏乐曲、简单表演可设置在中间，相对高度应高些，以方便四周的茶座观赏。演艺台与茶室雅座或贵宾间应有一定距离，避免嘈杂，妨碍茶客雅兴。

品禅茶社小型茶艺演示台设在大厅散座区间，便于周围茶客的欣赏与品味。木凳、木桌、翠竹、鸟笼组成了浓郁的山野之趣，色调与环境氛围十分和谐。

演艺台在布置上进行了简单的处理。演艺台地面略高于大厅地面，大厅用青石板，演艺台用实木地板，色泽有过渡，质地有变化。演艺台中间位置摆放一架古筝，供演奏之用。大厅顶部用原顶面刷上黑色漆，再布置上不规则零星散布灯筒，给人一种繁星夜空的错觉，光线偏暗，遮蔽不良视觉。演艺台顶部有木质方形吊顶，挂有中式古典吊灯，地台侧部也装有灯带光源隐于其中，使演艺台光线柔和明亮。顶部悬空的方形吊顶与地面发光地台上下呼应，使演艺台浑然一体，成为单独的空间，如图8-8所示。

图8-8 演艺台（附彩图）

8）观景场所布置

品茶赏景是茶馆的永恒主题，景观景象可以是静态的、动态的、实的、虚的，各种形式的。需设置柜式的、橱窗式的、开放式的陈列；或设置园林艺术、传统古玩艺术品、民间艺术、小动物、奇花异木，甚至顽石等。

品禅茶社入口景观，布置有青砖墙隔断、圆形纱质窗、池塘、小桥、小地灯、竹子、荷花等，这都是营造茶楼文化、艺术、休闲氛围的内容。青砖砌墙的隔断上开有圆形的窗，窗体没有任何的修饰，只有简单的古典实木圆形，有一层磨砂质地的薄纱安置其中，顿时柔化了青砖墙体的生硬质感。隔断之后是演艺台，演艺台上弹奏古筝的曼妙女子的身影印于纱窗之上，如画卷一般美丽。水池里种上了荷花和竹子，以纤纤细竹所蕴含的气节表达清雅、脱俗的意境。绿色竹叶的布置柔化了建筑几何形体，并增添茶室的生气。在光线的照射下，竹影婆娑，形、光、影互动是园林艺术的特色，如图 8-9 所示。

9）茶座布置

茶座可分为散座、卡座、沙发型座、圆桌座、四平中凹的台式茶座等。每一个茶座设计中应包括的内容大致有几点：一是茶座的舒适；二是引人注目处——景观的营造；三是光线的明暗处理得当，不至于成为众目睽睽所在；四是室温宜人、空气清新；五是色彩和谐。

品禅茶社的茶座具体包含以下三种。

（1）包间雅座。包间的椅子有靠背和扶手，用料考究，制作精湛，颜色素雅，和整个包间风格融为一体。

（2）大厅卡座。大厅卡座的形状方方正正，两把单人椅，一张红木方桌组合成饮茶区，距离适中，摆放合理，不会使人感到拥挤。中间为简单的棋牌桌，实用与娱乐融为一体。

（3）散座区。散座区分为两块：一块是演艺台前的观赏区散座，此处散座采用白色大理石的桌凳，随意地散落在沙丘庭院之内，顾客可以一边品茶一边看表演，十分悠闲。另外一块是大型的散座，一张超大的树桩形状的桌子摆放中间，四周围上木质小树桩凳子，大家可以围坐在一起喝茶、聊天、探讨茶艺，如图 8-10 所示。

图 8-9　入口景观

图 8-10　茶座

10）空间分隔

茶楼内的分隔是区分此地与彼地的中介物，主要根据不同的饮茶环境要求来进行布置。可以实，可以虚，也可以隔中有透，实中有虚。如墙上面有花窗、漏窗是实中有虚，又如相邻茶座的分隔，上下是木隔，中间用部分可挡住视线的材料，就是虚中有实。

如果品禅茶社的包间饮茶环境要求清静，避免干扰，分隔就比较坚实，用砖墙、板材等加以分隔。在大厅卡座区和散座区，也有许多是虚的分隔，如演艺台通向通道的布帘、屏风、珠帘、绿化植物、卡座和沙丘庭院散座之间的矮小木栅等，似隔非隔，使人感觉品茶场所既有独立性，又比较宽敞，不显局促。

品禅茶社大厅通道分隔设计，为了营造古典的茶楼氛围，选用传统的仿古青砖作墙面，选用古典气息浓郁的花格门式，实中有虚。

11）地面处理

地面的设计对茶艺馆的环境塑造主要有三个方面的作用：增强空间的艺术氛围，使人赏心悦目。地面上砖、石、木、地毯、地砖、沙、卵石、玻璃等材质的合理运用，可以丰富视觉感受，给人以新鲜感，极大地丰富了茶艺馆的环境氛围。通过材质给予腿脚触觉和受力的变化，如卵石、排木、软沙、地毯等，形成休闲的氛围。考虑经营面积的合理与有效利用，如地面的形状起伏、变化给人一种空间与层次上的节奏美，能产生空间扩大的感觉。品禅茶社地面、墙面的处理，从视觉上给人以层次感。从木质到砖，从砖到细竹，在色调处理上层次丰富，有和谐的美感，仿佛历经沧桑的老茶馆。大厅区域统一铺设条形青色的地转，给人一种质朴的农家小院的感觉；包间采用方块青色地砖斜铺，和整个格调融为一体；卡座区安装实木复合地板，塑造一种院内小廊亭的感觉，与大厅区区分开；演艺台安装实木地板，看起来雅致、有档次，如图 8-11 所示。

图 8-11 过道地面

12）顶部设计

大厅的顶面采用极其简单的装饰手法，将原顶面刷上黑漆，再不规则地零星地散布一些小筒灯。在漆黑的屋顶，这些闪闪发光的小灯好似黑夜里的点点繁星。这正好符合了此设计中将外景引入室内的做法，如图8-12所示。

图8-12　顶部

顶部处于视线的焦点，无遮无掩的空间位置，使得顶部的景象夺目抢眼。顶部的装饰要点在于突出装饰元素，应用重复、断裂、交错、缩放、重叠、扭曲等手法，对装饰元素进行艺术演绎，形成艺术形体的阵势，体现出茶楼的艺术特点和文化品位。茶馆在装饰上大都采用吊顶的方法，以掩饰水泥板的大平面对视觉的影响。在布置上，四周与中部略有高低差别，并安置一些射灯以补光线之不足，使人有简洁明快的感觉。许多茶馆采用木方格平顶，且布置高低区块，或在顶部下垂部分花格，并在顶部及下垂部分缠绕青藤绿叶，营造绿叶浓荫氛围。

包间的顶面没有做过多的修饰，做了一个中间圆形镂空四周方形的吊顶，全部刷上白色乳胶漆，在环形部位装上暖色灯带，挂上中式吊灯，简洁大方，效果不错。品禅茶社的大厅设有一个表演台，表演台的正下方设置了一个沙丘庭院作为观演区。这是一个沙丘庭院，里面布置几组散座，四周种上竹子，顶面采用树枝造型板吊顶，还有鸟笼型的吊灯悬挂于树枝中，给人一种室外园林的感觉，很有情调。

13）墙面处理

茶艺馆的墙面设计与顶、地的平面处理比较，更要求突出视觉的赏心悦目。茶艺馆要营造使人流连顾盼的景观、轻松温馨的氛围、移步为景的环境，墙面的装饰艺术效果往往起着主要的作用。现代都市建筑用材大多是水泥、砖块、陶瓷与玻璃，特点是生冷、刚硬、单调与呆板，对心理产生的束缚和压抑感，难以生成松弛、悠闲的气氛。为了改善墙面的单调与呆板，茶艺馆的墙面处理比较讲究。如小型瀑布、攀壁植物，使壁面由刚变柔，由呆板变得生动；采用青砖、悬挂竹帘、纱窗、布幔等，也是茶楼墙面装饰常用手法。此外，还可根据各个区块的不同氛围，进行相应的布置。古典式墙面可用青砖叠砌而成，或在墙上面勾勒出青砖、青石的形状。也可别出心裁地在墙面上粘贴线装书的内容，供茶客细细观赏品味；或在整个墙面四壁布置上下实、中间虚的木门、木窗。富有乡村气息的茶馆大多在墙面上进行适当的材料装饰，有的用竹片、卵石或青竹做墙面。也有简单地直接用涂料装饰，色彩以淡雅的为主。许多茶馆的装饰是悬挂茶画、书法艺术品，或在墙面上开洞，设置各种形状的陈列柜；也有把博古架作为墙面的。为了使墙面在人们的视觉上有层次、有质感，可在墙上设屋檐，使之产生"粉墙黛瓦"的视觉效果；也可设置茅草屋檐、带树皮的木檐等，营造自然的乡村气息。

品禅茶社在大厅走道宽敞的空间营造出原汁原味的徽派氛围，特别是推开格栅窗可见郁郁葱葱的树林，有身临其境的感受。

品禅茶社大厅通道处包间外墙面的装饰效果图，墙面刷白营造一种院落围墙式的感觉，墙上挂有一幅茶马古道图，使白色的墙面不至于显得太单调。而且茶马古道图也会为茶社增添文化气氛。

14）立柱

茶馆中难免会有几根水泥柱子在空间通天入地，使人的视觉无法避开而心情大受影响。为了使柱子具有文化气息和艺术美感，就要进行艺术处理。可以在木柱上镶贴一些木雕纹饰或在上面缠绕青藤，也可用布、树皮做成仿树皮或在柱子上挂贴对联，这也是体现传统文化的一种手法。还可以改变柱子的形态，例如使它变得形状弯曲，仿制成大树。有的还把柱子扩大成方形的多宝格，四面陈列艺术品，采用射灯加强光线，使人们感觉不到水泥柱子的存在。也有在柱子外搭上方形的木框，让人只能隐约看出柱子与木框之间黑暗的中空，从而屏蔽柱子的存在。

15）局部修饰

局部设计的内容十分丰富，体现在茶楼装饰装修的各个方面，如布幔、竹帘、挂画、珠帘、屏风、竹篱、木栅、花草、树木、盆景及光线在茶楼的适度配置，缓冲通道与平面对视觉的影响，对建筑起到柔化作用，协调人工美与自然美，以植物的自然多姿形体隐蔽建筑的几何规则，使茶馆空间增添生气与和谐。品禅茶社的入口景观处就用了绿色的竹子缓和了生硬的青砖墙和青石板路，如图8-13所示。

图8-13 局部装饰

16）景象艺术营造

人们通常重视实的景观而很少关注虚化景象。其实，虚与实是会相互转变的。既有静态的又有动态的、变化的景观；既有实的景观又有虚化的景象，会极大地丰富人们品茶赏景的内容。

茶楼中应弥漫一种气氛，这种气氛可使人们通过耳朵、鼻子、身体而感觉到，比如插花的香气、烧檀香木的香气，又比如古琴、古筝的声音，或远山寺庙钟声悠扬，使人超越时空、回忆往昔、追抚历史，进入一种遐想，达到暂时的超脱。

茶馆虚化的景象是指声、光、影、色彩、色调、气、风、香等人们感觉得到但摸不着的事物，它们时时刻刻存在于人们的周围，通过嗅觉、听觉、触觉，引发人们的各种感觉、感受和感想。对虚化景象进行合适的设计、布置，对茶馆氛围的形成也起着十分重要的作用，它与硬件设施的投入相比，具有投资少、效益大的特点。

17）灯饰与光线艺术

茶楼装饰设计要求运用光线与影像形成一定的茶楼休闲氛围。茶楼灯饰布置及光线的设计大多选用漫射光。品禅茶社茶吧台上方安置两个方形艺术吊灯加强照明。大厅顶上一律采用小筒灯，制造一种繁星的效果。水池边上摆放小烛台以烘托气氛。走道拐角处设置落地方形艺术灯，不仅起到了装饰空间的作用，还起到了引路的作用。

在茶楼环境中，具备观赏性和需要展示的地方，光线可适当明亮些，如物品陈列处、演艺处、迎宾站立处、服务台、通道高低处、摆放茶食茶点处、门面处、牌照灯及绿化观赏树木等。而陪衬的地方，光线宜暗淡些。光源可以运用不同形状、色彩、高低、质地、光强度的灯笼、壁灯、烛光、台灯、挂灯、射灯。设置位置可以在室内外的顶上、地上、壁面、空中等地方，如图8-14所示。

18）陈列艺术

物品陈设是形成茶楼优雅环境、文化艺术氛围的重要手段。陈设方式有封闭式的橱窗、柜台陈设，有开放式的花架、阶梯、台面、博古架陈设，有可触摸式的实物陈设，有陈设与实用相结合的。陈设位置可在室外、外观橱窗、内部在壁面、柱旁、分隔、走廊两旁、窗台、茶几、茶桌等地

图8-14　灯饰与光线（附彩图）

方。陈设内容可谓"八仙过海，各显神通"。但不论何种陈设，都要求具有观赏价值、体现审美情趣，能衬托气氛而又不显繁杂零乱，与周围环境相谐调。陈设物品多围绕茶楼主题、民俗民风、茶饮文化、艺术情趣来选择。品禅茶社室内陈设品，佛头和佛手都带有浓浓的佛教色彩，切合了品禅茶社"禅"字的主题。通道处的瓷缸盆景为室内增添了一抹色彩。墙上挂的古画也给空间增添了一些艺术色彩。

本章小结

　　陈设设计是一个古老而现代的话题，它伴随着人类文明从远古走到现代。早期的人类社会在进行原始的宗教仪式时，可能要供奉一个图腾，如何放置这个图腾，也许萌发了最初的陈设意识。陈设艺术在人类的发展过程中，不断地完善，逐步形成了相对对立的体系。

　　陈设设计旨在调动空间中一切可能的媒介，强化空间的审美效果，丰富人们对空间的感性认识，展示空间特定的气质及个性。它不仅具有玩味观赏的作用，同时具有创造表现和潜移默化影响生存方式的意义，部分陈设还具备实用的功能。

　　过去人们总是习惯地把陈设理解为室内的点缀。随着历史文明进程的延续，陈设艺术本身的重要性日益显露。如果说室内空间是舞台的话，那么室内陈设扮演者传达空间内涵的重要角色，在室内空间广阔的背景上，展现瑰丽多姿的景象，并通过室内设计赋予空间特定的精神内涵。应该说，这种形式语言的传达是积极的、跳跃的，可以在室内陈设中获得有价值的对话。

　　人类只有一个地球，共同的环境安全和生存策略强烈地作用于我们。绿色生态的理念，在我们的思想深处已经牢牢地扎下根来。科技的不断发展与进步，给我们的文化带来极强的反作用力——高情感。陈设设计在回归自然和高情感两种合力的作用下，无疑要走上与自然与和谐的道路，这是历史发展的必然，也是人类发展的内在需要。

　　未来世界，陈设设计发展的趋向是：单纯、简约、回归自然。

　　我们期待陈设设计在中国文化振兴的大背景中，把我们的生活装点得更加美好。

第9章 室内人体工程学

9.1 人体工程学的含义和发展

人体工程学和环境心理学都是近数十年发展起来的新兴综合性学科。过去人们研究探讨问题，经常会把人和物（机械、设施、工具、家具等），人和环境（空间形状、尺度、氛围等）割裂开来，孤立地对待，认为人就是人，物就是物，环境也就是环境，或者是单纯地以人去适应物和环境对人们提出要求。现代室内环境设计日益重视人与物和环境，以人为主体的具有科学依据的协调。因此，室内环境设计除了依然十分重视视觉环境的设计外，对物理环境、生理环境以及心理环境的研究和设计也已予以高度重视，并开始运用到设计实践中去。

人体工程学是研究人（Man）、机器（Machine）及其工作环境（Environment）之间相互关系和相互作用的学科。它是从 20 世纪 50 年代开始迅速发展起来的一门新兴的边缘学科。人体工程学原本是研究人在操作过程中合理地、适度地劳动和用力的规律的一门学科。当然，该学科在自身发展过程中，有机地融入了其他相关学科的理论和方法，研究内容不断扩展，研究方法也不断完善。因此，人体工程学学科的名称和定义也是不断发展的。

美国人体工程学专家伍德（Charles C.Wood）对人体工程学所做的定义为："设备的设计必须适合人的各方面的因素，以便在操作上付出最少能耗而求得最高效率。"伍德森（Wosley. E.Woodson）认为："人体工程学研究的是人与机器相互关系的合理方案，即对人的知觉显示、操纵控制、人机系统设计和布置、作业系统的组合等进行有效的研究，其目的在于获得最高的效率及人在作业时感到安全和舒适。"著名的美国人体工程学家和应用心理学家查帕尼斯（A.Chapanis）则认为："人体工程学是在机器设计中考虑如何使人操作简便而又准确的一门学科。"美国学者桑德斯（Mark S.Sanders）和麦考密克（Ernest J.Mccormick）在《人的因素工程设计》一书中给出人体工程学的简要定义为："为人的使用而设计"和"工作和生活条件的最优化。"美国学者科罗默（K.H.E.Kroemer）等给出人体工程学的简要定义为："为适当地设计人的生活和工作环境而研究人的特性"和"工作的宜人化"。

人体工程学，又称为人类工效学（Ergonomics）、人类工程学（Human Engineering）等。人体工程学所研究的内容十分丰富，应用的范围极其广泛，又因为它是一门新兴学科，因而对本学科所下的定义有多种，而且随着该学科的发展，其定义也在不断变化。目前，比较全面、明确的定义有下面两个。

国际人体工程学学会的定义是：人体工程学是研究人在某种工作环境中的解剖学、生理学和心理学等方面的因素，研究人和机器及环境之间的相互作用，研究在工作中、家庭生活中和休假时怎样统一考虑工作效率、人的健康、安全和舒适等问题的学科。

我国对人体工程学下的定义是：人体工程学是一门新兴的边缘学科。它以人体测量学、生理学、心理学和生物力学以及工程学等学科作为研究方法和手段，综合地进行人体结构、功能、心理以及力学等问题研究的学科。用以设计使操纵者能发挥最大效能的机器、仪器和控制装置，并研究控制台上各个仪表的最适合位置。

由此可见，因研究和应用领域有所不同，对人体工程学学科的定义各有侧重。这也从一个侧面说明了该学科所涉及的学科和领域范围十分广泛，说明了人体工程学应用研究是系统地涉及和利用多个学科的知识和方法的。需要指出的是，尽管目前关于该学科的定义有多种，但在理论体系、研究对象和研究方法等方面并不存在根本上的区别，只是各有侧重。

9.2 人体工程学的基础数据和测量手段

1. 人体基础数据

人体基础数据主要有下列三个方面，即有关人体构造、人体尺度以及人体的动作域等的有关数据。

1) 人体构造

与人体工程学关系最紧密的是运动系统中的骨路、关节和肌肉，这三部分在神经系统支配下，使人体各部分完成一系列的运动。骨骼由颅骨、躯干骨、四肢骨三部分组成，脊柱可完成多种运动，是人体的支柱，关节起连接且能活动的作用，肌肉中的骨骼肌受神经系统指挥收缩或舒张，使人体各部分协调动作。

2) 人体尺度

人体尺度是人体工程学研究的最基本的数据之一。不同年龄、性别、地区和民族国家的人体，具有不同的尺度差别，如我国成年男子平均身高为1697mm，美国为1790mm，俄罗斯为1770mm，而日本则为1717mm。

3) 人体动作域

人们在室内各种工作和生活活动范围的大小，即动作域。它是确定室内空间尺度的重要依据因素之一。以各种计测的方法测定的人体动作域，也是人体工程学研究的基础数据。如果说人体尺度是静态的、相对固定的数据，人体动作域的尺度则为动态的，其动态尺度与活动情景状态有关。

室内设计时，人体尺度具体数据尺寸的选用，应考虑在不同空间的状态下人们动作和活动的安全性，以及对大多数人的适宜尺寸，并强调其中以安全为前提。如门洞高度、楼梯通行净高、栏杆扶手高度等，应取男性人体高度的上限，适当加以人体动态时的余量进行设计，对踏步高度、上搁板或挂钩高度等，应按女性人体的平均高度进行设计。

2. 人体生理计测

根据人体在进行各种活动时有关生理状态变化的情况，通过计测手段，予以客观的、科学的测定，以分析人在活动时的能量和负荷大小。

人体生理计测的主要方法如下。

（1）肌电图方法。把人体活动时肌肉伸缩的状态以电流图记录，从而可以定量地确定人体该项活动的活动强度和负荷。

（2）能量代谢方法。由于人体活动消耗能量而相应引起的耗氧量值，与其耗氧量相比，以此测定活动状态的强度。

（3）精神反射电流方法。对人体因活动而排出的汗液量作电流测定，从而定量地了解外界精神因素的强度，据此确定人体活动时的负荷大小。

3. 人体心理计测

心理计测的方法采用精神物理学测量法及尺度法等。

精神物理学测量法。用物理学的方法，测定人体神经的最小刺激量，以及感觉刺激量的最小差异。

尺度法。以顺序在心理学中划分量度，如在直线上划分线段，依顺序标定评语，例如可由专家或普通人相应地对美丑、新旧、优劣进行评测。

由于人体工程学是一门新兴的学科，人体工程学在室内环境设计中应用的深度和广度有待于进一步认真开发，目前已有的应用方面如下。

（1）确定人和人际在室内活动所需空间的主要依据。根据人体工程学中的有关计测数据，测定人的尺度、动作域、心理空间以及人际交往的空间等，以确定空间范围。

（2）确定家具、设施的形体、尺度及其使用范围的主要依据。家具设施为人所使用，因此它们的形体、尺度必须以人体尺度为主要依据；同时，人们为了使用这些家具和设施，其周围必须留有活动和使用的最小余地，这些要求都由人体工程学科学地予以解决。室内空间越小，停留时间越长，对这方面内容测试的要求也越高，如车厢、船舱、机舱等交通工具内部空间的设计。

（3）提供适应人体的室内物理环境的最佳参数。室内物理环境主要有室内热环境、声环境、光环境、辐射环境等，室内设计时有了上述要求的科学参数后，在设计时就有可能有正确的决策。

（4）对视觉环境设计提供科学依据。人眼的视力、视野、光觉、色觉是视觉的要素，人体工程学通过计测得到的数据，对室内光照设计、室内色彩设计、视觉最佳区域等提供了科学的依据。

9.3 人体测量

9.3.1 人体测量的分类

人体测量数据是人机系统设计的重要基础资料。根据设计目的和使用对象的不同，需要选用相应的人体测量数据。按测量内容，人体测量可分为以下四类。

1. 静止形态参数的测量

静止形态参数是指人在静止状态下，对人体形态进行各种测量得到的参数，其主要内容有人体尺寸测量、人体体型测量、人体体积测量等。静态人体测量可采取不同的姿势，主要有立姿、坐姿、跪姿和卧姿。

2. 活动范围参数的测量

活动范围参数是指人在运动状态下肢体的动作范围。肢体活动范围主要有两种形式，一种是肢体活动的角度范围，另一种是肢体所能达到的距离范围。通常，人体测量图表资料中所列出的数据都是肢体活动的最大范围，在产品设计和正常工作中所考虑的肢体活动范围，应当是人体最有利的位置，即肢体的最优活动范围，其数值远小于这些极限数值。

3. 生理学参数的测量

人的生理学参数是指人体的主要生理指标。其主要内容有人体表面积的测量、人体各部分体积的测量、耗氧量的测量、心率的测量、人体疲劳程度的测量、人体触觉反应的测量等。

4. 生物力学参数的测量

生物力学参数是指人体的主要力学指标。其主要内容有人体各部分质量与质心位置的测量、人体各部分转动惯量的测量、人体各部分出力的测量等。

9.3.2　人体测量的参照系

为了人体测量的需要，根据人体关节形态和运动规律，设定三个相互垂直的基准平面和三个相互垂直的基准轴作为人体测量的参照系，其命名和定义如图9-1所示。

1. 测量基准面

矢状面：沿身体正中对称地把身体切成左、右两半的铅垂平面，称为正中矢状面，与正中矢状面平行的一切平面，都称为矢状面。

冠状面：沿身体左右方向将身体切为前、后两部分的，彼此平行并垂直于矢状面的一切平面，都称为冠状面。

水平面：横切直立的身体、将人体分成上、下两个部分并垂直于矢状面和冠状面的一切平面，都称为水平面。

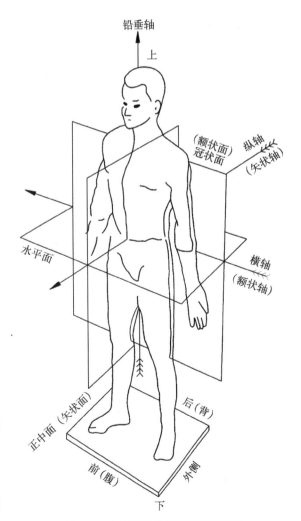

图9-1　人体测量的基准面和基准轴

2. 测量基准轴

铅垂轴：通过各关节中心并垂直于水平面的一切轴线，都称为铅垂轴或垂直轴。

矢状轴：通过各关节中心并垂直于冠状面的一切轴线，都称为矢状轴或纵轴。

冠状轴：通过各关节中心并垂直于矢状面的一切轴线，都称为冠状轴或横轴。

9.3.3 人体测量的项目和测量方法

1. 测量姿势

人体测量时，被测者必须保持规定的测量姿势，并且在裸姿情况下进行测量。测量时被测者的标准姿势有直立姿势（简称立姿）和正直坐姿（简称坐姿）两种。

立姿：被测者挺胸直立，头部以眼耳平面定位，眼睛平视前方，肩部放松，上肢自然下垂，手伸直，手掌朝向体侧，手指接触大腿的侧面，膝部自然伸直，左、右足后跟并拢，前端分开，使两足大致成45°夹角，体重均匀分布于两足。

坐姿：被测者挺胸坐在被调节到腓骨头高度的平面上，头部以眼耳平面定位，眼睛平视前方，左、右大腿大致平行，膝弯曲大致成直角，足平放在地面上，手轻放在大腿上。

2. 测量方向

人体上下方向：上方称为头侧端，下方称为足侧端。

人体左右方向：靠近正中矢状面的方向，称为内侧，远离正中矢状面的方向，称为外侧。

四肢方向：靠近四肢附着部位的方向，称为近位，远离四肢附着部位的方向，称为远位。

上肢方向：指向桡骨侧的方向，称为桡侧，指向尺骨侧的方向，称为尺侧。

下肢方向：指向胫骨侧的方向，称为胫侧，指向腓骨侧的方向，称为腓侧。

3. 测量项目

我国国家标准《人体测量术语》（GB 3975—1983）中规定了人体测量参数的测点和测量项目，其中，头部测点16个、测量项目12项；躯干和四肢部位的测点22个、测量项目69项，其中立姿40项，坐姿22项，手和足部6项，体重1项。《人体测量方法》（GB 5703—1985）中规定了适用于成年人和青少年的人体参数测量方法，对上述81个测量项目的具体测量方法和各个测量项目所使用的测量仪器都做了详细说明，凡是进行人体测量，必须严格按照该标准规定的测量方法进行测量，其测量结果才有效。

4. 支撑面和衣着

立姿测量时站立的地面或平台、坐姿测量时的座椅平面应当是水平、稳固、不可压缩的。要求被测者裸体或穿着尽量少的衣服（如只穿内裤和背心）进行测量，在后一种情况下，测量胸围时，男性应撩起背心，女性应松开胸罩后进行测量。

9.3.4　人体测量数据的统计特征

人群中个体与个体之间存在着差异，某一个或几个人的人体测量数据不能作为产品设计的依据。任何产品都必须适合一定范围的人群使用，产品设计中需要的是一个群体的人体测量数据。通常的做法是通过测量群体中较少量的个体样本的数据，再进行统计处理而获得所需群体的人体测量数据。

对一定数量的个体样本进行人体测量所得到的测量值，是零散的随机变量，可以根据概率论与数理统计理论对测量数据进行统计分析，求得群体人体测量数据的统计规律和特征参数，常用的统计特征参数有均值、方差、标准差、百分位数等。

人体测量的数据常以百分位数来表示人体尺寸的等级，百分位数是一种位置指标，一个界值，以符号 k 表示，一个百分位数将总体或样本的全部测量值分两部分，有 K% 的测景值等于或小于此数，有（100-K）% 的测量位大于此数。最常用的是第 5、50、95 这三个百分位数，分别记作 P5、P50、P95。其中，第 5 百分位数代表"小"身材的人群，指的是有 5% 的人群身材尺寸小于此值，而有 95% 的人群身材尺寸大于此值；第 50 百分位数代表"中等"身材的人群，指的是有 50% 的人群身材尺寸小于此值，而有 50% 的人群身材尺寸大于此值；第 95 百分位数代表"大"身材的人群，指的是有 95% 的人群身材尺寸小于此值，而有 5% 的人群身材尺寸大于此值。有些人体测量尺寸资料中，除了给出常用的第 5、50、95 三个百分位数的数据外，还给出其他百分位数的数据，如第 1、10、90、99 百分位数的数据等，其他百分位数的含义依此类推。

一般静态人体测量数据近似符合正态分布规律，因此，可以根据均值和标准差计算百分位数，也可以计算某一人体尺寸所属的百分位数。

若已知某项人体测量数据的均值为 $\overline{X}$，标准差为 σ，则任一百分位的人体测量尺寸 P_x 可按下式计算：

$$P_x = \overline{X} \pm \sigma K \qquad (9-1)$$

式中，K 为转换系数。

当求第 1~50 百分位之间的百分位数时，式中取"－"号；当求第 50~99 百分位之间的百分位数时，式中取"＋"号。设计中常用的百分位数和对应的转换系数值列于表 9-1。

表9-1　百分位数和对应的转换系数

百分比（%）	K	百分比（%）	K	百分比（%）	K
0.5	2.576	25	0.674	90	1.282
1.0	2.326	30	0.524	95	1.645
2.5	1.960	50	0.000	97.5	1.960
5	1.645	70	0.524	99	2.326
10	1.282	75	0.674	99.5	2.576
15	1.036	80	0.842		
20	0.842	85	1.036		

9.4 人体尺寸

9.4.1 我国成年人的人体结构尺寸

国家标准《中国成年人人体尺寸》（GB 1000—1988）按照人体工程学的要求提供了我国成年人人体尺寸的基础数据。标准中总共给出 7 类 47 项人体尺寸基础数据。成年人的年龄范围界定为男 18~60 岁；女 18~55 岁。人体尺寸按男、女性别分开列表，且各划分为三个年龄段：18~25 岁（男、女），26~35 岁（男、女），36~60 岁（男）、36~55 岁（女）。标准中用七幅图，分别表示项目的部位，相应用 13 张表分别列出各年龄段、各常用百分位的各项人体尺寸数据。

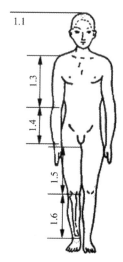

图9-2 人体主要尺寸

1. 人体的主要尺寸

人体主要尺寸包括身高、体重、上臂长、前臂长、大腿长、小腿长共六项，除体重外，其余五项主要尺寸的部位如图 9-2 所示。表 9-2 列出我国成年人的人体主要尺寸。

表9-2 人体主要尺寸

	男（18 ~ 60 岁）							女（18 ~ 55 岁）						
	1	5	10	50	90	95	99	1	5	10	50	90	95	99
身高 /mm	1543	1583	1604	1678	1754	1775	1814	1149	1484	1503	1570	1640	1659	1697
体重 /kg	44	48	50	59	71	75	83	39	42	44	52	63	66	74
上臂长 /mm	279	289	294	313	333	338	349	252	262	267	284	303	308	319
前臂长 /mm	206	216	220	237	253	258	268	185	193	198	213	229	234	242
大腿长 /mm	413	428	436	465	496	505	523	387	402	410	438	467	476	494
小腿长 /mm	324	338	344	369	396	403	419	300	313	319	344	370	376	390

2. 立姿人体尺寸

立姿人体尺寸包括眼高、肩高、肘高、手功能高、会阴高、胫骨点高共六项，这六项立姿人体尺寸的部位如图 9-3 所示，表 9-3 列出我国成年人的立姿人体尺寸。

表9-3 立姿人体尺寸

	男（18 ~ 60 岁）							女（18 ~ 55 岁）						
	1	5	10	50	90	95	99	1	5	10	50	90	95	99
眼高 /mm	1436	1471	1495	1568	1643	1664	1705	337	1371	1388	1454	1522	1541	1579
肩高 /mm	1244	1281	1299	1367	1435	1455	1494	1166	1195	1211	1271	1333	1350	1385
肘高 /mm	925	954	968	1024	1079	1096	1128	873	899	913	960	1009	1023	1050

	男（18～60岁）							女（18～55岁）						
	1	5	10	50	90	95	99	1	5	10	50	90	95	99
会阴高 /mm	701	728	741	790	840	856	887	648	673	686	732	779	792	819
胫骨点高 /mm	394	409	417	444	472	481	498	363	377	384	410	437	444	459

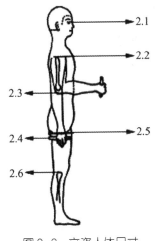

图9-3 立姿人体尺寸

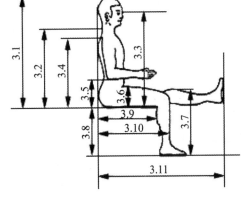

图9-4 坐姿人体尺寸

3. 坐姿人体尺寸

坐姿人体尺寸包括坐高、坐姿颈椎点高、坐姿眼高、坐姿肩高、坐姿肘高、坐姿大腿厚、坐姿膝高、小腿加足高、坐深、臀膝距、坐姿下肢长共11项，这11项坐姿人体尺寸的部位如图9-4所示。表9-4列出我国成年人的坐姿人体尺寸。

表9-4 坐姿人体尺寸

	男（18～60岁）							女（18～55岁）						
	1	5	10	50	90	95	99	1	5	10	50	90	95	99
坐高 /mm	836	858	870	908	947	958	979	789	809	819	855	891	901	920
颈椎点高 /mm	599	615	624	657	691	701	719	563	579	587	617	648	657	675
坐姿眼高 /mm	729	749	761	798	836	847	868	678	695	704	739	773	783	803
坐姿肩高 /mm	539	557	566	598	631	641	659	504	518	526	556	585	594	609
坐姿肘高 /mm	214	228	235	263	291	298	312	201	215	223	251	277	284	299
坐姿大腿厚 /mm	103	112	116	130	146	151	160	107	113	117	130	146	151	160
坐姿膝高 /mm	441	456	464	493	523	532	549	410	424	431	458	485	493	507
小腿加足高 /mm	372	383	389	413	439	448	463	331	342	350	382	399	405	417
坐深 /mm	407	421	429	457	486	494	510	388	401	408	433	461	469	485
臀膝距 /mm	499	515	524	554	585	595	613	481	495	502	529	561	570	587
下肢长 /mm	892	921	937	992	1046	1063	1096	826	851	865	912	960	975	1005

4. 人体水平尺寸

人体水平尺寸包括胸宽、胸厚、肩宽、最大肩宽、臀宽、坐姿臀宽、坐姿两肘间宽、胸围、腰围、臀围共 10 项，各部位如图 9-5 所示。表 9-5 列出我国成年人的人体水平尺寸。

表9-5　人体水平尺寸

	男（18～60岁）							女（18～55岁）						
	1	5	10	50	90	95	99	1	5	10	50	90	95	99
胸宽 /mm	242	253	259	280	307	315	331	219	233	239	260	289	299	319
胸厚 /mm	176	186	191	212	237	245	261	159	170	176	199	230	239	260
肩宽 /mm	304	320	328	351	371	377	387	304	320	328	351	371	377	387
最大肩宽 /mm	383	398	405	431	460	469	486	347	363	371	397	428	438	458
臀宽 /mm	273	282	288	306	327	334	346	275	290	296	317	340	346	360
坐姿臀宽 /mm	284	295	300	321	347	355	369	295	310	318	344	374	382	400
坐姿两肘间宽 /mm	353	371	381	422	473	489	518	326	348	360	404	460	478	509
腰围 /mm	762	791	806	867	944	970	1018	717	745	760	825	919	949	1005
腰围 /mm	620	650	665	735	859	895	960	622	659	680	772	904	950	1025
臀围 /mm	780	805	820	875	948	970	1000	795	824	840	900	975	1000	1044

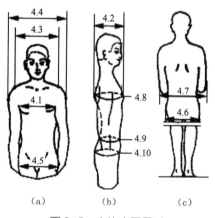

（a）　　　（b）　　　（c）

图 9-5　人体水平尺寸

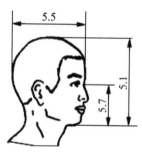
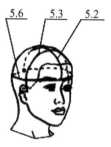

图 9-6　人体头部尺寸

5. 人体头部尺寸

人体头部尺寸包括头全高、头矢状弧、头冠状弧、头最大宽、头最大长，头围、形态面长共 7 项，如图 9-6 所示。表 9-6 列出我国成年人的人体头部尺寸。

表9-6　人体头部尺寸

	男（18～60岁）							女（18～55岁）						
	1	5	10	50	90	95	99	1	5	10	50	90	95	99
头全高/mm	199	206	210	223	237	241	249	193	200	203	216	228	232	239
头矢状弧/mm	314	324	329	350	370	375	384	300	310	313	329	344	349	358
头冠状弧/mm	330	338	344	361	378	383	392	318	327	332	348	366	372	381
头最大宽/mm	141	145	146	154	162	164	168	137	141	143	149	156	158	162
头最大长/mm	168	173	175	184	192	195	200	161	165	167	176	184	187	191
头围/mm	525	536	541	560	580	586	597	510	520	525	546	567	573	585
形态面长/mm	104	109	111	119	128	130	135	97	100	102	109	117	119	123

6.人体手部尺寸

人体手部尺寸包括手长、手宽、食指长、食指近位指关节宽、食指远位指关节宽共五项，这五项人体手部尺寸的部位如图9-7所示。表9-7列出我国成年人的人体手部尺寸。

表9-7　人体手部尺寸

	男（18～60岁）							女（18～55岁）						
	1	5	10	50	90	95	99	1	5	10	50	90	95	99
手长/mm	164	170	173	183	193	196	202	164	170	173	183	193	196	202
手宽/mm	73	76	77	82	87	89	91	67	70	71	76	80	82	84
食指长/mm	60	63	64	69	74	76	79	57	60	61	66	71	72	76
食指近位指关节宽/mm	17	18	18	19	20	21	21	15	16	16	17	18	19	20
食指远位指关节宽/mm	14	15	15	16	17	18	19	13	14	14	15	16	16	17

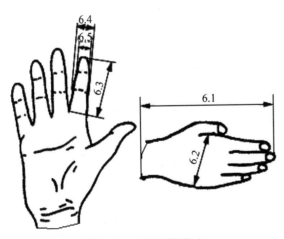

图9-7　人体手部尺寸

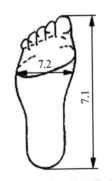

图9-8　人体足部尺寸

7. 人体足部尺寸

人体足部尺寸包括足长和足宽，如图 9-8 所示。我国成年人的足部尺寸如表 9-8 所示。

表9-8　人体足部尺寸

	男（18～60岁）							女（18～55岁）						
	1	5	10	50	90	95	99	1	5	10	50	90	95	99
足长 /mm	223	230	234	247	260	264	272	208	213	217	229	241	244	251
足宽 /mm	86	88	90	96	102	103	107	78	81	83	88	93	95	98

8. 中国六个区域人体尺寸的均值和标准差

中国地域辽阔，不同地区之间人体尺寸差异较大，故按人体测量尺寸资料将全国分为六个区域，各区域的名称及其覆盖的省、直辖市、自治区如下。

（1）东北、华北：黑龙江、吉林、辽宁、内蒙古、山东、北京、天津。

（2）西北：甘肃、青海、陕西、山西、四藏、宁夏、河南、新疆。

（3）东南：安徽、江苏、浙江。

（4）华中：湖南、湖北、江西。

（5）华南：广东、广西、福建。

（6）西南：贵州、四川、云南。

表 9-9 列出我国六个区域成年人的身高、胸围、体重的均值和标准差。

表9-9　中国六个区域人体尺寸的均值和标准差

项目		东北、华北		西北		东南		华中		华南		西南	
		均值	标准差	均值	标准差	均值	标准差	均值	标准差	均值	标准差	均值	标准差
男（18～60岁）	体重 /kg	64	8.2	60	7.6	59	7.7	57	6.9	56	6.9	55	6.8
	身高 /mm	1693	56.6	1684	53.7	1686	55.2	1669	56.3	1650	57.1	1647	56.7
	胸围 /mm	888	55.5	880	51.5	865	52.0	853	49.2	851	49.2	855	48.3
女（18～55岁）	体重 /kg	55	7.7	52	7.1	51	7.2	50	6.8	49	6.5	50	6.9
	身高 /mm	1586	51.8	1575	51.9	1575	50.8	1560	50.7	1549	49.7	1546	53.9
	胸围 /mm	848	66.4	837	55.9	831	59.8	820	55.8	819	57.6	809	58.8

在使用表 9-9 中三项数据时，如果需要选用合乎某地区的人体尺寸，可根据表中相应的均值和标准差，计算出对应的百分位数，然后依照百分位数从 GB 10000—1988 的有关表格中获得所需的人体尺寸数据。

9.4.2　我国成年人的人体功能尺寸

《中国成年人人体尺寸》（GB 10000—1988）中，只给出了成年人人体结构尺寸的基础数据，并没有给出成年人的人体功能尺寸。同济大学的丁玉兰教授对《中国成年人人体尺寸》标准中的人体测量基础数据进行了分析研究，导出了几项常用的人体功能尺寸以及人在作业位置上的活动空间尺度的数据。下面简要加以介绍和引用。

1. 人体功能尺寸

以设计中常用的第 5、50、95 百分位的成年男子为例，表 9-10 给出了几项人体功能尺寸数据。

表9-10　几项常用的人体功能尺寸

百分位	立姿双臂 展开宽度 /mm	立姿手伸 过头顶高度 /mm	坐姿手臂 前伸距离 /mm	坐姿腿 前伸距离 /mm
P5	1579	1999	781	957
P50	1690	2136	2136	838
P95	1802	2274	896	1099

2. 人的活动空间尺度

鉴于活动空间应尽可能适应绝大多数人使用，设计时应以高百分位人体尺寸为依据，所以取成年男子第 95 百分位的身高 1775mm 为基准。

立姿活动空间。人的立姿活动空间不仅取决于人的身体尺寸，而且取决于保持身体平衡的要求，在脚的站立位置不变的条件下，应限制上身和手臂的活动范围，以保持身体的平衡。以此要求为根据，可确定立姿活动空间的人体尺度，如图 9-9 所示。图 9-9（a）为正视图，零点位于正中矢状面上。图 9-9（b）为侧视图，零点位于人体背点的切线上，人的背部贴墙站直时，背点与墙接触。以垂直切线与站立平面的交点作为零点。

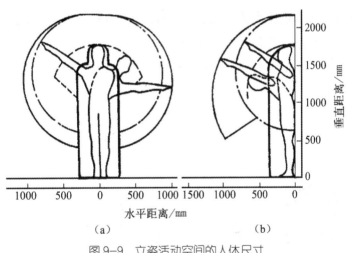

图 9-9　立姿活动空间的人体尺寸

图 9-9 中，粗实线表示人稍息站立时的身体轮廓，已将保持身体姿势所必需的平衡活动考虑在内；虚线表示头部不动，上身自髋关节起前弯、侧弯时的活动空间；点画线表示上身不动时手臂的活动空间；细实线表示上身一起活动时手臂的活动空间。

坐姿活动空间。按照确定立姿活动空间同样的原则，以保持身体的平衡要求为根据，可确定坐姿活动空间的人体尺度，如图 9-10 所示。图 9-10（a）为正视图，零点位于正中矢状面上。图 9-10（b）为侧视图，零点位于经过臀点的垂直线上，以该垂直线与脚底平面的交点作

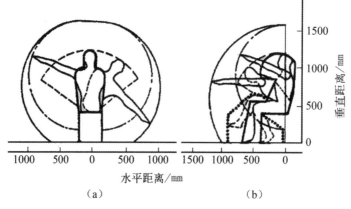

图 9-10　坐姿活动空间的人体尺寸

为零点。图 9-10 中，粗实线表示上身挺直，头向前倾时的身体轮廓，已将保持身体姿势所必需的平衡活动考虑在内；虚线表示上身自髋关节起向前、向侧弯曲的活动空间；点画线表示上身不动，自肩关节起手臂向上和向两侧的活动空间；细实线表示上身从髋关节起向前、向两侧活动时，手臂自肩关节起向上和向两侧的活动空间；连续圆点线表示自髋关节、膝关节起腿的伸、曲活动空间。

单腿跪姿的活动空间。按照确定立姿活动空间同样的原则，以保持身体的平衡要求为根据，可确定单腿跪姿活动空间的人体尺度，如图 9-11 所示。

取跪姿时，承重膝要常更换，由一膝换到另一膝时，为确保上身平衡，要求活动空间比基本位置大。图 9-11（a）为正视图，零点在正中矢状面上。图 9-11（b）为侧视图，零点在人体背点的切线上，以垂直切线与跪平面的交点为零点。图 9-11 中，粗实线表示上身挺直、头向前倾时的身体轮廓，已将保持身体姿势稳定所必需的平衡动作考虑在内；虚线表示上身自髋关节起向侧弯曲的活动空间；点画线表示上身不动，自肩关节起手臂向前、向两侧的活动空间；细实线表示上身从髋关节起向前、向两侧活动时，手臂自肩关节起向前、向两侧的活动空间。

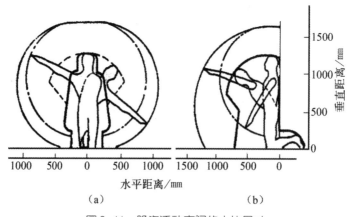

图 9-11　跪姿活动空间的人体尺寸

仰卧姿势活动空间：仰卧姿势活动空间的人体尺度如图 9-12 所示。

图 9-12（a）为正视图，零点位于正中央中垂平面上。图 9-12（b）为侧视图，零点位于经过

头顶的垂直切线，以该垂直切线与仰卧平面的交点作为零点。图9-12中，粗实线表示背朝下仰卧时身体的轮廓；点画线表示自肩关节起手臂伸直的活动空间；连续圆点线表示腿自膝关节弯起的活动空间。

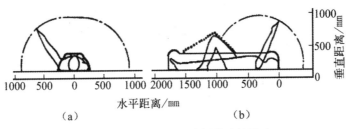

图9-12　仰卧姿活动空间的人体尺寸

3. 肢体活动的角度范围

人体活动部位有头、肩胛骨、臂、手、大腿、小腿和足，这些部位的活动方向和角度范围如图9-13所示。

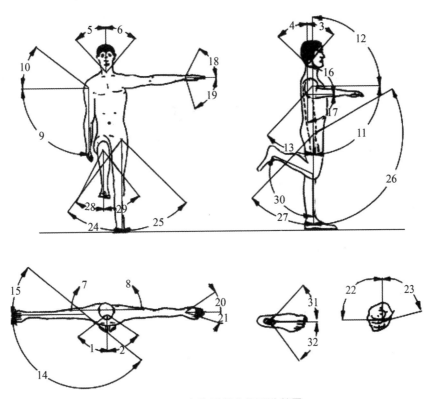

图9-13　人体各部分的活动范围

9.4.3　人体参数的计算方法

设计中所必需的人体数据，当没有条件测量、直接测量有困难或者为了简化人体测量的过程时，可根据人体的身高和体重等基础测量数据，利用经验公式计算出所需的其他各部分的数据。

1. 由身高计算各部位的尺寸

正常成年人人体各部位的尺寸之间存在一定的比例关系，因而常以站立姿势的平均身高作为基本依据来推算各部位的结构尺寸。于玉兰教授根据 GB 10000—1988 标准中的人体测量基础数据，推导出我国成年人各部位的尺寸与身高（H）的比例关系，如图 9-14 所示。不同国家人体尺寸的比例关系是不同的，图 9-14 不适用于其他国家人体结构尺寸的计算。

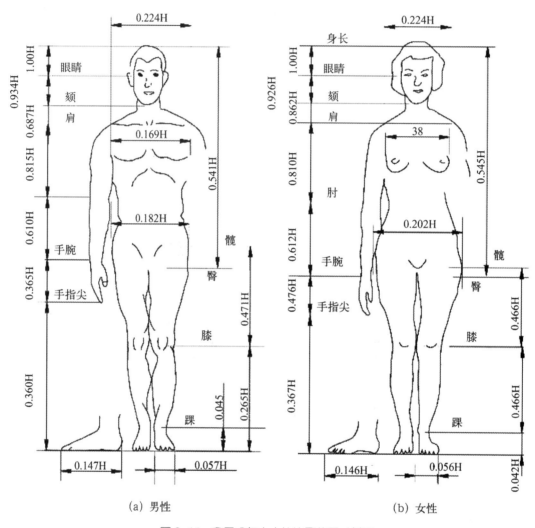

(a) 男性　　　　　　　　(b) 女性

图 9-14　我国成年人人体比例的尺寸关系

2. 由体重、身高计算人体体积和表面积

人体体积和表面积虽因人的胖瘦和体型不同而不同，但作为社会人群来考虑，可以以体重、身高作为基本依据，用经验公式进行计算。

3. 由身高、体重、体积计算人体生物力学参数

知道人的身高 H（cm）、体重 M（kg）、体积 V（L）之后，可用经验公式计算出人体生物力学参数的近似值。

9.5 人体测量尺寸的应用

在室内设计中需要有关人体尺度的数据时，设计者必须正确理解各项人体测量数据的定义、适用条件、人体百分位选择等方面的基本知识，才能恰当选择和应用各种人体参数。否则，有的数据可能被误解，如果使用不当，甚至可能导致严重的设计错误。

9.5.1 人体尺寸测量数据的修正

1. 功能修正量

为了保证实现产品或工程系统的某项功能，对作为产品或工程系统尺寸设计依据的，从标准或资料中查得的人体尺寸测量数据所做的尺寸修正量，称为功能修正量。首先，依据人体测量的原理，所有人体测量尺寸数据都是在裸体或只穿单薄内衣的条件下测得的，测量时不穿鞋或只穿拖鞋，而产品设计或工程系统设计中所涉及的人体尺寸应该是在穿衣服、穿鞋甚至戴帽情况下的人体尺寸，因此，采用《中国成年人人体尺寸》（GB 10000—1988）中的表列数据或其他有关的人体测量尺寸数据时，必须考虑由于穿鞋、戴帽引起的高度变化量和由于穿衣服引起的围度、厚度变化量，考虑这方面因素而给出的修正量，称为着装修正量。其次，人体测量时要求人体躯干采取挺立姿势，而人在正常作业时，躯干呈自然放松姿势，因此还要考虑出于姿势不同所引起的变化量，考虑这方面的因素而给出的修正量，称为姿势修正量。

着装修正量随气候、环境、作业要求、人的年龄和性别、服装和鞋帽式样等条件的不同而变化，应根据具体情况，通过调研、分析或实验的方法加以确定。例如，着衣修正量主要依据衣、裤的厚度来确定，若衣厚为5mm，裤厚为4mm，则可将坐姿时的坐高、眼高加4mm，肩高加9mm，胸厚加10mm，臀膝距加8mm；穿鞋修正量主要依据鞋高来确定，若鞋高为25mm，则可将站姿时的身高、眼高、肩高、肘高加25mm。姿势修正量一般可将立姿时的身高、眼高等尺寸减10mm，坐姿时的坐高、眼高等尺寸减40mm。对于人体某部分直接穿戴的产品，如服装、鞋、帽、手套等，其尺寸设计常常需要比穿戴它的人体部分的结构尺寸多出适当的放余量，这种情况下，放余量就是功能修正量。功能修正量通常为正值，但有时也可能为负值。

2. 心理修正量

为了消除空间压抑感、恐惧感或为了追求美观等心理需要而对作为产品或工程系统尺寸设计依据的、从标准或资料中查得的人体尺寸测量数据所做的尺寸修正量，称为心理修正量。

心理修正量通常针对具体设计对象，用心理学实验的方法来确定。例如在设计护栏高度时，对于3~5m高的工作平台，只要栏杆高度略微超过人体重心高度，就不会发生因人体重心高所致的跌落事故，但对于高度更高的工作平台，操作者在这样高的平台栏杆旁边，就可能因恐惧心理而产生足"发酸、发软",手掌心和腋下"出冷汗"等心理障碍,患恐高症的人甚至会晕倒,因此,必须将栏杆高度进一步加高才能克服上述心理障碍,栏杆的加高量就属于心理修正量。

9.5.2 人体身高尺寸在设计中的应用方法

人体尺寸主要决定人机系统的操纵是否方便、舒适、宜人。因此,各种工作面高度、设备和用具的高度(如操纵台、工作台、操纵件的安装高度以及用具的设置高度等),都要根据人的身高来确定。以身高为基准确定工作面高度、设备和用具高度的方法,通常是将设计对象归类成若干典型的类型,建立设计对象的高度与人体身高的比例关系,以供设计人员选择和查用。表9-11给出一些以身高为基准的设备高度尺寸的参考数据,表中各代号的定义如图9-15所示。

表9-11 工作台面或设备的高度与人体身高的比例关系

代号	工作台面或设备高度的定义	工作台面或设备高度与人体身高之比
1	眼睛能够望见设备的高度(上限值)	10/11
2	能够挡住视线的高度	33/34
3	立姿手上举能够抓握的高度	7/6
4	立姿用手能放进和取出物品的台面高度	8/7
5	立姿工作台面高度的上限	9/11
6	立姿工作台面高度的下限	4/9
7	操作用座椅的高度	4/17
8	坐姿控制台高度	7/17

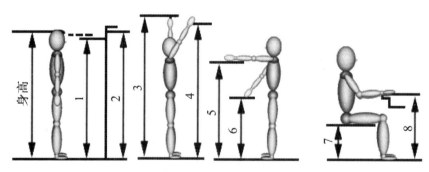

图9-15 以身高为基准确定工作台面或设备的高度

表9-12给出更多以身高为基准的设备高度尺寸的参考数据，表中各代号的定义如图9-16所示。

表9-12　设备及用具的高度与身高的关系

代号	定义	设备高与身高之比
1	举手达到的高度	4/3
2	可随意取放东西的搁板高度（上限值）	7/6
3	倾斜地面的顶棚高度（最小值，地面倾斜度为5°~15°）	8/7
4	楼梯的顶棚高度（最小值，地面倾斜度为25°~35°）	1/1
5	遮挡住直立姿势视线的隔板高度（下限值）	33/34
6	直立姿势眼高	11/12
7	抽屉高度（上限值）	10/11
8	使用方便的搁板高度（上限值）	6/7
9	斜坡大的楼梯的天棚高度（最小值，倾斜度为50°左右）	3/4
10	能发挥最大拉力的高度	3/5
11	人体重心高度	5/9
12	采取直立姿势时工作面的高度	6/11
13	坐高（坐姿）	6/11
14	灶台高度	10/19
15	洗脸盆高度	4/9
16	办公桌高度（不包括鞋）	7/17
17	垂直踏棍爬梯的空间尺寸（最小值，倾斜80°~90°）	2/5
18	手提物的长度（最大值）	3/8
19	使用方便的搁板高度（下限值）	3/8
20	桌下空间（高度的最小值）	1/3
21	工作椅的高度、轻度工作的工作椅高度	3/13
22	轻度工作的工作椅高度 *	3/14
23	小憩用椅子高度 *	1/6
24	桌椅高差	3/17
25	休息用的椅子高度 *	1/6
26	椅子扶手高度	2/13
27	工作用椅子的椅面至靠背点的距离	3/20

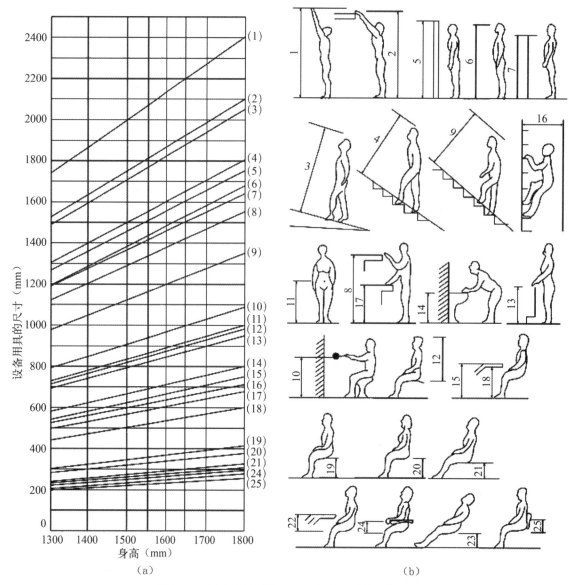

图 9-16 以身高为基准确定工作台面或设备的高度

9.6 应用研究——洛阳雅香楼面包糕点房室内环境设计

1. 功能分区

设计定位：面包房、水吧、书吧的复合式面包房。一楼为面包房，二楼为书吧和经理办公室。

一楼主要有卡座区、面包展示区、吧台区、烘焙间、厨房和楼梯间，主要功能是制作面包、展示面包、出售（购买）面包、品尝面包、休闲娱乐。

二楼为休闲阅读区和室和经理办公室，主要功能是阅览图书、休闲娱乐和办公。

2. 展示区

一楼是雅香楼面包房，入口处正对展示区，如图 9-17 所示。

展示区分为以下两部分。

（1）正对的木质展示墙，墙上用同材质的木条制作造型。造型采用向上的植物造型，在设计中没有用重复的装修，重复的色彩，只是单纯地使用木本色、白色和黑色定义功能区域，使人想到大片的森林，塑造了一种宁静、安详的氛围。

造型墙前面是两层的木质面包柜，展示蛋糕模型，木材纹理与背景墙互相协调，面包柜上面是北欧风格的吊灯，精练简洁，线条明快，造型紧凑，具有很强的实用功能。外面使用螺旋纹理的玻璃灯罩，内部为节能灯，简洁大方，造型别致，做工精细。

（2）左侧墙内置的展示柜，采用大面积的玻璃窗，外镶嵌黑色玻璃外框，里面展示仿真的招牌面包，一方面是对企业形象的一种展示；另一方面，满足了人们追求新奇的心理态度。

3. 吧台区

吧台区域具有浓郁的北欧风格，主要体现在材质的选择上，如图9-18所示。

采用木制家具、砖石等朴实自然的质感组合，给整个硬朗线条的空间带来了亲和力。吧台为木质的，上面镶嵌白色大理石台面。上置木质柜子封顶，吧台背景墙采用竖立条纹植物造型暗色壁纸，与原木柜子协调统一。吧台前设计一组枫木材质的圆形吧台椅，给硬朗的空间带来了曲线感，柔软了整个吧台区域。在功能上，可以供顾客休息、聊天、品尝饮料。吧台上是一组吊灯，具有浓郁的北欧风格，运用减法原理，去掉多余的细节元素，留下简单的玻璃灯罩和金属灯杆的组合，减少一切不必要的装饰。

图9-17 入口展示区（附彩图）

图9-18 吧台区

图9-19 卡座区一

旁边是一排枫木木纹的面包架，上面为售卖的面包，方便了顾客去吧台结账，非常方便、合理。

4. 休闲卡座区

室内靠近窗户的两侧是两组卡座区。一组为半圆形北欧风格的沙发。曲线形弧度给简洁、硬朗的空间带来了亲和力，这一点遵循了北欧风格的一贯特点；另外，围合沙发给人带来舒适感和安全感，这是从人体工程学这一方面考虑的。在落地窗前设置一排木制的镂空板，保证了卡座区的私密性，阳光从空隙中打进来，能够塑造出特别的光影效果，丰富整个空间，如图9-19所示。

图 9-20　卡座区二

图 9-21　楼梯间（附彩图）

另一组为 4 人座椅，这一片区域具有浓郁的中式意境，如图 9-20 所示。设计者在靠窗的一侧设置大理石池子和青竹，体现了中式风格的意境。楼梯间的设计是一个亮点，其提取了传统中式元素的明式家具、窗框，设置水景、放置荷花等植物，简单大方，同时体现了中式的意境。宗白华先生在《美学散步》中指出："主观的生命情调与客观的自然景象交融互渗，成就的灵境是构成艺术之所以为艺术的意境，他将意境称之为中国古代画家诗人艺术创作的中心之中心"。用木栏杆的吊顶，下面用大理石堆砌水池，种植竹子，从室外看过去，室内布置，若隐若现，若有若无，体现了中国式的朦胧美。从室内来看，与卡其布纹的椅子、枫木吊顶、深颜色的仿古砖互相统一，营造了一种意境美。

5. 楼梯间

中式风格作为中国的地域性风格，在这个空间中得到了应用。设计中最重要的是中式风格的提取。在设计的市场调查阶段，设计者去苏州博物馆参观。作为新中式风格的典型代表，苏州博物馆采用了传统的粉墙黛瓦、木材、窗框等中式元素，却成功地演绎出现代感。中式风格并不是将中式的东西堆砌到空间里面，更多的应该是提取、营造一种意境。在楼梯间的设计中，设计者成功地运用了这一点，借鉴了苏州博物馆的楼梯，使用石材淋漓尽致地体现了新中式风格。

楼梯间的观景台采用了黑胡桃的明式家具，在白墙上面设置冰裂纹窗框，具有浓郁的中式风格，简约而协调。设计者利用楼梯下面的区域堆砌台子，置石设水，种植荷花等植物，在白墙上用灰色瓷砖绘画，此时，置身其外的观赏者看来，犹如一幅中国写意画，此时白墙就是画纸，砖石的形态表现得淋漓尽致，给人以无限的想象空间，传达一种简约的中式意境，如图 9-21 所示。

6. 书吧

二楼是一个小型书吧。书吧有左、右两个休闲阅读区，一侧借鉴图书馆的模式，设置地台抬高，利用木质书架围合成一个区域，中间设置长条状的书桌和椅子，可供多人阅览图书。右边靠窗的区域设置四个人座椅和两个人座椅，中间用杂志架划分出通往经理办公室与和室的走廊区域。

1）休闲阅读区

该区域整体使用地台抬高，三面围合木质书架，书架的纹理是原木木纹的，简约实用，中间使用长条桌椅。北欧室内设计风格，轻装修，重装饰，在简单的巨石空间中创造生动的生活细节。如果仅仅使用简约的家具，整个空间会显得十分单调，使用一些装饰品和植物，空间立刻便生动起来了。在设计中在重视实用性的同时，更加注重舒适性和艺术效果。从装饰材料的健康、舒适、节能和环保，到采光方面自然光与灯光的有机结合，从桌椅的尺寸及形状到书吧布局，都尽量避免给人以单调沉闷的感觉。在设计中使用有机造型的家具，使用布艺坐垫给人带来更多的舒适体验。使用挂画和植物来装饰空间，给人温暖的心理感受，如图9-22所示。

图9-22　休闲阅读区一

中国的明代家具与北欧的家具设计在思想理念上有很多相似之处。明代家具强调功能、人文的设计，这与北欧设计有机功能设计思想可谓异曲同工。

本区域选择的家具具有明代家具质地坚硬、纹理优美、结构严谨、造型优美、功能实际、装饰适度这几个特点，同时兼具北欧的装饰性与实用性。

色彩上使用不同的木材色彩，桌椅使用白色檀木纹理，书架使用枫木，地板使用楠木，用同材质的不同纹理达成了变化中的统一，如图9-23所示。

图9-23　休闲阅读区二

2）和室

二楼包间接待室为和室，大量使用木材体现自然简约。使用榻榻米、日式推拉门、百叶窗以及插花等装饰来体现风格。室内家具本身非常简单，只有矮桌和简单的灯具、挂画。如果单单如此，这个区域一定显得很单薄，缺乏色彩和升级，但是设计者将陈设作为装修最重要的部分：一组茶具整个空间

图9-24　和室

带来了色彩，两束含苞待放的植物给整个空间增添了生气。墙角的植物既是室内生机的来源，也象征着北欧人对大自然无限的热爱和重视态度，同时白色又与装修风格取得一致，看起来美观又和谐，如图9-24所示。

3）经理办公室

经理办公室以"简约自然"和"以人为本"为设计理念，以其完美的空间运用、材料选择、颜色搭配、适当的比例和光线配合，来达到简洁自然的目的。利用百叶窗引进大自然的阳光、空气和树木，把

图 9-25　经理办公室（附彩图）

图 9-26　休闲区

满腔闲情融入浓淡有致的碧青和原木中，让人在紧迫的城市生活节奏下享受那难得的一刻闲暇。利用简洁家具布局把原有的空间净化，把室内的气质和品位含蓄地表现出来。使用木材质减少一切不必要的装饰。以深木色与米白色的家具组合缔造中国的古品书香。墙面上的条纹壁纸和挂画更是彰显了品位，同时丰富了整个空间，如图 9-25 所示。

在设计中运用了三种风格——北欧风格、日式风格和中式风格。三种风格均采用木材和石材，主张简约自然，体现文化意境，在设计过程中彼此吸取借鉴，并且自身带有浓烈的地域性。

室内地域性特征是地域文化作用于室内设计而呈现的地方气质特征，具体通过形式、色彩、材料体现出来。设计师应当注意不仅要把握住形式、色彩、材料在不同地域所呈现的不同外在特征，而且要把握住隐蔽其后的文化底蕴，不能只满足于表面形式的直接引用，要把握地域文化命脉，用新材料、新观念、新工艺去演绎和表现它，从其他国家的设计中吸取借鉴，从而拓展和延续传统地域性设计，才是最终的成功，如图 9-26 所示。

本章小结

对室内设计来说，人体工程学主要依据居住者的使用需求、心理特征等方面从功能和形式上加以满足，从而使室内环境因素适应居住者生活和活动需求，提高居室环境质量。

人体工程学在室内设计中的作用主要体现在以下几方面：为确定空间范围提供依据；为家具设计提供依据；为确定感觉器官的适应能力提供依据。

"为人服务，以人为本"是人体工程学所追求的最终目标。人体工程学强调在以人为主体的前提下研究人们的一切行为与生活。从室内设计的角度对人体工程学进行分析，对目前使用的人体工程学标准，对人体尺度、行为区域及环境心理学所产生的影响兼顾考虑。注重以人为本，倡导人性化的工作与生活环境，从而创造更适宜人类生存的环境。

人体工程学在室内设计过程中是一个全面的依据。无论是空间的组织、色彩、光线的处理或是各种界面的装饰设计，都要把它作为一个原则去贯穿，这样整个居室才能达到和谐一致，达到功能与形式的完美统一，真正做到设计的"以人为本"。

第 10 章　室内家具设计

10.1　家具的发展

家具是人们生活的必需品，不论是工作、学习、休息，还是坐、卧、躺，都离不开相应家具的依托。此外，在社会、家庭生活中的许多各式各样、大大小小的用品，也均需要相应的家具来收纳、隐藏或展示。因此，家具在室内空间中占有很大的比例和很重要的地位，对室内环境效果起着重要的影响。

家具的发展与当时社会的生产技术水平、政治制度、生活方式、风格习俗、思想观念以及审美意识等因素有着密切的联系。家具的发展史也是一部人类文明、进步的历史缩影。

1. 我国传统家具

根据象形文、甲骨文和商、周代铜器的装饰纹样推测，当时已经产生了几、榻、桌、案、箱、柜的雏形。河南信阳春秋战国时代楚墓的出土文物及湖南长沙战国墓中的漆案、雕花木几和木床，反映当时已有精美的彩绘和浮雕艺术。从商周到秦汉时期，由于人们以席地跪坐方式为主，因此家具都很矮。从汉代的砖石画像上可知，屏风已得到广泛使用。从魏晋南北朝时期，在晋朝顾恺之的《洛神赋图》中看，当时已有餐榻，敦煌壁画中凳、椅、床、塌等家具尺度已加高。一直到隋唐时期，逐渐由席地而坐过渡到垂足坐在椅子上。唐代已制作了较为定型的长桌、方凳、腰鼓凳、扶手椅、三折屏风等。可从南唐宫廷画院顾闳中的《韩熙载夜宴图》及周文矩的《重屏绘棋图》中看到各种类型的几、桌、椅、靠背椅、三折屏风等。至五代时，家具在类型上已基本完善。宋朝时期，从绘画（如宋苏汉臣的《秋庭婴戏图》）和出土文物中看出，高型家具已普及，人们由垂足而坐代替了席地而坐，家具造型轻巧，线脚处理丰富。北宋大建筑学家李诫完成了有 34 卷的《营造法式》巨著，并影响到家具的结构形式，采用类似梁、枋、柱、雀等形式。元代在宋代的基础上有所发展。

明、清时期，家具的品种和类型已都齐全，造型艺术也达到了很高的水平，形成了我国家具的独特风格。明清时期海运发达，东南亚一带的木材，如黄花梨、紫檀等进入我国。园林建筑也十分盛行，而特种工艺，如丝、雕漆、玉雕、陶瓷、景泰蓝也日趋成熟，为家具陈设的进一步发展提供了良好的条件。

明式家具品类繁多，可粗略划分成以下六大类。

（1）椅凳类：有官帽椅、灯挂椅、靠背椅、圈椅、交椅、机凳、圆凳、春凳、鼓墩等。

（2）几案类（承具类）：有炕桌、茶几、香几、书案、平头案、翘头案、条案、琴桌、供桌、八仙桌、月牙桌等。

柜橱类：有闷户橱、书橱、书柜、衣柜、顶柜、亮格柜、百宝箱等。

床榻类：有架子床、罗汉床、平榻等。

台架类：有灯台、花台、镜台、面盆架、衣架、承足（脚踏）等。

屏座类：有插屏、围屏、座屏、炉座、瓶座等。

明代家具在我国历史上占有最重要的地位，以形式简捷、构造合理著称于世。其基本特点如下。

（1）重视使用功能，基本上符合人体科学原理，如座椅的靠背曲线和扶手形式。

（2）家具的构架科学，形式简捷，构造合理，做工精细不论从整体或各部件分析，既不显笨重，又不过于纤弱。之所以能够达到这种水平，与明代发达的工艺技术分不开。工欲善其事，必先利其器。用硬木制成精美的家具，是由于有了先进的木工工具，明代冶炼技术已相当高超，生产出锋利的工具。当时的工具种类也很多，如刨就有推刨、细线刨、蜈蚣刨等；锯也有多种类型，"长者剖木，短者截木，齿最细者截竹"等。

（3）在符合使用功能、结构合理的前提下，根据家具的特点进行艺术加工，造型优美，比例和谐，重视天然材质纹理、色泽的表现，不加油漆涂饰，表面处理用打蜡或涂透明大漆。选择对结构起加固作用的部位进行装饰，没有多余冗繁的、不必要的附加装饰。这种正确的审美观念和高明的艺术处理手法，是中外家具史上罕见的，达到了功能与美学的高度统一。即使在今天，与现代家具相比也毫不逊色，并且沿用至今。明代家具常用黄花梨、紫檀、红木、楠木等硬性木材，并采用了大理石、玉石、贝螺等多种镶嵌艺术。

明代的能工巧匠有利刃在手，创造了不少新造型、新品种、新结构的家具。明式家具采用框架式结构，与我国独具风格的木结构建筑一脉相承，依据造型的需求创造了明榫、闷榫、格角榫、半榫、长短榫、燕尾榫、夹头榫以及"攒边"技法、罗锅撑等多种结构，既丰富了家具的造型，又使家具坚固耐用。虽经几百年至今，我们仍能看到实物。总之，明式家具制造业的成就是举世无双的，许多西方设计家为之倾倒。明式家具的独到之处是多方面的，工艺美术家田自秉教授用四个字来概括它的艺术特色，即"简、厚、精、雅"。简，是指它的造型简练，不烦琐、不堆砌，比例尺度相宜、简洁利落、落落大方。厚，是指它形象浑厚，具有庄穆、质朴的效果。精，是指它做工精巧，一线一面，曲直转折，严谨准确，一丝不苟。雅，是指它风格典雅，令人耐看，不落俗套，具有很高的艺术格调。

清代家具趋于华丽，重雕饰，并采用更多的嵌、绘等装饰手法，于现代观点来看，显得较为烦冗，但由于其装饰精美、豪华富丽，在室内起到突出的装饰效果，仍然获得不少中外人士的喜欢，在许多场合下至今还在沿用，成为我国民族风格的又一杰出代表。

2. 国外古典家具

1）古埃及、古希腊、古罗马家具

（1）古埃及。

首次记载制造家具的是古埃及人。古埃及人较矮，并有蹲坐的习惯，因此座椅较低。

古埃及的家具在艺术造型与工艺技术都达到了很高的水平，造型以对称为基础，比例合理、外观富丽堂皇而威严，装饰手法丰富，雕刻技艺高超。桌、椅、床的腿常雕成兽腿、牛蹄、狮爪、鸭嘴等形象。装饰纹样多取材于尼罗河两岸常见的莲花、芦苇、鹰、羊、蛇、甲虫等形象。家具的木工技艺也达到一定的水平，已出现较完善的裁口榫接合结构，镶嵌技术也相当熟练。家具装饰色彩与古埃及壁画一样，除金、银、象牙、宝石的本色外，在家具表面多样以红、黄、绿、棕、黑、白等色。

古埃及家具为后世的家具发展奠定了良好的基础，直接影响了后来的古希腊与古罗马家具，到了19世纪，它又再次影响了欧洲的家具，可以说，古埃及家具是欧洲家具发展的先行者和楷模，直至今天，仍对我们的家具设计、建筑设计、室内设计有着一定的借鉴和启发作用。

（2）古希腊。

古希腊建筑反映着平民文化的胜利与民主的进步，从圣地建筑群和庙宇型的演进，木建筑向石建筑的过渡和建筑柱式的演进，以雅典卫城建筑群为代表达到了古典建筑艺术的光辉灿烂的高峰。尤其值得推崇的是，古希腊人根据人体美的比例获得灵感，创造了三种经典的永恒的柱式语言：多立克式（Doric）、爱奥尼式（Lonic）和科林斯式（Corinth），成为人类建筑艺术中的精品。

古希腊家具与古希腊建筑一样，由于平民化的特点，具有简洁、实用、典雅的众多优点，尤其是座椅的造型呈现优美曲线的自由活泼的趋向，更加舒适。家具的腿部常采用建筑的柱式造型并采用旋木技术，推进了家具艺术的发展。令人非常可惜的是繁荣的古希腊没有留下一件家具实物，我们今天只能在古希腊的故事石雕和彩陶瓶中略窥一斑。古希腊家具也是欧洲古典家具的源头之一，它体现了功能与形式的统一，线条流畅，造型轻巧，为后世人所推崇。

（3）古罗马。

古希腊晚期的建筑与家具成就由古罗马直接继承，古罗马人把它向前大大推进，达到了奴隶制时代建筑与家具艺术的巅峰。古罗马家具的造型坚厚凝重，受到了罗马建筑造型的直接影响，采用战马、雄狮和胜利花环等作为装饰与雕塑题材，构成了古罗马家具的男性艺术风格。当时的家具除使用青铜和石材，木材也大量使用，在工艺上旋木细工，格角榫木框镶板结构也开始使用。桌、椅、灯台及灯具的艺术造型与雕刻、镶嵌装饰达到很高的技艺水平。

2）中世纪家具

（1）拜占庭家具（公元328—1005年）。

拜占庭帝国在5世纪至6世纪是一个强大的帝国。它的前身是东罗马帝国。公元4世纪，罗马帝国分裂为东罗马帝国和西罗马帝国。拜占庭帝国以君士坦丁堡为首都，以巴尔干半岛为中心，位于东西方的交汇点上。拜占庭家具继承了罗马家具的形式，并融合了西亚和埃及的艺术风格，融合波斯的细部装饰，模仿罗马建筑的拱券形式，以雕刻和镶嵌最为多见，节奏感很强。在家具造型上由曲线形式转变为直线形式，具有挺直庄严的外形特征，尤其是以王座的造型最为突出，木板雕刻，上部装有顶盖或高耸的尖顶，以显示皇帝的威严。这种座椅对后来的家具影响很大。

（2）罗马式家具（公元10—13世纪）。

自罗马帝国衰亡以后，意大利封建制国家将罗马文化与民间艺术糅合在一起，而形成一种艺术形式，称为仿罗马式，它是罗马建筑风格的再现，兴起于11世纪，并传播到英、法、德和西班牙等国，为 11—13 世纪的西欧所流行。仿罗马家具的主要特征是在造型和装饰上模仿古罗马建筑的拱券和檐帽等式样，最突出的还有旋木技术的应用，有了全部用旋木制作的扶手椅。采用铜锻制和表面镀金的金属装饰件，对家具既起加固作用，同时又有很好的装饰作用。

（3）哥特式家具（公元 12—16 世纪）。

12 世纪后半叶，哥特式建筑（Gothic Architecture）在西欧以法国为中心兴起，而扩展到欧洲各基督教国家，到 15 世纪末达到鼎盛时期。这一时期是欧洲神学体系成熟的阶段，哥特式的教堂使宗教建筑的发展达到了前所未有的高度，最典型的代表有法国的巴黎圣母院、英国的坎特伯雷大教堂、西班牙的巴塞罗那教堂和德国的科隆大教堂。高耸的尖拱，三叶草饰和多彩的玫瑰玻璃窗，成群的簇柱，层次丰富的浮雕，把人们的目光引向虚幻的天空和对天堂的憧憬中。受哥特式建筑的影响，哥特式家具同样采用尖顶、尖拱、细柱、垂饰罩、浅雕或透雕的镶板装饰，以刚直、挺拔的外形与建筑形象相呼应，尤其是哥特式椅子（主教座椅）更是与整个教堂建筑与室内装饰风格相一致。

（4）文艺复兴家具（公元 14—16 世纪）。

文艺复兴是指公元 14—16 世纪，以意大利佛罗伦萨、罗马、威尼斯等城市为中心，以工匠、建筑师、艺术家为代表，以人文主义和新文化思想为主流，以古希腊、古罗马的文化艺术思想为武器的一场反封建、反宗教神学的"文艺复兴"运动。这是一场被恩格斯称为"人类从来没有经历过的最伟大、进步的变革"。这场变革激发了意大利前所未有的艺术繁荣，并从意大利传播到了德、法、英和荷兰等欧洲其他国家。文艺复兴时代的建筑、家具、绘画、雕刻等文化艺术领域都进入了一个崭新的阶段，众星灿烂，大师辈出，恩格斯热情洋溢地赞美文艺复兴时代"是一个需要巨人而且产生了巨人——在思维能力、热情和性格方面、在多才多艺和学识渊博方面的巨人的时代"，例如建筑大师行维尼奥拉（GiacomoBarazzi daVignola 1507—1573 年）和帕拉第奥（Andrea Palladio 1508—1580 年），雕刻大师和画家、建筑师米开朗琪罗（Michelengelo Buonarroti 1475—1564 年），绘画大师、建筑师、工程师达·芬奇（Leonurdo de Vinci 1452—1519 年）和拉斐尔（Raphael Santi 1483—1520 年）等。

自 15 世纪后期起，意大利的家具艺术开始吸收古代建筑造型的精华，以新的表现手法将古希腊、古罗马建筑上的檐板、半柱、女神柱、拱券以及其他细部形式移植到家具上，作为家具的造型与装饰艺术，如以贮藏家具的箱柜为例，它是由装饰檐板、半柱和台座等建筑构件的形式密切结合成的家具结构体，这种由建筑和雕刻转化到家具的造型装饰与结构，是将家具制作工艺的要素与建筑装饰艺术的完美结合，表现了建筑与家具在风格上的统一与和谐。文艺复兴后期家具装饰的最大特点是灰泥石膏浮雕装饰，做工精细、常在浮雕上加以贴金和彩绘处理。文艺复兴时期家具的主要成就是在结构与造型的改进，以及与建筑、雕刻装饰艺术的结合。可以说，文艺复兴家具主要是一场装饰形式上的革命，而不是整体设计思想和工艺技术上的革命，真正意义上的家具革命是 300 年以后的欧洲工业革命的现代派家具。

3）巴洛克家具（公元 17 世纪—18 世纪初）

经历了文艺复兴运动之后，17 世纪意大利的建筑现象十分复杂，形式新异，一批中小型教堂、城市广场设计追求新奇复杂的造型，以曲线，弧面为特点。如华丽的破山墙、涡卷饰、人像柱、深深的石膏线，还有扭曲的旋制件、翻转的雕塑、突出喷泉、水池等动感因素，打破了古典建筑与文艺复兴建筑的"常规"，被称之为"巴洛克"式的建筑装饰风格。"巴洛克"风格追求动感，尺度夸张，形成了一种极富强烈、奇特的男性化装饰风格。与随后的"洛可可"的女性化的细腻娇艳风格相对应，"巴洛克"艺术的阳刚之美与"洛可可"的阴柔之美交相辉映，成为17世纪至18世纪流行欧洲的两大艺术风格流派。巴洛克风格的住宅和家具设计具有真实的生活且富有情感，更加适合生活的功能需要和精神需求。巴洛克家具的最大特色是将富于表现力的装饰细部相对集中，简化不必要的部分而强调整体结构，在家具的总体造型与装饰风格上与巴洛克建筑、室内的陈设、墙壁、门窗严格统一，创造了一种建筑与家具和谐一致的总体效果。

4）洛可可时期（18世纪初—18世纪中期）

洛可可（Rococo）一词来源于法语Rocaille，意为贝壳形，意大利人称为rococo。由于这种装饰风格成长在法国波旁王朝国王路易十五统治的时代，故又称为"路易十五风格"。洛可可艺术是18世纪初在法国宫廷形成的一种室内装饰及家具设计手法，并流传到欧洲其他国家，成为18世纪流行于欧洲的一种新兴的装饰与造型艺术风格。

洛可可风格最显著的特征就是以均衡代替对称，追求纤巧与华丽、优美与舒适，并以贝壳、花卉、动物形象作为主要装饰语言，在家具造型上优美的自由曲线和精细的浮雕和圆雕共同构成一种温婉秀丽的女性化装饰风格，与巴洛克的方正宏伟形成一种风格上的反差和对比。

洛可可装饰风格的形成与路易十五年代国王的宠妃蓬帕杜夫人有着特殊的关系。1745年，容貌美丽、才能非凡、气质高雅的蓬帕杜夫人成为凡尔赛宫沙龙的主人，在王宫的沙龙里集中了一批著名的艺术家、文学家、政治家，成为引导法国文化艺术新潮流的重要力量。蓬帕杜夫人参与了当时的几座皇宫的建筑装饰，并为一批艺术家、家具师、雕刻家提供了施展才华的机会。今天这些宫廷建筑与室内装饰、家具都成了法国的艺术瑰宝，是华丽、优雅的洛可可艺术的典范。路易十五式的靠椅和安乐椅、镜台、梳妆桌在造型上线条柔婉而雕饰精巧，在视觉上奢华高贵，而且在实用与装饰的配合上也达到完美的程度。洛可可风格发展到后期，其形式特征走向极端，曲线的过度扭曲及比例失调的纹样装饰使这种风格趋向没落。

5）新古典主义

风靡于17世纪至18世纪的巴洛克风格和洛可可风格，发展至后期，其家具的装饰形式已完全脱离结构理性而走向怪诞荒谬的地步。18世纪，法国的启蒙主义思想出现了，同时又爆发了法国资产阶级大革命，欧洲大陆烽烟四起，最终以资产阶级的胜利给欧洲封建制度画上了句号。人类进入了一个科学、民主、理性的时代。因而，在艺术上也需要简洁明快的风格，新古典风格的建筑、室内装饰、家具成为一代新潮。

6）维多利亚时期

维多利亚时期是19世纪混乱风格的代衰，不加区别地综合历史上的家具形式。图案花纹包括古典、洛可可、哥特式、文艺复兴、东方的土耳其等十分繁杂。设计趋于退化。1880年后，家具由机器制作，采用了新材料和新技术，如金属管材、铸铁、弯曲木、层压木板。椅子装有螺旋弹簧，装饰包括镶嵌、油漆、镀金、雕刻等。采用橡木、青龙木、乌木等。构件厚重，家具有舒适的曲线及圆角。

3. 近现代家具

19 世纪末到 20 世纪初，新艺术运动摆脱了历史的束缚，澳大利亚的托尼设计了曲线扶手椅。继新艺术运动之后，风格派兴起，早在 1918 年，里特·维尔德设计了著名的红、黄、蓝三色椅。在 1934 年设计了"Z"形椅。西方许多著名建筑师都亲自设计了许多家具。

勒·柯布西埃，1887 年生于瑞士，1965 年逝世于法国，原名是查尔斯·吉纳里特，当他在 1920 年创办《新精神》时改名为勒·柯布西埃。早年，他在法国的一所艺术学院学习。1929 年他同贝里昂·夏洛蒂合作，为秋季沙龙设计了一套公寓的内部陈设，其中包括椅桌和标准化柜类组合家具。

密斯·凡·德罗，1886 年生于德国，1969 年在美国逝世。密斯 15 岁就离开学校当了描图员。1926 年，他被任命为德意志制造联盟副理事，同年设计了悬挑式钢管椅。1929 年他受邀设计巴塞罗那博览会中的德国馆，著名的"巴塞罗那椅"由此诞生。在不到 100 年的时间里，现代家具的崛起，使家具设计发生了划时代的变化，设计者关于使用的基本出发点是，考虑现代人是如何活动、坐、躺，他们的姿态和习惯与中世纪或其他年代有什么变化？现代家具的成就，主要表现在以下几方面。

（1）把家具的功能性作为设计的主要因素。

（2）利用现代先进技术和多种新材料、加工工艺，如冲压、模铸、注塑、热固成型、镀铬、喷漆、烤漆等。新材料（如不锈钢、铝合金板材、管材、玻璃钢、硬质塑料、皮革、尼龙、胶合板、弯曲木）更加适合于工业化大量生产的要求。

（3）充分发挥材料的性能及其构造特点，显示材料固有的形、色、质的本色。

（4）结合使用要求，注重整体结构形式简捷，排除不必要的无为装饰。

（5）不受传统家具的束缚和影响，在利用新材料、新技术的条件下，创造出了一大批前所未有的新形式，取得了革命性的伟大成就，标志着崭新的当代文化、审美观念。

在国际风格流行时，北欧诸国如丹麦、瑞典、挪威和芬兰等，结合本地区、本民族的生产技术和审美观念，创造了享誉全球的具有自己特色的家具系列产品。这些家具做工细腻、色泽丰富、淡雅、朴实而富有人情味，为当代家具做出了又一卓越的贡献。

例如 20 世纪 80 年代出现的孟菲斯新潮家具。孟菲斯成立于 1980 年 12 月，由著名设计师索特萨斯和 7 名年轻的设计师组成。1981 年 9 月，孟菲斯在米兰举行了一次设计大展，使国际设计界大为震惊。孟菲斯的设计灵感来自于 20 世纪的装饰艺术、波普艺术、东方和第三世界的艺术传统等。孟菲斯认为材料不仅是完成设计的一种物质保证，更是一种积极的交流情感的媒介和自我表现的细胞。从廉价材料到贵重材料、从粗糙材料到光滑材料、从发光材料到不发光材料，尤其善用胶合板、塑料等一类廉价材料。孟菲斯十分重视装饰，把装饰看成是与结构同等重要的因素。个性化、环境意识、高科技与甜美、纯洁、愉悦的心情交织在一起，构成了 90 年代的新的设计观念。和当代法国的先锋家具艺术，并更重视家具的系列化、组合化、装卸化，为不同使用需要提供多样性和选择性。中外历代家具风格演变，如图 10-1 所示。

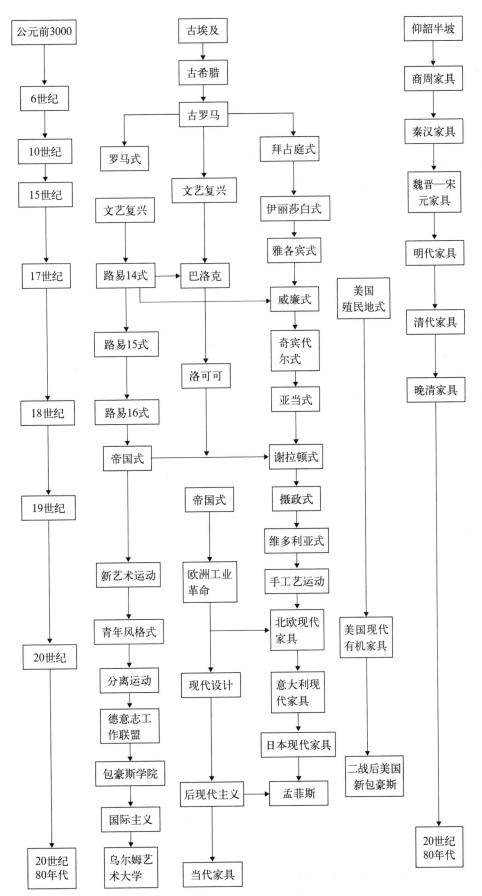

图 10-1 中外历代家具风格演变

10.2　家具的尺度与分类

1. 人体工程学与家具设计

家具是为人使用的，是服务于人的。因此，家具设计包括它的尺度、形式及其布置方式，必须符合人体尺度及人体各部分的活动规律，以便达到安全、舒适、方便的目的。

人体工程学对人和家具的关系，特别对在使用过程中家具对人体产生的生理、心理反应进行了科学的实验和计测，为家具设计做出了科学的依据，并根据家具与人和物的关系及其密切的程度对家具进行分类，把人的工作、学习、休息等生活行为分解成各种姿势模型，以此来研究家具设计，根据人的立位、坐位的基准点来规范家具的基本尺度及家具之间的相互关系。

良好的家具设计可以减轻人的劳动，提高工作效率，节约时间，维护人体正常姿态并获得身心健康。

2. 家具设计的基准点和尺度的确定

人和家具、家具和家具（如桌和椅）之间的关系是相对的，并应以人的基本尺度（站、坐、卧不同状况）为准则来衡量这种关系，确定其科学性和准确性，并决定相关的家具尺寸。

1）坐具的基本尺度与要求

（1）座高：座高是指坐具的座面与地面的垂直距离，椅子的坐高由于椅座面常向后倾斜，通常以前座面高作为椅子的座高。

座高是影响坐姿舒适程度的重要因素之一，座面高度不合理会导致不正确的坐姿，并且坐的时间稍久，就会使人体腰部产生疲劳感。我们通过对人体坐在不同高度的凳子上，其腰椎活动度的测定，可以看出凳高为400mm时，腰椎的活动度最高，即疲劳感最强，其他高度的凳子，其人体腰椎的活动度下降，随之舒适度增大，这就意味着（凳子在没有靠背的情况下）坐高适中的凳子（400mm高），腰部活动最强。在实际生活中出现的人们喜欢坐矮板凳从事活动的道理就在于此，人们在酒吧间坐高凳活动的道理也相同。

对于有靠背的座椅，其座高就不宜过高，也不宜过低，它与人体在座面上的体压分布有关。座高不同的椅面，其体压分布也不同，所以座高是影响坐姿舒适的重要因素。座椅面是人体坐姿时承受臀部和大腿的主要承受面。座面过高，两足不能落地，使大腿前半部近膝窝处软组织受压，久坐时，血液循环不畅，肌腱就会发胀而麻木；如果椅座面过低，则大腿碰不到椅面，体压过于集中在坐骨节点上，时间久了会产生疼痛感。另外，座面过低，人体形成前屈姿态，从而增大了背部肌肉的活动强度，而且重心过低，使人起立时感到困难。因此设计时必须寻求合理的座高与体压分布。根据座椅面体压分布情况来分析，椅座高应略小于坐者小腿脚窝到地面的垂直距离，即座高等于小腿轻微受压，小腿有一定的活动余地。但理想的设计与实际使用有一定差异，一张座椅可能为男女高矮不等的人所使用，因此只能取用平均适中的数据来确定较优的合适座高。

（2）座深：主要是指座面的前沿至后沿的距离。座深的深度对人体坐姿的舒适影响也很大。如座面过深，超过大腿水平长度，人体挨上靠背将有很大的倾斜度，而腰部缺乏支撑点而悬空，加剧了腰部的肌肉活动强度而致使疲劳产生；同时座面过深，使膝窝处产生麻木的反应，并且也难以走立。

因此，座椅设计中，座面深度要适中，通常座深应小于人坐姿时大腿的水平长度，使座面前沿离开小腿有一定的距离，保证小腿一定的活动自由。根据人体尺度，我国人体坐姿的大腿水平长度平均：男性为445mm，女性为425mm，然后保证座面前沿离开膝窝一定的距离约60mm，这样，一般情况下座深尺寸在380mm~420mm之间。对于普通工作椅来说，由于工作人体腰椎与骨盆之间呈垂直状态，所以其座深可以浅一点。而作为休息的靠椅，因其腰椎与骨盆的状态呈倾斜钝角状，故休息椅的座深可设计得略为深一些。

（3）坐宽。椅子座面的宽度根据人的坐姿及动作，往往呈前宽后窄的形状座面的前沿宽度称座前宽，后沿宽度称座后宽。

座椅的宽度应使臀部得到全部支撑并有适当的活动余地，便于人体坐姿的变换。对于有扶手的靠椅来说，要考虑人体手臂的扶靠，以扶手的内宽来作为坐宽的尺寸，按人体平均肩宽尺寸加一适当的余量，一般不小于460mm，但也不宜过宽，以自然垂臂的舒适姿态肩宽为准。

（4）座面倾斜度。从人体坐姿及其动作的关系分析，人在休息时，坐姿是向后倾靠，使腰椎有所承托。因此一般的座面大部分设计成向后倾斜，其人斜角度为3°~5°，相对的椅背也向后倾斜。而一般的工作椅则不希望座面有向后的倾斜度，因为人体工作时，其腰椎及骨盘处于垂直状态，甚至还有前倾的要求，如果使用有向后倾斜面的座椅，反而增加了人体力图保持重心向前时肌肉和韧带收缩的力度，极易引起疲劳。因此一般工作椅的座面以水平为好，甚至可考虑椅面向前倾斜的设计，如通常使用的绘图凳面是身前倾斜的。近年来，由奥地利罗利希特产品研制中心设计的工作凳具有根据人体动作可任意转动方向与倾角的特性。凳子底部为一个充满砂子的橡袋，凳子可在任意角度得到限定。另外，由挪威设计师设计的工作"平衡"椅，也是根据人体工作姿态的平衡原理设计而成的，座面作小角度的向前倾斜，并在膝前设置膝靠垫，把人的重量分布于骨支撑点和膝支撑点上，使人体自然向前倾斜，使背部、腹部、臀部的肌肉全部放松，便于集中精力，提高工作效率。

（5）椅靠背。前面座凳高度测试曾提到人坐于半高的凳上（400mm~450mm），腰部肌肉的活动强度最大，最易疲劳，而这一座高正是我们座具设计中用得最普遍的，因此要改变腰部疲劳的状况，就必须设置靠背来弥补这一缺陷。

椅靠背的作用就是使躯干得到充分的支撑，特别是人体腰椎（活动强度最大部分）获得舒适的支撑面，因此，椅靠背的形状基本上与人体坐姿时的脊椎形状相吻，靠背的高度一般上沿不宜高于肩胛骨。对于专供操作的工作用椅，椅靠背要低，一般支持位置在上腰凹部第二腰椎处。这样人体上肢前后左右可以较自由地活动，同时又便于腰关节的自由转动。

（6）扶手高度。休息椅和部分工作椅需要设有扶手，其作用是减轻两臂的疲劳。扶手的高度应与人体坐骨结节点到上臂自然下垂的肘下端的垂直距离相近。扶手过高时，两臂不能自然下垂，过低则两肘不能自然落靠，此两种情况都易使上臂引起疲劳。

2）卧具的基本尺度与要求

床是供人睡眠休息的主要卧具，也是与人体接触时间最长的家具。床的基本要求是使人躺在床上能舒适地尽快入睡，并且要睡好，以达到消除一天的疲劳、恢复体力和补充工作精力的目的。因此床的设计必须考虑到床与人体生理机能的关系。

卧姿时的人体结构特征。从人体骨骼肌肉结构来看，人在仰卧时，不同于人体直立时的骨骼肌肉结构。人直立时，背部和臀部凸出于腰椎有 40mm~60mm，呈 S 形。而仰卧时，这部分差距减少至 20mm~30mm，腰椎接近于伸直状态。人体起立时各部分重量在重力方向相互叠加，垂直向下，但当人躺下时，人体各部分重量垂直向下，并且由于各体块的重量不同，其各部位的下沉量也不同，因此床的设计好坏以能否消除人的疲劳为关键，即床的合理尺度及床的软硬度能否适应支撑人体卧姿，使人体处于最佳的休息状态。

因此，为了使体压得到合理分布，必须精心设计好床的软硬度。现代家具中使用的床垫是解决体压分布合理的较理想用具。它由不同材料搭配的三层结构组成，上层与人体接触部分采用柔软材料；中层则采用较硬的材料；下层是承受压力的支承部分，用具有弹性的钢丝弹簧构成。这种软中有硬的结构，有助于人体保持自然的良好的仰卧姿态，从而得到舒适的休息。

卧姿人体尺度。人在睡眠时，并不是一直处于静止状态，而是经常辗转反侧，人的睡眠质量除了与床垫的软硬有关外，还与床的大小尺寸有关。

（1）床长。床的长度指两床的板内侧或床架内的距离。为了能适应大部分人的身长需要，床的长度应以较高的人体作为标准进行设计。国家标准 GB 3328—1982 规定，成人用床床面净长一律为 1920mm，对于宾馆的公用床，一般脚部不设床架，便于特高人体的客人需要，可以加接脚凳。

（2）床高。床高即床面距地高度。一般与座椅的高度取得一致，使床同时具有坐卧功能。另外还要考虑到人的穿衣、穿鞋等动作。一般床高在 400mm~500mm 之间。双层床的层间净高必须保证下铺使用者在就寝和起床时有足够的动作空间，但又不能过高，过高会造成上下的不便及上层空间的不足。按国家标准 GB 3328—1982 规定，双层床的底床铺面离地面高度不大于 420mm，层间净高不小于 950mm。

3. 家具的分类与设计

1）基本功能分类

这种分类方法是根据人与物、物与物的关系，按照人体工程学的原理进行分类，是一种科学的分类方法。

（1）坐卧类家具。

坐卧类家具是家具中最古老、最基本的家具类型，家具在历史上经历了由早期席地跪坐的矮型家具到中期的垂足而坐的高型家具的演变过程，这是人类告别动物的基本习惯和生存姿势的一种文明创造的行为，这也是家具最基本的哲学内涵。

坐卧类家具是与人体接触面最多、使用时间最长、使用功能最多且最广的基本家具类型，造型式样也最多、最丰富。坐卧类家具按照使用功能的不同，可分为椅凳类、沙发类、床榻类三大类。

① 椅凳类家具。椅凳属坐类家具，品种最多、造型最丰富，没有其他的家具类型在设计与造

型上可以与椅凳类家具相比拟。在家具史上，椅凳的演变与建筑技术的发展同步，并且反映了社会需求与生活方式的变化，甚至可以说是浓缩了家具设计的历史。绝大部分家具设计大师的设计经典代表作品都是以椅子的造型形象出现的，当今世界上最著名家具设计展之一就是在意大利的乌迪内举办的国际椅子展览，至今已经连续举办了二十多届，并设立了"全球最佳椅子设计奖""十大杰出椅子设计奖""金三角奖"等各种奖项。

椅凳类家具从传统的马扎凳、长条凳、板凳、墩凳、靠背椅、扶手椅子、躺椅、折椅、圈椅，发展到了今天具有高科技和先进工艺技术和复合材料设计制造的气动办公椅、电动汽车椅、全自动调控航空座椅等。

② 沙发类家具。沙发是西方家具史上坐卧类家具演变发展的重要家具类型。最早的沙发家具是 1720 年在法国路易十五的皇宫建筑沙龙和卧室中出现的伯吉尔扶椅，在造型上，扶手挺直向前并横向延伸到同座面相平的椅子，以弹性坐垫作为座面，通体用华丽的织棉包衬，受到了上层社会人士和贵妇人的喜爱，并逐渐演变成长椅的造型，迅速从皇宫走向民间，成为欧洲家庭客厅、起居室的主要坐卧类家具，并普及到全世界各个国家。

沙发类家具包括各种形式类型的单人沙发、双人沙发、长沙发、沙发床等。在材料上以传统的金属弹簧、方木结构逐步发展到今天的高泡聚酯海绵软垫，以及不锈钢铝合金活动结构，近年来由于绿色环保意识和家具时装化的流行趋势，使传统的真皮沙发逐步演变为现代布艺沙发，由于现代布艺沙发有可拆洗、面料多样化、装饰性强等特点，正日益成为现代沙发家具的主流。

现代沙发由于设计师的努力和现代技术、材料的进步，日益变得更加舒适，功能多样，造型美观，成为现代建筑开放式空间中的重要家具类型，尤其是现代沙发的设计与功能正在把人的坐、躺、卧的不同生活方式进行整合设计，同一件家具，白天是坐具，到了晚上就可能变成一张舒适的卧床，而且传统中笨重的沙发造型也日益变得更加轻巧，更加易于移动，更加具有抽象雕塑般的造型与美感，更加具有流行与时尚的色彩与款式。

③ 床榻类家具。床榻家具跟人类关系极为密切，一天 24 小时，有 1/3 的时间与睡眠有关，在所有家具中，床是与人最亲密的安乐窝与避难所，尤其是在一个压力与竞争不断增强的现代社会中，床的设计与结构和含义也在不断发生变化，床类家具不再仅仅是给人们提供一件休息和躺卧的工具，而且意味着恢复紧张失落的情绪，并成为舒适温馨的安乐窝和宁静宜人的避难所。

随着社会的发展，床的造型设计和工艺结构、材料都有了很大的变化，除了传统的木床、架子床、双层床之外，席梦思软垫床、多功能组合床、水床、电动按摩床等现代床类家具不断被设计和制造出来，现代设计师不仅仅能为大众提供了供休息、睡眠的卧床，他们还为人们提供了美好的梦想和幻想。

现代的卧床家具设计正越来越重视以人为本的功能设计，尤其是第二次世界大战后现代人体工程学导入家具设计，如何根据人的生理和心理感受来设计卧床，床的造型尺寸、床垫的软硬程度、床与床垫、床与床屏、床与床头柜、床与灯光的整体设计。学者采用了观察睡眠时深睡程度和翻身情况，利用脑电波测试分析研究出人体睡眠所需要的床的最佳宽度，单人床的最佳宽度是900mm～1000mm、双人床的最佳宽度是 1800mm～2000mm。由于床是用来支撑人体睡眠时的全部重量，当躺下时，人体各体块的重力互相平衡垂直向下，并且由于各部分的重量不同，下沉情况也不一。瑞典的家具设计师在设计床时，以双人床为例把床与床垫分为四层：第一层是床的1800mm宽的底座；第二层是设计两张独立的900mm宽的床垫的，共同组合，夫妻睡眠可以在翻身时互不影响；第三层才是弹簧设计，根据头、腰、臀部、腿足的不同部位，采用不同硬度的弹簧，以便对人体的不同部位起不同的支撑，在人体工程学、舒适度方面进行了深入的研究设计；第四层是统一的布艺床单、床被，形成整体装饰效果。

（2）桌台类家具。

桌台类家具是与人类工作方式、学习方式、生活方式直接发生关系的家具。在使用上可分为：桌与几两类。桌类较高、几类较矮，桌类有写字台、抽屉桌、会议桌、课桌、餐台、试验台、电脑桌、游戏桌等；几类有茶几、条几、花几、炕几等。

由于桌子是泛指一切离开地面的作业或活动的平面家具，应有必要的平整度、水平的表面、离开地面的支撑。特别需要注意的是自从计算机问世以来，桌椅的设计有了与以前不同的意义，电子技术已经以日益高效而且小巧的产品与桌、椅的设计联系起来。桌与椅、茶几与沙发必须是统一设计的家具组合，在尺度上应根据其用途及用户的身材体形来设计，通常的高度尺寸一般是以椅子高460mm、桌台高750mm作为基本标准尺寸的。

几类家具发展到现代，茶几成为其中最重要的种类，由于沙发家具在现代家具中的重要地位，茶几随之成为现代家具设计中的一个亮点，由于茶几日益成为客厅、大堂、接待室等建筑室内开放空间的视觉焦点家具，今日的茶几设计正在以传统的实用配角的家具变成观赏、装饰的陈设家具，成为一类独特的具有艺术雕塑美感形式的视觉焦点家具。在材质方面，除传统的木材外，玻璃、金属、石材、竹藤的综合运用，使现代茶几的造型与风格千变万化，异彩纷呈，美不胜收。

（3）橱柜类家具。

橱柜类家具也被称为储藏家具，在早期家具发展中还有箱类家具也属于此类，由于建筑空间和人类生活方式的变化，箱类家具正逐步在现代家具中消亡，其储藏功能被橱柜类家具所取代。储藏家具虽然不与人体发生直接关系，但在设计上必须在适应人体活动的一定范围内来制定尺寸和造型。在使用上分为橱柜和屏架两大类，在造型上分为封闭式、开放式、综合式三种形式，在类型上分为固定式和移动式两种基本类型。

橱柜家具有衣柜、书柜、五屉柜、餐具柜、床头柜、电视柜、高柜、吊柜等。屏架类有衣帽架、书架、花架、博古陈列架、隔断架、屏风等。在现代建筑室内空间设计中，逐渐把橱柜类家具与分隔墙壁结合成一个整体。法国建筑大师与家具设计大师勒柯布西埃早在20世纪30年代就将橱柜家具放在墙内，美国建筑大师赖特也以整体设计的概念，将储藏家具设计成建筑的结合部分，可以视为现代储藏家具设计的典范。

现代住宅的音响电视柜正成为家庭住宅客厅、起居室正立面的主要视觉焦点和装饰立面，由于数字化技术的日益普及和流行，CD碟片架也成为现代陈列性家具设计新品种。同时，电视音响、工艺精品、瓶花名酒、书籍杂志等不同功能的收纳陈列正在日益走向组合化，构成现代住宅的多功能组合柜。

现代橱柜更是逐步向标准化、智能化的整体厨房方向发展，从过去封闭式、杂乱无章的旧式厨房走向开放式的集厨房、餐厅等功能于一体的现代整体厨房。现代整体厨房家具将成为我国现代家具业中一个新的增长点，具有很大的市场潜力。

屏风与隔断柜是特别富于装饰性的间隔家具，尤其是中国的传统明清家具，屏风、博古架更是独树一帜，以它精巧的工艺和雅致的造型，使建筑室内空间更加丰富通透，空间的分隔和组织更加多样化。屏风与隔断对于现代建筑强调开敞性或多元空间的室内设计来说，兼具有分隔空间和丰富变化空间的作用，随着现代新材料新工艺的不断再现，屏风与隔断已经从传统的绘画、工艺、雕屏发展为标准化部件组装、金属、玻璃、塑料、人造板材制造的现代屏风，创造出独特的视觉效果。

2）建筑环境分类

建筑环境分类是按不同的建筑环境和使用地点进行分类，根据人类活动的不同建筑空间类型可分为住宅建筑家具和公共建筑家具、户外庭园家具三大类。

（1）住宅建筑家具。

住宅建筑家具也就是指民用家具，是人类日常生活离不开的家具，也是类型最多、品种复杂、式样丰富的基本家具类型，按照现代住宅建筑的不同空间划分，可以分为客厅与起居室、门厅与玄关、书房与工作室、儿童房与卧室、厨房与餐厅、卫生间与浴室家具等。

门厅与玄关家具。在中国传统民居建筑中并没有独立的门厅与玄关的区划，但是，明清民居和私家园林的进入必须经过庭院，庭院中的照壁也就是今天的玄关的功能。随着我国人民生活水平的提高和住房建筑面积的改善，二室一厅、三室二厅、四房二厅、跃层复式住宅、别墅建筑的居家形式正成为现代社会的主要住宅形式，使人们生活空间的功能愈分愈细，人们已经开始意识到入口门厅玄关家具是现代住宅中非常重要的组成部分。门厅玄关家具主要有迎宾花台桌几、屏风隔断、鞋柜、迎宾椅凳、衣帽架、伞架、化妆台与化妆镜等，可以根据门厅玄关类的大小进行配套设计和组合。

客厅与起居室家具。客厅与起居室在整个住宅空间布局中处于重要的位置，是家人团聚、会客、社交、娱乐、休闲、阅读的开放式动态流动的公用空间，是构成住宅整体装饰风格的主旋律，同时也展示着主人的文化品位和生活水平。

客厅与起居室家具主要有：沙发、茶几、躺椅、电视音响组合柜、精品陈列柜、花台花架、咖啡桌、棋牌桌、书架、CD碟片架、屏风隔断架等。

书房与工作室家具。书房与工作室是一个家庭住宅的"静态"空间，更是知识经济社会与信息时代的家庭住宅新空间，也是现代社会人们生活方式与工作方式变化的主要象征。随着国际互联网的发展，数字化社会、智能化建筑直接影响到人们的数字化生活方式，同时传统的书房正在向SOHO工作室功能转变，越来越多的白领阶层、上班族和自由职业者、小型公司正在变成SOHO族，书房家具，尤其SOHO工作室家具正在成为现代家具设计的新空间。

书房与工作室家具主要有：写字台、多功能计算机工作台、打印机台、工作椅、躺椅、书架、书柜等。

儿童房与卧室家具。儿童房是目前中国家庭住宅空间最值得重视和设计的住宅空间。特别是由于我国长期坚持执行的计划生育基本国策，使绝大部分城市家庭是独生子女家庭，都为自己的孩子准备了一间独立的房间。由于儿童正处于成长期，所以，儿童房的家具设计与整体空间的组合设计将对儿童的身体成长、学业成才起着直接和潜移默化的作用。儿童房家具的设计要注意到青少年的几个主要的成长阶段，如幼儿园、小学、中学，在功能上从早期的娱乐功能、启蒙教育功能，向独立的学习生活功能逐级转化，家具也应该随着功能的多样性和小孩的成长而同步成长，应该一开始就在设计上预留成长发展空间，特别是在儿童房功能的多样性与成长性的特点上进行精心设计和布置。

儿童房家具主要有：床、衣柜、书柜、玩具柜、书桌和椅子等。

卧室是住宅空间中的私密空间，家庭中夫妇俩的卧室称主卧室。人的一天中有 1/3 的时间是在卧室中度过，卧室家具是制造甜蜜温馨、宁静舒适气氛的重要家具和物质基础。

卧室家具主要有：双人床、床头柜、梳妆凳、安乐椅、躺椅、沙发、大衣柜、储藏柜、电视柜等。

厨房与餐厅家具。厨房是家庭烹饪膳食的工作场所，是人类赖以生存的重要生活空间。由于建筑空间的变化和现代科技的发展，使厨房烹饪环境越来越整洁、操作越来越方便，因而产生了现代化的整体厨房家具设计，并从封闭式逐渐走向开放式。

厨房家具主要有：橱柜作业台（地柜兼储藏柜）、吊柜，争取更大空间利用率。此外还有便餐台、餐具架、调味品架、工具架、食品架等。

餐厅是家庭成员进餐的空间，中国的饮食文化有着悠久的历史和得天独厚的地位，餐厅是象征一家人"团聚"，举行"仪典"和"祝福"的场所。在现代住宅空间，餐厅与厨房的界线正日益模糊，同时，家庭酒吧的功能也与餐厅融为一体。餐厅家具主要有：餐桌、餐椅、酒柜、酒地柜、餐具柜等。

卫生间与浴室。卫浴空间应该是家庭住宅中最私人及最经常使用的房间。在现代住宅建筑中，卫浴空间最能反映一个家庭的生活质量，越来越受到人们的重视。对卫浴空间和家具设施的设计已经到了越来越讲究艺术风格和个性化的时代。卫浴间不再是一个简陋的闭门清洗的地方，已经成为设计精美、家具齐全、设备先进的令人赏心悦目、干净清爽、舒适温馨的地方，而且是反映个人生活方式和艺术品位的地方。卫浴空间的家具和设施的整体配套，成为家具设计的新空间和家具产业新的增长点。现代卫浴正逐步走向浴、厕分离，一户双卫、一户多卫、多功能浴室，卫浴间与衣帽间、更衣室相连的新趋势，卫浴空间家具设计、设备设施配套设计已成为一门新兴的与最新科技结合的产业，昔日默默无闻，平淡无厅的卫浴空间已经成为更加舒适，更具效率，更富情趣的个人新空间。

卫浴家具主要有：洗面台及地柜、衣帽毛巾架、储物吊柜、化妆品陈列柜、墙镜、镜前灯架、搁物架、净身器、坐厕器（抽水马桶）、浴缸、冲浪浴缸、整体浴室、桑拿浴室等。

（2）公共建筑家具。

家具是人与建筑、人与环境的一个中介物：人 – 家具 – 建筑 – 环境。家具语言风格总是与建筑语言风格相协调。因为家具设计永远是从建筑与环境中汲取灵感，建筑史的投影是家具史，家具与建筑、家具与环境是密不可分的。相对于住宅建筑的公共建筑是一个系统的建筑空间与环境空间，公共建筑的家具设计根据建筑的功能和社会活动内容而定，具有专业性强、类型较少、数量较大的特点。公共建筑家具在类型上主要有办公家具、酒店家具、商业展示家、学校家具等。

办公家具。如果说工厂是 19 世纪的工业革命时代标志性建筑，那么，现代办公建筑是 20 世纪末信息时代标志性建筑，在过去的 100 年里，现代办公建筑位居城市的中心，以富有特色的建筑语言改变了城市的外貌，成为风靡全球的新型建筑革命，现代办公室也改变了我们的工作方式和生活方式，在现代科技与信息技术迅速发展的今天，信息技术的每一项革新和发明，电话、计算器、传真机、计算机、国际互联网等都与办公建筑与办公家具紧密相连，现代办公家具不仅提高了办公效率，而且也成为现代家具的主要造型形式和美学典范，在现代家具中独树一帜，自成体系，是现代家具中的主导性产品。

现代办公家具主要有：大班台、办公桌、会议台、隔断、接待台屏风、计算机工作台、办公椅、文件柜、资料架、底柜、高柜、吊柜等单体家具和标准部件组合，可以按照单体设计、单元设计、组合设计、整体建筑配套设计等方式构成开放、互动、高效、多功能、自动化、智能化的现代办公空间。

酒店家具。旅游观光产业来在国民经济中起着举足轻重的作用，是不少国家的支柱产业，我国自 20 世纪 80 年代改革开放以来，旅游业迅猛发展，直接推动了酒店建设，随着现代酒店功能的不断扩展，酒店家具设计已经成为现代家具业中的重要家具类型。现代酒店家具配套设计是酒店设计的重要内容，酒店家具也是公共建筑空间家具种类最多的。

按酒店的不同功能分区，酒店家具主要有：公共空间有大堂家具，其中有沙发、座椅、茶几、接待台餐饮部分的家具有餐台餐椅、（中餐、西餐）吧台、咖啡桌椅等，客房部分的家具有床、床屏靠板、床头柜、沙发、茶几、行李架、书桌、座椅、化妆台、壁柜、衣柜等，随着酒店星级的不同，对家具档次、造型的要求不同，尤其是不同国家、地区、民族的传统文化与民俗风情也会以文化元素符号的形式在酒店家具设计中表现出来。

商业展示家具。当商业文化进入 20 世纪以后，随着工业化进程的加快，公共商业环境渐渐形成了新型的商业网。特别是 20 世纪 80 年代信息技术的迅速推进，加快了现代购物中心、超级市场、名牌专卖店、大型博览会、展览中心等公共商业建筑的发展，同时也促进了商业展示家具的设计的制造。商业展示家具是商业展示建筑设计的重要组成部分之一，同时也是现代家具业中的一个专业化的家具类型。

商业展示家具主要有：商品陈列地柜、商品陈列高柜、陈列架、展示台、展示橱窗、展示挂架、收款台、接待台、屏风、展台、展柜板、组合式展示家具等。由于商业展示内容的丰富多彩，商业展示家具的设计与制作也与特定的展示商品和内容一致，同时工业化标准部件、现场组合是商业展示家具的主要制造工艺，人体工学是商业展示家具在造型尺度、视觉、触觉设计的主要依据。

学校家具。随着现代教育的普及，在公共建筑中，学校建筑占有很大的比重，纵观人的一生中，从幼儿园到小学、中学至大学，整个青少年时代的金色年华是在学校中度过的，学校家具的设计对青少年的成长与成才息息相关，非常重要。在我国，由于历史和经济发展等方面的原因，学校家具设计一直是在低层次的层面上徘徊，是一个非常值得关注的问题。设计师真正做到以人为本，以社会为本，以教育为本，以科技为本，可持续发展地去设计和制造学校家具。

学校家具主要有：教学家具和生活家具两大类。教学家具主要有课桌、椅凳、黑板、讲台、计算机工作台，以及各种专业教学用的专业家具（如阶梯教室家具，图书馆、阅览室家具、音乐教学、美术教学专用家具手工劳作，各种实验室，生产实习，计算机教学，语言教学专用家具等）。生活家具主要是学生宿舍、公寓家具和食堂餐厅家具，学生公寓家具在信息化、时代化的今天，由于国际互联网技术的普及，特别是在大中专学生公寓中，正在实现把睡眠、学习、阅读、上网、储藏等多功能用途综合在一起的工作站式的整体单元家具设计，这也是现代家具设计的一个新领域，有巨大的市场需求和潜力。

（3）室外环境家具。

人与环境——这是 20 世纪最具挑战性的设计主题之一。

随着人们环境保护意识的增强，环境艺术、城市景观设计被人们日益重视，建筑设计师、室内设计师、家具设计师、产品设计师和美术家正在把精力从室内转向室外，转向城市公共环境空间，扩大他们的工作视域，从而创造出一个更适宜人类生活的公共环境空间。随着工业化和高科技的迅速发展，生活在城市建筑室内空间的人们越来越渴望"回归大自然"，在室外的自然环境中呼吸新鲜的空气，享受大自然的阳光，松弛紧张的神经，悠闲的休息。于是在城市广场、公园、人行道、林荫路上出现了越来越多的供人们休闲的室外家具，同时，护栏、花架、垃圾箱、候车厅、指示牌、电话亭等室外建筑与家具设施也越来越受到城市管理部门和设计界的重视，成为城市环境景观艺术的重要组成部分。

室外家具的主要类型有：躺椅、靠椅、长椅、桌、几台、架等。在材料上多用耐腐蚀、防水、防锈、防晒、质地牢固的不锈钢、铝材、铸铁、硬木、竹藤、石材、陶瓷、FRP 成型塑料等。在造型上注重艺术设计与环境的协调，在色彩上多用鲜明的颜色，尤其是许多优秀的室外家具设计几乎就是一件抽象的户外雕塑，具有观赏和实用的两大功能。

在建筑环境家具分类中还有飞机、车、船等交通家具设计，这是家具设计中科技含量最高的家具类型。另外还有影剧院体育馆家具设计等。家具的分类仅仅是相对的，现代家具正日益走向多元化和扩大化的趋势，随着时代的发展、科技的进步，会出现更多、更新的家具设计新领域，设计无限，创造无限，世界永远是在运动和演变过程中的。

3）材料与工艺分类

把家具按材料与工艺分类主要是便于掌握不同的材料特点与工艺构造，现代家具已经日益趋向于多种材质的组合，传统意义中的单一材质家具已经日益减少在工艺结构上也正在走向标准化、部件化的生产工艺，早已突破传统的榫卯框架工艺结构，开辟了现代家具全新的工艺技术与构造领域。因此，在家具分类中，仅仅是按照一件家具的主要材料与工艺来分，便于学习和理解。

（1）木质家具。

无论在视觉上和触觉上，木材都是多数材料无法超越的，木纹独特美丽的纹理，木材独具的温暖与魅力，木材的易于加工等特性，使木材一直为古今中外家具设计与创造的首选材料，即使在现代家具日益趋向新潮与复合材料的今天，木材仍然在现代家具中扮演重要的角色。

实木家具。实木家具在木材家具类型中是最古老也是第一代产品，在家具发展史上从原始的早期家具一直到18世纪欧洲工业革命前，实木家具一直是扮演着家具的主要角色。实木家具是把木材经过锯、刨等切削加工，高档实木家具还要经过浮雕，透雕的艺术装饰加工，采用各种榫卯框架结构制成的家具，实木家具是最能表现传统家具独具匠心，精湛工艺和材质肌理美的特色，在中国有明式家具，在欧洲有巴洛克，洛可可风格的家具都是实木家具中的精品典范，直到今天仍然是家具中的高档产品。

曲木家具。曲木家具是利用木材的可弯曲原理，把所要弯曲的实木加热加压，使其弯曲成型后制成的家具。曲木家具是19世纪奥地利工匠索内最早发明的，并用大批量生产曲木椅，从此开创了现代家具的先河。曲木家具以椅子为最典型，同时在床屏、桌子的腿部屏风、藤竹、柳编家具制作上也多采用曲木工艺。

模压胶合板家具。模压胶合板也称之为弯曲胶合板，这是现代家具发展史上一个工艺制造技术上的重大创造与突破，模压胶板家具最重要的代表人物是芬兰现代建筑大师和家具设计大师阿尔瓦阿尔托。他对模压弯曲胶合板技术进行了深入持久的探索，采用蒸汽弯曲胶合板技术，设计了一批至今都在生产的模压胶板家具，是现代家具史上少有的成功典范，至今仍对北欧现代家具有重大影响，模压胶板技术现在从蒸汽热压成型发展到冷压成型，再发展到标准模压部件加工，成为现代家具工艺中的一项主要技术与加工工艺。模压胶合板与金属、塑料、五金配件相结合，可以设计制造出品种繁多的家具造型，这种家具成为现代木材家具中的主力军。

（2）竹藤家具。

竹、藤、草、柳等天然纤维的编织工艺家具是一项有悠久历史的传统手工艺，也是人类最古老的艺术之一，至今已有7000多年的历史。今天，在高科技高技术普通应用的现代社会，人类并没有摒弃这一古老的艺术，反之，在现代发展更日趋完美，与现代家具的工艺技术和现代材料结合在一起，竹藤家具已成为绿色家具的典范，天然纤维编织家具具有造型轻巧而又独具材料肌理编织纹理的天然美，仍然受到人们的喜爱，尤其是迎合了现代社会"返璞归真"回归大自然的潮流，拥有广阔的市场。竹藤家具主要有：竹编家具、藤编家具、柳编家具和草编家具，以及现代化学工业生产的仿真纤维材料编织家具，在品种上多以椅子、沙发、茶几、书报架、席子、屏风为多。近年来开始将金属材料、现代布艺与纤维编织相结合，使竹藤家具更为轻巧、牢固，同时也更具现代美感。

（3）金属家具。

现代家具的发展趋势正在从传统的"木器时代"跨入"金属时代"与"塑料时代"。尤其是金属家具以其适应大工业标准批量生产、可塑性强和坚固耐用、光洁度高的特有魅力，迎合了现代生活式"新"求"变"和生产厂家求"简"求"实"的潮流，成为推广最快的现代家具之一。

特别是随着专业化生产、零部件加工、标准化组合的现代家具生产模式的推广，越来越多的现代家具采用金属构造的部件和零件，再结合木材、塑料、玻璃等组合成灵巧优美、坚固耐用、便于拆装、安全防火的现代家具。应用于金属家具制造的金属材料主要有：铸铁、钢材、铝合金等。铸铁多用于户外家具，庭园家具，城市环境中的花栏、护栏、格栅、窗花等。钢材主要有两种：一种是碳钢，另一种是普通合金钢。碳钢中含碳量越高，强度越高，但可塑性（弹性与变形性）降低。适合开冷加工和焊接工艺。常用的碳钢有型钢、钢管、钢板三大类。普通低合金钢是一种含有少量合金元素的合金钢。它的强度高，具有耐腐蚀、耐磨、耐低温以及较好的加工和焊接性能，在现代家具中逐步被应用在构件和组合部件中。铝合金是以铝为基础，加入一种或几种其他元素（如铜、锰、镁、硅等）构成的合金。它的质量轻，又有足够的强度、可塑性及耐腐蚀。便于拉制成各种管材、型材和嵌条配件，广泛用于现代家具的各种构造部件和装饰配件。将金属材料广泛应用于家具设计是从 20 世纪 20 年代的德国包豪斯学院开始的，第一把钢管椅子是包豪斯的建筑师与家具师布鲁耶于 1925 年设计的，随后又由包豪斯的建筑大师密斯·凡德罗设计出了著名的 MR 椅，充分利用了钢管的弹性与强度，并与皮革、藤条、帆布材料相结合，开创了现代家具设计的新方向。

（4）塑料家具。

一种新材料的出现，会对家具的设计与制造产生重大和深远的影响，如轧钢、铝合金、镀铬、塑料、胶合板、层积木等。毫无疑问，塑料是对 20 世纪的家具设计和造型影响最大的材料。而且，塑料也是当今世界上唯一真正的生态材料，可回收利用和再生。20 世纪初，美国人发明了酚醛塑料，拉开了塑料工业的序幕。这种复合型的人工材料易于成型和脱模，且成本低廉，因此很快在工业产品和家具设计中广泛应用，成为面向人民大众的"民主的材料"。第二次世界大战末期，聚乙烯、聚氯乙烯、聚氯丙烯、聚脱脂、有机玻璃等塑料都被开发出来，它们大受家具设计师的青睐，被广泛用于各种家具设计，并使家具造型的形式从装配组合转向整体浇铸成型。20 世纪 60 年代，也被称为"塑料的时代"。著名的建筑与家具大师艾罗·沙里宁设计的郁金香椅，丹麦家具大师雅各布森设计的天鹅椅、蛋壳椅，费纳·潘顿设计的堆叠式椅都是塑料家具的杰出代表作品。塑料制成的家具具有天然材料家具无法代替的优点，尤其是整体成型自成一体，色彩丰富，防水防锈，成为公共建筑、室外家具的首选材料。塑料家具除了整体成型外，更多的是制成家具部件与金属材料、玻璃配合组装成家具。

（5）玻璃家具。

玻璃是一种晶莹剔透的人造材料，具有平滑、光洁、透明的独特材质美感，现代家具的一个流行趋势就是把木材、铝合金、不锈钢与玻璃相结合，极大地增强了家具的装饰与观赏价值，现代家具正在走向多种材质的组合，在这方面，玻璃在家具中的使用起了主导作用。由于玻璃加工技术的提高，雕刻玻璃、磨砂玻璃、彩绘玻璃，车边玻璃、镶嵌夹玻璃、冰花玻璃、热弯玻璃、镀膜玻璃等不同装饰效果的玻璃大量应用于现代家具，尤其是在陈列性、展示性家具以及承重不大的餐桌、茶几等家具上，玻璃更是成为主要的家具用材，由于现代家具日益重视与环境、建筑、家居、灯光的整体装饰效果，特别是家具与灯具的设计日益走向组合，玻璃由于透明的特性，更是在家具与灯光照明的效果的烘托下起到了虚实相生、交映生辉的装饰作用。从最近几年的意大利米兰、德国科隆、美国高点国际家具博览会的最新家具设计，也可以看到使用玻璃部件的普遍程度，尤其是当代意大利的具有抽象雕塑美感的玻璃茶几设计，更是光彩夺目的现代家具的亮点，成为迅速流行到全世界的新潮前卫家具。

（6）石材家具。

石材是大自然鬼斧神工造化的具有不同天然色彩、石纹、肌理的一种质地坚硬的天然材料，给人的感觉高档、厚实、粗犷、自然、耐久。天然石材的种类很多，在家具中主要使用花岗石和大理石两大类。由于石材的产地不同，故质地各异，同时在质量、价格上也相差甚远，花岗岩中有印度红、中国红、四川红、虎皮黄、菊花青、森林绿、芝麻黑、花石白等。大理石中有大花白、大花绿、贵妃红、汉白玉等。在家具的设计与制作中，天然大理石材多用于桌、台案、几的面板，发挥石材的坚硬、耐磨和天然石材肌理的独特装饰作用。同时，也有不少的室外庭园家具、室内的茶几、花台也采用石材制作。人造大理石、人造花岗岩是近年来才开始广泛应用于厨房、卫生间台板的一种人造石材。它以石粉、石渣为主要骨料，以树脂为胶结成型剂，一次性浇铸成型，易于切割加工、抛光，其花色接近天然石材，抗污力、耐久性及加工性、成型性优于天然石材，同时便于标准化、部件化批量生产，特别是在整体厨房家具、整体卫浴家具和室外家具中广泛使用。

（7）软体家具。

软体家具在传统工艺上是指以弹簧、填充料为主，在现代工艺上还有泡沫塑料成型以及充气成型的具有柔软舒适性能的家具，主要应用在与人体直接接触并使之合乎人体尺度并增加舒适度的沙发、座椅、坐垫、床垫、床榻等方面，是一种应用很广的普及型家具。随着科技的发展，新材料的出现，软体家具从结构、框架、成型工艺等方面都有了很大的发展，软体家具从传统的固定木框架正逐步转向调节活动的金属结构框架，填充料从原来的天然纤维如山棕、棉花、麻布转变为一次成型的发泡橡胶或乳胶海绵。外套面料从原来的固定真皮转变为防水、防污、可拆换的时尚布艺。

10.3 家具在室内环境中的作用

1.明确使用功能，识别空间性质

除了作为交通性的通道等空间外，绝大部分的室内空间（厅、室）在家具未布置前是难于付之使用和难于识别其功能性质的，更谈不上其功能的实际效率。因此，可以这样说，家具是空间实用性质的直接表达者，家具的组织和布置也是空间组织使用的直接体现，是对室内空间组织、使用的再创造。良好的家具设计和布置形式，能充分反映使用者的目的、规格、等级、地位以及个人特性等，从而赋予空间一定的环境品格。

2.利用空间，组织空间

利用家具来分隔空间是室内设计中的一个主要内容，如在景观办公室中利用家具单元沙发等进行分隔和布置空间。在住户设计中，利用壁柜来分隔房间，在餐厅中利用桌椅来分隔用餐区和通道。在商场、营业厅，利用货柜、货架、陈列柜来划分不同性质的营业区域等。因此，应该把室内空间分隔和家具结合起来考虑，在可能的条件下，通过家具分隔，既可减少墙体的面积、减轻自重、提高空间使用率，还可以在一定的条件下，通过家具布置的灵活变化达到适应不同功能要求的目的。此外，某些吊柜的设置具有分隔空间的作用，并对空间作了充分的利用，如开放式厨房，常利用餐桌及其上部的吊柜来分隔空间。室内交通组织的优劣，全赖于家具布置的得失，布置家具圈内的工作区，或休息谈话区，不宜有交通穿越。因此，家具布置时，应处理好家具与出、入口的关系。

3. 建立情调，创造氛围

由于家具在室内空间所占的比重较大，体量十分突出，因此家具就成为室内空间表现的重要角色。历来人们对家具除了注意其使用功能外，还利用各种艺术手段，通过家具的形象来表达某种思想和含义。这在古代宫廷家具设计中可见一斑，那些家具已成为封建帝王权力的象征。

家具和建筑一样受到各种文艺思潮和流派的影响，从古至今，千姿百态，无奇不有，家具既是实用品，也是一种工艺美术品，这已为人们所共识。从历史上看，对家具纹样的选择、构件的曲直变化、线条的运用、尺度大小的改变、造型的壮实或柔细、装饰的繁复或简练，除了其他因素外，主要是利用家具的语言，表达一种思想、一种风格、一种情调，造成一种氛围，以适应某种要求和目的，而现代社会流行的怀旧情调的仿古家具、回归自然的乡土家具、崇尚技术形式的抽象家具等，也反映了各种不同思想情绪和某种审美要求。

现代家具应该在应用人体工程学的基础上，做到结构合理、构造简捷，充分利用和发挥材料本身的特色，根据不同场合、不同用途、不同性质的使用要求，与建筑进行有机结合。发扬我国传统家具的特色，创造具有时代感、民族感的现代家具。

10.4 家具的选用和布置原则

1. 家具布置与空间的关系

1）合理的位置

室内空间的位置环境各不相同，在位置上有靠近出口或入口的地带、室内中心地带、沿墙地带以及室内后部地带等区别，各个位置的环境如采光效率、交通影响、室外景观各不相同，应结合使用要求，使不同家具的位置在室内各得其所。如宾馆客房，床位一般布置在暗处；在餐厅中，常选择室外景观好的靠窗位置；客房套间常把谈话、休息处布置在入口的位置，卧室设置在室内的后部等。

2）方便使用，节约劳动

同一室内的家具在使用上都是相互联系的，如餐厅中的餐桌、餐具和食品柜；书房中的书桌和书架；厨房中洗、切等设备与橱柜、冰箱、蒸煮等的关系，它们的相互关系是根据人在使用过程中达到方便、舒适、省时、省力的活动规律来确定。

3）丰富空间，改善空间

空间是否完善，只有当家具布置以后才能真实地体现出来，如果在未布置家具前，原来的空间有过大、过小、过长、过窄等都可能会给人某种缺陷的感觉。但经过家具布置后，可能会改变原来的面貌而感觉恰到好处。因此，家具不但丰富了空间内涵，而且常是借以改善空间、弥补空间不足的一个重要因素，应根据家具的不同体量大小、高低，结合空间给予合理的、相适应的位置，对空间进行再创造，使空间在视觉上达到良好的效果。

4）充分利用空间，重视经济效益

建筑设计中的一个重要的问题就是经济问题，这在市场经济中显得尤为重要，因为地价、建筑造价是持续上升的，投资是巨大的，作为商品建筑，就要重视它的使用价值，一个电影院能容纳多少观众，一个餐厅能安排多少餐桌，一个商店能布置多少营业柜台，这对经营者来说不是一个小问题。合理压缩非生产性面积，充分利用使用面积，减少或消除不必要的浪费面积，对家具布置提出了相当严峻甚至苛刻的要求，应该把它看作是杜绝浪费、提倡节约的一件好事。当然，也不能走向极端。在重视社会效益、环境效益的基础上，精打细算，充分发挥单位面积的使用价值，无疑是十分重要的。特别对大量性建筑来说，如居住建筑，充分利用空间应该作为评判设计质量优劣的一个重要指标。

2. 家具形式与数量的确定

现代家具的比例尺度应和室内净高、门窗、窗台线、墙裙取得密切配合，使家具和室内装修形成统一的有机整体。

家具的形式往往涉及室内风格的表现，而室内风格的表现，除界面装饰装修外，家具起着重要作用。室内的风格往往取决于室内功能需要和个人的爱好和情趣。历史上比较成熟有名的家具，往往代表着那个时代的一种风格而流传至今。同时，由于旅游业的发展，各国交往频繁，为满足不同需要，反映各国乃至各民族的特点，以表现不同民族和地方的特色，而采取相应的风格表现。因此，除现代风格以外，常采用各国不同民族的传统风格和不同历史时期的古典或古代风格。

家具的数量决定于不同性质的空间的使用要求和空间的面积大小。除了影剧院、体育馆等群众集合场所家具相对密集外，一般家具面积不宜占室内总面积过大，要考虑容纳人数和活动要求以及舒适的空间感，特别是活动量大的房间，如客厅、起居室、餐厅等，更宜留出较多的空间。小面积的空间，应满足最基本的使用要求，或采取多功能家具、悬挂式家具，以留出足够的活动空间。

3. 家具布置的基本方法

应结合空间的性质和特点，确立合理的家具类型和数量，根据家具的单一性或多样性，明确家具布置范围，达到功能分区合理。组织好空间活动和交通路线，使动、静分区分明，分清主体家具和从属家具，使其相互配合、主次分明。安排组织好空间的形式、形状和家具的组、团、排的方式，达到整体和谐的效果，在此基础上应该进一步从布置格局、风格等方面考虑。从空间形象和空间景观出发，使家具布置具有规律性、秩序性、韵律性和表现性，获得良好的视觉效果和心理效应。因为一旦家具设计好和布置好后，人们就要去适应这个现实存在。

不论在家庭或公共场所，除了个人独处的情况外，大部分家具使用都处于人际交往和人际关系的活动之中，如家庭会客、办公交往、宴会欢聚、会议讨论、车船等候、逛商场或公共休息场所等。家具设计和布置，如座位布置的方位、间隔、距离、环境、光照，实际上往往是在规范着人与人之间各式各样的相互关系，等次关系，亲疏关系（如面对面、背靠背、面对背、面对侧），影响到安全感、私密感、领域感。形式问题影响心理问题，每个人既是观者又是被观者，人们都处于通常说的"人看人"的局面之中。

因此，当人们选择位置时，必然对自己所处的地理位置做出考虑和选择。因此，在设计布置家具的时候，特别在公共场所，应适合不同人们的心理需要，充分认识不同的家具设计和布置形式代表的不同含义，如一般有对向式、背向式、离散式、内聚式、主从式等布置，它们所产生的心理作用是各不相同的。

家具在空间中的位置可分为以下几种。

（1）周边式。家具沿四周墙布置，留出中间空间位置，空间相对集中，易于组织交通，为举行其他活动提供较大的面积，便于布置中心陈设。

（2）岛式。将家具布置在室内中心部位，留出周边空间，强调家具的中心地位，显示其重要性和独立性，周边的交通活动，保证了中心区不受干扰和影响。

（3）单边式。家具集中在一侧，留出另一侧空间（常成为走道）。工作区和交通区截然分开，功能分区明确，干扰小，交通成为线形，当交通线布置在房间的短边时，交通面积最为节约。

（4）走道式。将家具布置在室内二侧，中间留出走道。节约交通面积，交通对两边都有干扰，一般客房活动人数少，都这样布置。

家具布置与墙面的关系可分为以下几种。

（1）靠墙布置。充分利用墙面，使室内留出更多的空间。

（2）垂直于墙面布置。考虑采光方向与工作面的关系，起到分隔空间的作用。

（3）临空布置。用于较大的空间，形成空间中的空间。

从家具布置格局可分为以下几种。

（1）对称式。显得庄重、严肃、稳定而静穆，适合于隆重、正规的场合。

（2）非对称式。显得活泼、自由、流动而活跃，适合于轻松、非正规的场合。

（3）集中式。常适合于功能比较单一、家具种类不多、房间面积较小的场合，组成单一的家具组。

（4）分散式。常适合于功能多样、家具种类较多、房间面积较大的场合，组成若干家具组、团。不论采取何种形式，均应有主有次，层次分明，聚散相宜。

10.5　应用研究——枫丹白露别墅室内设计

枫丹白露位于洛阳市栾川县城东新区，由河南天地辉煌置业有限公司开发的独栋别墅，地处于方皮路与伊水路的交叉口，整个小区南靠老君山，北望伊河，东边与小南沟接壤，西与蝴蝶谷毗邻，是栾川重点工程项目。通过到现场的考察，这个别墅区的整体设计风格为欧式设计，房型为独幢两层别墅，前后拥有花园，通风和采光较好，户型方正，结构合理，空间高，是一套不可多得的经典户型。

本案在设计手法上突出了文化人的温文尔雅、平和理性的特点，用浅淡的黄色和象牙白为主色调，表达业主的温馨典雅。在设计风格定位上，采用简欧式的设计风格，其中吸取了文艺复兴时期"巴洛克"风中的一些经典元素，既不过分张扬，而又恰到好处地把雍容华贵之气渗透到每个角落；既突出别墅本身的自然优势，又适当彰显业主的个人品位。

图10-2（a）为客厅，主要表现的是吊顶和电视墙的前期构思。吊顶使用方里带圆的形式，这样增加了空间的层次感，也体现了欧式设计的元素。电视墙使用大理石和玻璃为主要材料，中间部位利用软包或者壁纸来体现，整个空间凸显这个视觉中心。主要色调采用淡黄色。

图10-2（b）为书房设计，硬装部分比较简洁，毕竟书房是个安静的独立场所，过于繁杂会给人心神不定的感觉。在家具的选择上可以使用带有一些曲线和装饰性的家具来点缀整个空间。

图10-2（c）是书房设计的另一种方案，更加简洁，采用了直线条，符合男主人的意愿，不过欧式设计元素欠缺，还应继续修改。

图10-2（d）为卧室设计，这个卧室主要体现的是女儿房的设计，背景墙的设计上利用简单的欧式简单的线条来做造型，又不失华丽的欧式造型，在其中利用壁纸来加以点缀，墙面还可装上欧式壁灯，灯光的层次感也可凸显。

图10-2（e）为主卧室的设计，卧室是让人放松的环境。所以主卧室是设计的一个重点，背景墙利用软包，可以增添豪华之感，让卧室充满了动感的效果。墙面为淡色壁纸。

图10-2（f）为客房或保姆房的设计，这个空间一般不被利用，所以在硬装部分就是直线条的吊顶还有简单的电视背景墙制作。家具的选择上应有所考究，来增添整个空间的气氛。

图10-2（g）为卫生间的设计。卫生间的设计也可以体现业主生活品位，而且也作为整个别墅设计的重点，硬装部分以及色彩搭配都是要多加思考。

简约欧式的方案基本采用直线条为主，在吊顶方面又有不失华丽的欧式线条出现。在这个比较大的户型里，赋予了许多现代材质，比如玻璃、不锈钢、大理石等，并没有冗余的设计。电视墙和餐厅背景墙的设计，凸显了整个空间的视觉中心，运用同一个图形元素，突出设计的亮点，并且也有了呼应。这次的风格主要就体现在形象墙、灯饰造型，还有后期的精美配饰，以及大理石、多彩的织物、精美的欧式画框等。墙面上使用简单而不失华丽的淡色壁纸，还有利用一些别的材质作为辅助，采用这种常用的装饰手法，让整个别墅显得现代华丽并充满强烈的空间感。

别墅分为两层，新建以及改建的墙体部分能够达到一个更为理想的区域划分。比如一楼，为了充分诠释欧式风格在区域上的划分，钢琴房的位置做出一个圆形门洞，门厅和餐厅区域的装饰墙体，用来作为区分的隔断以及欧式装饰墙的造型，这样使各个空间相对独立起来，但又有一定的联系，且空间视野不至于一眼望穿，也更加有看头，可以细细品味。在门厅那里设置的壁炉，是体现欧式设计必不可少的要素，这里的壁炉设计的简单大方，采用淡黄色花纹的大理石为材料，在壁炉的立面设计上也有较简单的竖条凹槽造型设计，在壁炉上放一些装饰品，使视觉空间更有层次感。背景墙

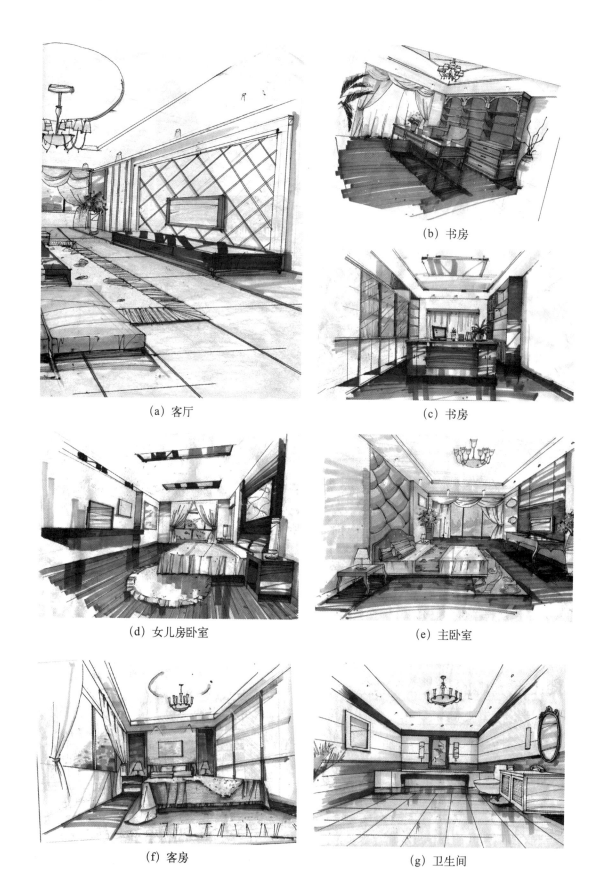

（a）客厅

（b）书房

（c）书房

（d）女儿房卧室

（e）主卧室

（f）客房

（g）卫生间

图 10-2　枫丹白露别墅室内设计

使用花色壁纸以及玻璃拼接而成，材质的对比也增强了可观赏性。二楼主要为业主休息的区域，以卧室为主，墙体没有做什么改变，卧室里采用了简欧家具的象牙白色为基本色调来体现欧式风格。

效果图的制作可以让业主一目了然地了解这个设计方案理想中的装饰效果，给业主一定的选择性和认知性。这次的效果图制作了几个主要的空间，门厅、客厅、钢琴房、卧室等，基本能够体现出整个空间的实际效果。

从一楼的户型开始设计，进入大门开始，就可以看到具有明显欧式特点的壁炉（图 10-3），在壁炉两侧放置了两个设计感比较强的欧式高靠背沙发，背景墙为门厅和餐厅的隔断。楼梯设置为曲线形，利用铁艺和木质的扶手，也烘托了整个欧式空间。吊灯选用水晶灯，简单中带有欧式那种现代奢华却不失浪漫的气息。在楼梯的下方放有装饰，作为空间的点缀。

将视角转为另一个方向（图 10-4），可以看到钢琴房的设置，钢琴是高雅的乐器代表，业主的女儿喜爱钢琴演奏。在这里，将钢琴室设置为半开放型空间，钢琴也作为了整个空间的一个点缀，

图 10-3　门厅一

图 10-4　门厅二

提高了整个空间的档次，并有一定的实用价值。在这个空间处理的比较简单，让人有一个安心舒适的环境练琴。

客厅为一个家庭室内空间的重点，在这个别墅空间里，从大门进入的左边为客厅的位置，如图 10-5，在入口处，利用大理石做出两个类似于欧式柱式形式的设计，客厅电视背景墙为对称形，设计虽然简单，采用了大理石和玻璃材质，在电视墙中间为皮革硬包，从材质上与大理石和玻璃有了明显的对比，在色彩的选择上还是使用了淡色，这样通过颜色以及材质的搭配和整体环境色调的搭配，就让电视墙的设计融入整个空间之中。客厅家具的选择上使用了重色，毕竟硬装部分的颜色没有过重的色调，这样的色彩搭配也算是一种中和，让空间看起来更加稳定。沙发的选择是比较有现代感的，沙发的两边有银色的小桌作为摆设，摆台上放置了紫色的台灯，具有浪漫的气氛。皮质和布艺沙发的组合在材质上有着鲜明的对比，沙发也具有流畅的木质曲线，这样就将欧式的奢华感与现代家居的实用性完美地结合起来。客厅有一个大面积的滑窗，滑窗给这个空间带来了良好的采光。客厅里没有过多的欧式摆设，只要达到一种简单华丽的感觉就恰到好处。

图 10-5　客厅

餐厅的设计与客厅设计相呼应，使空间整体效果达到统一，如图 10-6 所示。餐厅的造型墙比较有特点，还有别致的水晶灯以及选用了带有流线型的餐桌和餐椅，使整个空间简单中带有复杂的气息。

图 10-6　餐厅（附彩图）

二楼主要为休息区，主卧为设计的重点。卧室是一个让人放松的环境。主卧室主要采用了米黄色为主色调，让人感觉温馨舒适。主卧选择了白色木质曲线感较强的家具，能与周围环境融为一体。在卧室的背景墙设计上，分为了两个层次，背景墙使用了软包的工艺，在软包周围用金属材质包边。在背景墙后面有隐藏灯带，当灯带打开后，使整个空间的层次感增加，同时也营造了温馨的氛围，使整个卧室给人富丽、豪华之感，如图 10-7 所示。

图 10-7　主卧室

另外一个卧室为业主女儿的房间。通过与业主的了解，女儿的个性文静，喜欢有格调的环境。在这个房间的设计上，床头背景墙用简单的直线条作为装饰，并铺有大花纹的淡黄色壁纸，在床头可以挂上自己的照片或是欧式挂画。整个空间以白色为主调，加上灯光的配合，营造出一份静谧的感觉，如图10-8所示。

女儿房间的旁边为书房。业主夫妇二人为高级知识分子，所以特别注重书房的设计。使书柜最大限度地利用空间是设计的主要构思。通透的隔板增加了书柜的容量，有柜门和无柜门，有背板和无背板的搭配在空间的虚实上显得灵活多样，淡化了书柜的刻板和单一。在书柜的色彩搭配上选择了白色与胡桃木色相间，书桌选用胡桃木色，显得沉稳大方，但在造型上使用欧式的曲线线条，增添了一点活泼的气氛。壁纸的颜色清新淡雅，使人在此环境中就能够静下心来读书或办公，如图10-9所示。

卫生间设计如图10-10所示。

在别墅的室内设计中，地面铺设是非常讲究的，地面设计也是体现设计风格的一个重要因素。一楼的地面铺设主要为大理石，门厅部分为淡黄色瓷砖，客厅和餐厅的地面铺设比较特别，用了三种不同的大理石进行铺设，分别为米黄大理石、浅咖大理石、黑金花大理石，采用石材拼花的方式，这样地面更突出了设计的特色。二楼的公共空间仍然使用大理石，但是每个房间里都使用了实木地板，简单而又温馨。

别墅中吊顶的设计也是至关重要的。一楼的吊顶为最奢华的一部分，吊顶分为两到三个层次设计。天棚吊顶采用角线设计，墙面和天花的交界线起到了欧式装饰美化的作用，让空间的高度更有层次感。在墙面四周的花纹墙条也起到了装饰美化作用。通过这些细节的处理，欧式感就增强了，整个空间也更和谐、温馨、浪漫。相对于一楼的吊顶设计，二楼就没有过多的复杂线条，以直线条为主，注重的是温馨、简单、大方。

图10-8 女儿房（附彩图）

图10-9 书房

图10-10 卫生间

本章小结

　　家具与人们的生活息息相关。因此，在室内设计中深受重视。随着社会的发展，家具已不再是一种简单的功能物品，而是和建筑、雕塑一样，成为一种可观赏的艺术品，在一定程度上反映了人类的意识形态、社会心理、风俗习惯、生产方式、审美情趣和科技水平。

　　在家具造型中，突出反映了室内设计艺术的本质：即科学性与艺术性的结合。科学性是指在家具设计中要符合人体工程学、材料学、施工工艺要求，以满足人们的物质生活需求；艺术性是强调在家具设计中运用艺术形式来满足人们不断发展的精神生活需求。

　　家具是室内设计的重要组成部分，与室内环境构成一个有联系的整体。家具不仅具有良好的使用价值和审美价值，而且好的家具设计能更加突出室内环境设计主题。应当认真学习不同国家、不同民族和不同历史时期家具的传统特点和成就，认真掌握有关的理论知识，提高艺术修养，熟练运用设计技巧，准确表达设计意图。设计中还必须掌握各种使用功能的要求及人体工程学在家具中的应用。在实际制作过程中，要不断熟悉新材料、掌握新技术、总结新经验，在技术上精益求精。只有这样，才能设计出优秀的家具来。

第 11 章 室内绿化设计

根据维持自然生态环境的要求和专家测算，城市居民每人至少应有 $10m^2$ 的森林或 $30m^2 \sim 50m^2$ 的绿地才能使城市达到二氧化碳和氧气的平衡，才有益于人类生存。我国《城市园林绿化管理暂行条例》也规定：城市绿化覆盖率为 30%，公共绿地到 20 世纪末达到每人 $7m^2 \sim 11m^2$ 等。大力推广阳台、屋顶及室内绿化，对提高城市绿化率，改善自然生态环境，无疑将起着十分重要的补充和促进作用。

我国人民十分崇尚自然、热爱自然，喜欢接近自然，欣赏自然风光，和大自然共呼吸，这是生活中不可缺少的重要组成部分。对植物、花卉的热爱，也常洋溢于诗画之中。自古以来就有踏青、登高、春游、野营、赏花等习俗，并一直延续至今。苏东坡曾云："宁可食无肉，不可居无竹。"杜甫诗云："卜居必林泉，结庐锦水边"，并常以花木寄托思乡之情。宋洪迈《问故居》云："古今诗人，怀想故居，形之篇咏必以松竹梅菊为比、兴。"王摩诘诗曰，"君自故乡来，应知故乡事，来日绮窗前，寒梅着花未？"杜公《寄题草堂》云："四松初移时，大抵三尺强。别来忽三载，寓立如人长"等。旧时把农历 2 月 15 日定为百花生日，或称"花朝节"。古蜀把每年的农历 6 月 24 日定为莲花生日，名"观荷节"。据传唐代武则天时，宫廷已能用地窖熏烘法使盆栽百花在春节齐开一堂。宫廷排宴赏花自唐代始盛，相传武则天下诏催花，唐玄宗曾击鼓催花，到孟蜀时也多次设宴召集百官赏花，故有"殿前排宴赏花开"之句。北京崇文门外的"花市大街"，就是在 20 世纪初因集中经营花卉业而得名。

室内绿化在我国的发展历史悠远，最早可追溯到新石器时代，从浙江余姚河姆渡新石器文化遗址的发掘中，获得一块刻有盆栽植物花纹的陶块。河北望都一号东汉墓的墓室内有盆栽的壁画，绘有内栽红花绿叶的卷沿圆盆，置于方形几上，盆长椭圆形，内有假山几座，长有花草。另一幅也有高髻侍女，手托莲瓣形盘，盘中有盆景，长有植物一棵，植株上有绿叶红果。

在西方，古埃及画中就有种在罐里的进口稀有植物；据古希腊植物学志记载有 500 种以上的植物，并在当时能制造精美的植物容器；在古罗马宫廷中，也有种在容器中的进口植物，并在屋顶的暖房中培育玫瑰花和百合花。至意大利文艺复兴时期，花园已很普及，英、法国家在 17—19 世纪已在暖房中培育柑橘。

许多室内培育植物的知识是在市场销售运输过程中获得的。欧洲 19 世纪的冬季庭园（玻璃房）已经很普及。20 世纪六七十年代，室内绿化已为各国人民所重视，引进千家万户。植物是大自然生态环境的主体，改善城市生态环境，崇尚自然、返璞归真的愿望和需要，在当代城市环境污染日益恶化的情况下显得更为迫切。因此，通过绿化室内，把生活、学习、工作、休息的空间变成"绿色的空间"，是环境改善最有效的手段之一，它不但对社会环境的美化和生态平衡有益，而且对工作、生产也会有很大的促进。人类学家哈·爱德华强调人的空间体验不仅是视觉而是多种感觉，并与行为有关，人和空间是相互作用的，当人们踏进室内，看到浓浓的绿意和鲜艳的花朵，听到卵石上的流水声，闻到阵阵的花香，在良好的环境中对知觉的刺激，能使人的精力更为充沛，思路更为敏捷；使人的聪明才智更好地发挥出来，从而提高工作效率。这种看不见的环境效益，实际上和看得见的超额完成生产指标是一样重要的。

11.1　室内绿化的作用

1. 净化空气、调节气候

植物经过光合作用可以吸收二氧化碳，释放氧气，而人在呼吸过程中，吸入氧气，呼出二氧化碳，从而使大气中氧和二氧化碳达到平衡。此外，某些植物，如夹竹桃、梧桐、棕榈、大叶黄杨等可吸收有害气体，有些植物的分泌物，如松、柏、悬铃木等具有杀灭细菌的作用，从而净化空气，减少空气中的含菌量，同时植物又能吸附大气中的尘埃，从而使环境得以净化。

2. 组织空间、引导空间

利用绿化组织室内空间、强化空间，表现在以下几个方面。

1）分隔空间的作用

以绿化分隔空间的范围是十分广泛的，如在两厅室之间、厅室与走道之间以及在某些大的厅室内需要分隔成小空间，如办公室、餐厅、酒店大堂，此外在某些空间或场地的交界线，如室内外之间、室内地坪高差交界处等，都可用绿化进行分隔。某些有空间分隔作用的围栏，如柱廊之间的围栏，临水建筑的防护栏等，也均可以结合绿化加以分隔。

对于重要的部位，如正对出、入口，起到屏风作用的绿化，还需要作重点处理，分隔的方式大都采用地面分隔方式，如有条件，也可采用悬垂植物自上而下进行空间分隔。

2）联系引导空间的作用

联系室内外的方法是很多的，如通过铺地由室外延伸到室内，或利用墙面、天棚或踏步的延伸，也都可以起到联系的作用。但是相比之下，都没有利用绿化更鲜明、更亲切、更自然、更惹人注目和喜爱。

许多宾馆常利用绿化的延伸联系室内外空间，起到过渡和渗透作用，通过连续的绿化布置，强化室内外空间的联系和统一。

绿化在室内的连续布置，从一个空间延伸到另一个空间，特别在空间的转折、过渡、改变方向之处，更能发挥空间的整体效果。绿化布置的连续和延伸，如果有意识地强化其突出、醒目的效果，那么，通过视线的吸引就起到了暗示和引导作用。方法一致，作用各异，在设计时应予以细心区别。

3）突出空间的重点作用

在大门入口处、楼梯进出口处、交通中心或转折处、走廊尽端等，既是交通的主要关节点，也是空间中的起始点、转折点、中心点、终结点等的重要视觉中心位置，是必须引起人们注意的位置。因此，常放置特别醒目的、更富有装饰效果的、甚至名贵的植物或花卉，起到强化空间、重点突出的作用。

布置在交通中心或靠墙位置的绿植，也常成为厅室的趣味中心而特别设置。这里应说明的是，位于交通路线的一切陈设，包括绿化在内，必须以不妨碍交通和紧急疏散时不致成为绊脚石为原则，并按空间大小形状选择相应的植物。如放在狭窄的过道边的植物，不宜选择低矮、枝叶向外扩展的植物，否则，既妨碍交通，也会损伤植物，因此应选择与空间更为协调的修长的植物。

3. 柔化空间、增添生气

树木花卉以其千姿百态的自然姿态、五彩缤纷的色彩、柔软飘逸的神态、生机勃勃的生命与刻板的金属、玻璃制品及僵硬的建筑几何形体和线条形成强烈的对比。如：乔木或灌木以其柔软的枝叶覆盖室内的大部分空间；蔓藤植物，以其修长的枝条，从这一墙面伸展至另一墙面，或自上而下吊垂在墙面、柜、橱、书架上，如一串翡翠般的绿色枝叶装饰并改变了室内空间形态。大片的宽叶植物，可以在墙隅、沙发一角，改变家具设备的轮廓线，从而使人工的几何形体的室内空间产生柔和的气氛。这是其他任何室内装饰、陈设所不能代替的。此外，植物修剪后的人工几何形态，以其特殊的色质与建筑在形式上取得协调，在质地上又起到刚柔对比的特殊效果。

4. 美化环境、陶冶情操

绿色植物，不论其形、色、质、味，或其枝干、花叶、果实，显示出蓬勃向上、充满生机的力量，引人奋发向上，热爱自然，热爱生活。植物生长的过程，是争取生存及与大自然搏斗的过程，其形态是自然形成的，没有任何掩饰和伪装。不少生长于缺水少土的山岩、墙垣之间的植物，盘根错节，纵伸横延，广布探钻，充分显示其为生命斗争的无限生命力，在形式上是一幅抽象的天然图画，在内容上是一首生命赞美之歌。它的美是一种自然美，洁净、朴实无华，即使被人工剪裁，任人截枝斩干，仍然显示出自强不息、生命不止的顽强生命力。因此，树桩盆景之美与其说是一种造型美，倒不如说是一种生命之美。人们从中可以得到万般启迪，使人更加热爱生命，热爱自然，陶冶情操，净化心灵，与自然共呼吸。

5. 抒发情怀、创造氛围

一定量的植物配置，使室内形成绿化空间，让人们置身于自然环境中，享受自然风光，不论工作、学习、休息，都能心旷神怡，悠然自得。东西方对不同植物花卉均赋予一定的象征意义，如我国称荷花为"出淤泥而不染，濯清涟而不妖"，象征高尚情操；白竹为"未曾出土先有节，纵凌云霄也虚心"，象征高风亮节；称松、竹、梅为"岁寒三友"，梅、兰、竹、菊为"四君子"；牡丹象征高贵，石榴象征多子，萱草象征忘忧等。在西方，紫罗兰象征忠实永恒；百合花象征纯洁；郁金香象征名誉；勿忘草象征勿忘我等。

植物在四季时空变化中形成典型的四时即景：春花，夏绿，秋叶，冬枝。一片柔和翠绿的林木，可以在一夜之间变成红、黄色彩；一片布满蒲公英的草地，一夜之间可变成一片白色的梅洋。时迁景换，此情此景，无法形容。因此，不少宾馆设立四季厅，利用植物季节变化，可使室内具备不同情调和气氛，使旅客也获得时令感和常新的感觉，也可利用赏花时节，举行各种集会，为会议增添新的气氛，适应不同空间的用途。

11.2　室内绿化的布置方式

室内绿化的布置在不同的场所，如酒店宾馆的门厅、大堂、中庭、休息厅、会议室、办公室、餐厅以及住户的居室等，均有不同的要求，应根据不同的任务、目的和作用，采取不同的布置方式，随着空间位置的不同，绿化的作用和地位也随之变化。

（1）处于重要地位的中心位置，如大厅中央。

（2）处于较为主要的关键部位，如出入口处。

（3）处于一般的边角地带，如墙边、角隅。

应根据不同部位，选好相应的植物。但室内绿化通常总是利用室内剩余空间，或不影响交通的墙边、角隅，并利用悬、吊、壁龛、壁架等方式，尽量节约室内使用面积。同时，某些攀缘植物又宜于垂悬，以充分展现其风姿。因此，室内绿化的布置，应从平面和垂直两方面进行考虑，形成立体的绿色环境。

1. 重点装饰与边角点缀

把室内绿化作为主要陈设并成为视觉中心，以其形、色的特有魅力来吸引人们，是许多厅室常采用的一种布置方式，它可以布置在厅室的中央。边角点缀的布置方式更为多样，布置在楼梯或大门出、入口一侧或两侧、走道边、柱角边等部位。这种方式是介于重点布置和边角布置之间的一种形态，其重要性次于重点装饰而高于边角布置。

2. 结合家具、陈设等布置绿化

室内绿化除了单独落地布置外，还可与家具、陈设、灯具等室内物件结合布置，相得益彰，组成有机的整体。

3. 组成背景、形成对比

绿化的另一个作用，就是通过其独特的形、色、质，不论是绿叶或鲜花，不论是铺地或是屏障，集中布置成片的背景。

4. 垂直绿化

垂直绿化通常采用天棚上悬吊方式。垂直绿化，在墙面支架或凸出花台放置绿化，或利用靠室内顶部设置吊柜、搁板布置绿化，也可利用每层回廊栏板布置绿化等，这样可以充分利用空间，不占地面，并造成绿色立体环境，增加绿化的体量和氛围，并通过成片垂下的枝叶组成似隔非隔、虚无缥缈的美妙情境。

5. 沿窗布置绿化

靠窗布置绿化，能使植物接受更多的日照，并形成室内绿色景观，可以做成花槽或低台上置小型盆栽等方式。

11.3　室内植物选择

室内的植物选择是双向的，一方面对室内来说，是选择什么样的植物较为合适；另一方面对植物来说，应该有什么样的室内环境才能适合于生长。因此，在设计之初，就应该和其他功能一样，拟订出一个"绿色计划"。

大部分的室内植物，原产南美洲低纬度区、非洲南部和东南亚的热带丛林地区，适应于温暖湿润的半阴或荫蔽的环境下生长，部分植物生长于高原地区，多数植物对抗寒和耐高温的性能比较差。当然，像适应于热带沙漠环境的仙人掌类，有极强的耐干旱性。

不同的植物品类，对光照、温湿度均有差别。室内植物，特别是蕨类等对空气的湿度要求更高。控制室内湿度是最困难的问题，一般采取在植物叶上喷水雾的办法来增加湿度，并应控制使不致形成水滴滴在土上。喷雾时间最好是在早上和午前，因午后和晚间喷雾易使植物产生霉菌而生病害。此外，也可以把植物花盆放在满铺卵石并盛满水的盘中，但不应使水接触花盆盆底。一般来说，观花植物比观叶植物需要更多的光照。

植物要求有利于保水、保肥、排水和透气性好的土壤，并按不同种类，要求有一定的酸碱度。大多植物性喜微酸性或中性，因此常常用不同的土质，经灭菌后，混合配制，如沙土、泥土、腐质土、泥炭土以及珍珠岩等。植物在生长期及高温季节，应经常浇水，但应避免水分过多，使根部缺氧而停止生长，甚至枯萎。所有植物，均应周期性地使用大量的水去过滤出肥料中的盐碱成分。花肥主要是氮，能促进枝叶茂盛；磷有促进花色鲜艳果实肥大等作用；钾可促进根系健壮，茎干粗壮挺拔。春夏多施肥，秋季少施，冬季停施。

为了适应室内条件，应选择能忍受低光照、低湿度、耐高温的植物。一般来说，观花植物比观叶植物需要更多的细心照料。

根据上述情况，在室内选用植物时，应首先考虑如何更好地为室内植物创造良好的生长环境，如加强室内外空间联系，尽可能创造开敞和半开敞空间，提供更多的日照条件，采用多种自然采光方式，尽可能挖掘和开辟更多的地面或楼层的绿化种植面积，布置花园、增设花台，选择在适当的墙面上悬置花槽等，创造具有绿色空间特色的建筑体系，在此基础上再从选择室内植物的目的、用途、意义等问题考虑以下问题。

（1）给室内创造怎样的气氛和印象。不同的植物形态、色泽、造型等，都会表现出不同的性格、情调和气氛，如庄重感、雄伟感、潇洒感、抒情感、华丽感、淡泊感、幽雅感，应和室内要求的气氛达到一致。

现代室内为引人注目的宽叶植物提供了理想的背景，而古典传统的室内可以与小叶植物更好地结合。不同的植物形态和不同室内风格有着密切的联系。

（2）根据植物在空间中的作用，如分隔空间、限定空间、引导空间、填补空间、创造趣味中心、强调或掩盖建筑局部空间，以及植物成长后的空间效果等。

（3）根据空间的大小，选择植物的尺度。一般把室内植物分为大、中、小三类，小型植物在 0.3m 以下，中型植物为 0.3m~1m，大型植物在 lm 以上。

植物的大小应和室内空间尺度以及家具获得良好的比例关系，小的植物并投有组成群体时，对大的开敞空间影响不大，而茂盛的乔木会使一般房间变小，但对高大的中庭又能增加其雄伟的风格，有些乔木也可抑制其生长速度或采取树桩盆景的方式，使其能适于室内观赏。

（4）植物的色彩是另一个必须考虑的问题。鲜艳美丽的花叶，可为室内增色不少，植物的色彩选择应和整个室内色彩取得协调。

由于今日可选用的植物多种多样，对多种不同的叶形、色彩、大小应予以组织和简化，过多的对比会使室内显得凌乱。

（5）利用不占室内面积之处布置绿化，如利用柜架、壁龛、窗台、角隅、楼梯背部、外侧以及各种悬挂方式。

（6）与室外的联系，如面向室外花园的开敞空间，被选择的植物应与室外植物取得协调。植物的容器、室内地面材料应与室外取得一致。

（7）养护问题，包括修剪、绑扎、浇水、施肥。对悬挂植物更应注重采取相应供水的办法，避免冷气和穿堂风对植物的伤害，对观花植物予以更多的照顾。

（8）注意少数人对某种植物的过敏性问题。

（9）植物容器的选择，应按照花形选择其大小、质地，不宜突出花盆的釉彩，以免遮掩了植物本身的美。玻璃瓶养花，可利用化学烧瓶，简捷、大方、透明、耐用，适合于任何场所，并透过玻璃观赏到美丽的须根、卵石。

室内植物种类繁多，大小不一，形态各异，常用的室内观叶、观花植物如下。

1. 木本植物

根据木本植物茎干的形态的区别，可将其分为乔木、灌木、半灌木三大类。

（1）乔木：植物一般非常高大，主干显著而直立，在距地面较高处的主干顶端，由繁盛分枝形成广阔树冠，如玉兰、杨树、松树、柏树等。乔木树冠多位于森林的上层，见光充足。在室内植物的选择中，一般布置在中庭与庭园里，给人一种雄伟感。

（2）灌木：植物较矮小，无显著主干，近地面处枝干丛生的木本植物，如大叶黄杨、迎春、木槿等，许多灌木观赏价值高，常应用于室内向阳的地方。

（3）半灌木：外形类似灌木，高度不及 lm，茎基部近地面处，木质、多年生，地上部分茎草质，为一年生，如金丝桃和某些篙属植物。

2. 草本植物

草本植物种类繁多，这些植物的茎内木质部不发达，木质化组织少，茎干柔软，植株矮小，多为草质。这类植物不能形成高大的森林，多在林下生活，或构成草原，高山草甸，或与树木、灌丛混生，有些还能附在高大的乔木之上。草本植物是世界上生存范围最广的陆地水生植物，从炎热的热带至寒冷的极地，都有草本植物的身影。草本植物广泛地用于园林美化中，构成草坪、花境、花坛，常用于园林绿化中的草本植物有：萱草、矮牵牛、玉簪等。

因植物生存年限长短，可将草本植物分为一年生、二年生和多年生三类。

（1）一年生植物：将在一个生长季完成全部生活史的草本植物称为一年生植物。它们从种子萌发到开花结果，直至枯萎死亡，在一个生长季内完成，如向日葵、蒲包花、瓜叶菊、报春花、蝴蝶花等。

（2）二年生草本：在两个生长季内完成全部生活史的植物。第一年种子播种后当年萌发仅长出根、茎叶等营养器官，越冬后第二年才开花结果直到枯萎死亡，如白菜、胡萝卜、菠菜等。

（3）多年生植物：生存期超过两年以上的草本植物。地上部分每年生长季节末死亡，地下部分（根或地下茎）为多年生，如薄荷、菊、百合、朱顶红、天竺葵、郁金香、凤仙花、秋海棠等。

3. 藤本植物

无论是木本植物还是草本植物，凡是茎蔓细长柔软不能直立，只能匍匐地面或攀附他物而生长的植物，统称藤本植物。藤本植物一般生长较快，占地较少。在热带雨林中，许多天南星科的大型藤本植物可攀附高大乔木，到达林冠的上层，得到充足的阳光和生长空间。藤本植物在室内起到边角点缀和重点装饰的作用。

按藤本植物不同的攀援习性，可将它分为以下四大类。

（1）钩刺类：这类植物可借助于枝蔓上的钩刺钩住他物向上生长，如蔷薇类植物、悬钩子等。

（2）缠绕类：其藤蔓缠绕一定粗度的柱状支撑物，呈螺旋状向上生长，如紫藤、葛藤、菜豆等。由左向右旋转缠绕的称左旋缠绕茎，如牵牛花、紫藤、旋花。从右向左缠绕的称右旋缠绕茎，如啤酒花、五味子等。

（3）卷须类：借助卷须或叶柄等卷络较细的条状物，而使植株向上生长，长而卷曲，单条或分叉。茎变态而成的茎卷须，如葡萄属植物，叶变态而成叶卷须，如香豌豆、尖藤叶等。靠叶柄攀附他物向上生长的，如铁线莲等。

（4）吸附类：借助黏性吸盘或吸附气根而向上生长，如爬山虎就是借助短枝上的吸盘附着在墙壁上，长春藤则是具有气生根的攀援植物，它的茎上常可见到一小丛一小丛像刷子一样的气生根，当茎向上攀爬时这气生攀援根能分泌出一种胶状物质，黏附在墙壁或其他物体上。

4. 多浆

多浆植物又称多肉植物、肉质植物。这类植物具有肥厚多汁的质茎、叶或根。由于科属种类不同，多浆植物在个体大小上相差悬殊，小的只有几厘米大，大的可高达几十米。其花朵形态也多样，有菊花形、梅花形、星形、漏斗形等。按照储水组织在植物中部位的不同，可将多浆植物分以下三种类型。

（1）叶多肉植物：叶高度肉质化，而茎的肉质程度低，如燕子掌、生石花等。

（2）茎多肉植物：植物的肉质部分主要在茎部，如仙人掌科的大部分种类。

（3）茎干状多肉植物：植物的肉质部分主要在茎的基部形成膨大而形状不一的肉质块状体，如佛肚树、苍角殿。

11.4　室内庭园

1. 室内庭园的意义和作用

室内庭园是室内空间的重要组成部分，是室内绿化的集中表现，旨在使生活在楼宇中的人们方便地获得接近自然、接触自然的机会，可享受自然的沐浴而不受外界气候变化的影响，这是现代文明的重要标志之一。开辟室内庭园虽然会占去一定的建筑面积，并要付出一定的管理、维护的代价，但从维护自然的生态平衡、保障人类的身心健康、改善生活环境质量等方面综合考虑，是十分值得提倡的。它的作用和意义不仅仅在于观赏价值，也是作为人们生活环境不可缺少的组成部分，尤其在当前许多室内庭园常和休息、餐饮、娱乐、歌舞、时装表演等多种活动结合在一起，因而也就充分发挥了庭园的使用价值，获得了一定的经济效益和社会效益。因此，室内庭园的发展有着广阔的前景。

2. 室内庭园的类型和组织

从室内绿化发展到室内庭园，使室内环境的改善达到了一个新的高度，室内绿化规划应该和建筑规划设计同步进行，根据需要确定其规模标准、使用性质和适当的位置。

室内庭园类型可以从采光条件、服务范围、空间位置以及其与地面的关系进行分类。

1）按采光条件分类

自然采光：顶部采光（通过玻璃屋顶采光）；侧面采光（通过玻璃或开敞面）；顶、侧双面采光。室内植物应避免过冷、过热的不适当的温度，如放在靠近北门边的植物，几次冷风就可能伤害其嫩叶；而在朝南的暖房，会产生"温室效应"，需要把热空气从通风口排出。人工照明。一般通过盆栽方式定期更换。

2）按位置和服务分类

（1）中心式庭园。庭园位于建筑中心地位，常为周围的厅室服务，甚至为整体建筑服务。

（2）专为某厅室服务的庭院。许多大型厅室，常在室内开辟一个专供观赏的小型庭园，它的位置常结合室内家具布置、活动路线以及景观效果等进行选择和布置，可以在厅的一侧或厅的中央，这种庭园一般规模不大，类似我国传统民居中各种类型的小天井、小庭园，常利用建筑中的角隅、死角组景。它们的规模大小不一，形式多样，甚至可见缝插针式地安排于各厅室之中或厅室之侧。在传统住宅中，这样的庭园，除观赏外，有时还能容纳一二人休憩其中，成为别有一番滋味的小天地。

我国传统院落式建筑的布置常是向纵深发展的，这样的居住环境，应该得到进一步发展。

结合庭院的位置常分为前庭、中庭、后庭和侧庭。由于植物有向阳性的特点，庭院的位置最好是布置在房屋的北面，这样，在观赏时，可以看到植物迎面而来，好像美丽的花叶在向人们招手和点头微笑。

3）根据庭园与地面的关系分类

（1）落地式庭园（或称露地庭园），庭园位于底层。

落地式庭园便于栽植大型乔木、灌木，及组织水系，一般常位于底层和门厅，与交通枢纽相结合。

（2）屋顶式庭园（或称空中花园），庭园地面为楼面。

屋顶式庭园在高、多层建筑出现后，为使住户仍能和生活在地面上的人一样享受到自然的沐浴，庭园也随之上升，这是庭园发展的必然趋势。为了减轻屋面载荷，常采用人工合成种植土。

3. 室内庭园的意境创造

我国园林和庭园有着悠久的光辉历程，其造诣之高，早已蜚声中外，从古至今已积累了丰富的理论和实践经验。

明代中叶以后，私家园林十分兴盛，除北京外，还遍布苏杭、松江嘉兴一带。至明代，园林更盛极一时。造园内容包括堆山叠石、理水、花卉、树木、植被和建筑小品等。室内庭园是园林中新兴的一个重要的特殊组成部分，是现代居住环境发展的体现，应该在学习传统庭园经验的基础上加以创新。

室内庭园规模一般不会很大，因此更应从维护生态环境出发，以植物为主进行布置。造园内容可简可繁，规模可大可小，应结合具体情况，因地制宜进行设计。庭园设计内容，主要是造景、组景，而造景之前必先立意，而立意之关键在于庭园景观意境的创造。

因此，从庭园的布局到树木花卉的形象的塑造，都需要在保持自然的基础上加以再创造。如植物，不但对其枯枝败叶需要清除，对妨碍表达某种植物特有的姿势和神态的枝叶，也须按其自然惯势加以适当的整理和裁剪，使其达到理想的审美效果。当然，这种整理、剪裁跟西方把植物做成几何形，其意义是完全不同的。

因此，没有敏锐的洞察力，没有对植物审美的素养和创造力，要想创造出理想的庭园景观也是不可能的。

庭园植物中有乔木、灌木、木本花卉、草本花卉以及多浆植物、地被植物等，在形、色、质、尺度等方面千差万别，千姿百态。应利用其高矮、粗细、曲直、色彩等因素，或孤植，或群栽，或点布，或排列，或露或藏，或隐或显，应使组景层次分明、高低有序、浓淡相宜、彼此呼应。一般应选择姿态优美、造型独特者，尺度高大者，供各方欣赏。而形态紊乱，枝叶稀疏者，形成绿色树丛，在开花时节又会形成一片色带，也可作为某种背景的衬托。色泽明暗对比强者，宜相互烘托。草本小花宜成片密植，组成不同色块，犹如地毯。一般山石上种植树木，宜使其逐步露根，与山石结合，盘根错节，取其苍老古朴之质。水边植树宜选枝桠横斜，叶条飘垂，临溪拂水者，取其轻盈柔顺之趣。对近观之植物，必须注意其花叶形状、色泽、纹样，宜于细细品味者为佳。

庭园中之布石，或卧或立，或聚或散，不论在溪流之畔，林木之间，芭蕉修竹之下，房舍之侧，或孤立成峰，或叠石拟山，均应与地形、地貌相吻合，使其着落自然，露藏相宜，相应成趣，宛似天成，使整个庭园充分表现出山野之情，林园之胜，使人有寓尘俗之感而心旷神怡，达到身心休息的目的。

我国为产石之乡，如洞庭所产之太湖石，质坚而润，空楼宛转，色有青白、青黑。安徽之灵璧石，形似峰峦，扣之有声。宜兴之锦川石，形为锦川、松皮，故又名松皮石，状为砥柱，又名"石笋"，色有红、黄、赭、绿等。湖南浏阳之菊花石，色灰白面坚，中有放射状晶纹，形似菊花。广东英德石，多灰黑色，形态锋棱皱裂。以及两广之钟乳石，质坚形奇，晶状万千。以上这些石材均可选用，但不宜堆积无度。

传统庭园假山常取卷曲多变，或高直挺拔，推崇石之瘦、皱、霜、透，以取其玲珑、俊秀之美。其实就石之形态而言，无所谓优劣，主要取决于环境效果和近赏远观之别，不宜墨守成规，千篇一律。如石之壮实圆滑者，密实劈削者等，何尝不可利用，如表现悬崖绝壁，非粗实尖削者莫属，才有险峻壮美之奇。在草坪之中，光滑圆顺之石，色、质相互对比，各显其美，远胜于空透石，本由千年冲刷而成，水顺石滑，回转流淌，自然和谐，曲尽其妙，也非多孔之石所能达到的。石本静，有动势者为奇；石本沉，能悬空者为险；石本坚，光滑柔顺者为驯，更惹人喜爱。由此可见，在一定环境下，取其壮实圆滑的特性，也是用石的一种方法。

山以水为血脉。山因水活。水景已成为现代庭园和室内的重要景观之一。水池、溪流、飞瀑、喷泉、壁泉，形式多样，规模也可大可小，应按庭园的环境恰当选择。水声使人悦耳，现代音乐喷泉，水随音舞，光影变幻，声色俱全，更使人陶醉。壁泉、飞瀑，形成一道迷雾般的水幕，似隔非隔，虚无缥缈，尤似一种特殊的装饰材料，显示出水的朦胧美。池水既可养鱼观赏，种植水生植物，为庭园增添一景，又能作消防备用水。

现代庭园，应因地制宜，随地取材，创新，符合现代情趣。山区庭园更应适应地势，保留场地露出地面的岩石和树木，巧妙利用，以还自然之本色，存历史之遗貌，更能独树一帜，别具一格。

11.5 应用研究——日照海滨度假别墅室内及庭院设计

1. 项目概况

日照市万平口海滨风景区是市区内最大的景区，海岸线长 5000m，占地面积 760 万 m²，她以优美宜人的自然环境、湿润清新的空气、宽阔洁净的沙滩、清澈透明的海水和明媚灿烂的阳光著称，游客们在此可以进行沙滩浴、海水浴、日光浴、沙滩浴、沙滩排球等运动，是最能体现日照"蓝天、碧海、金沙滩"特色的景区。而所设计的别墅区则处于旅游度假区东北部海岸，坐落于卧龙山脚下，背靠贯穿日照东西的山海路。山海路西接同三高速公路，西首边为贯穿新市区南北的青岛路，青岛路以西便是大学城。园区内景观设计突出生态、自然、典雅、舒适的主题，观赏乔木、水景广场，与山景、海景整合，营造出一种静谧、高雅的贵族型居住空间。

本项目的设计定位为休闲海滨度假别墅。别墅不同于城市的独栋住宅，而是拥有更大的户外空间以及室内空间和功能的住宅。因此，别墅对于生活方式的营造，有着先天优越的条件。海滨度假别墅主要以功能性为主，根据所处的地理环境以及周边环境，同时结合业主的个人品位与喜好，打造具有个性兼具舒适性和实用性的美好环境。别墅设计要注重结构的合理运用。局部的细节设计体现出主人个性、优雅的生活情趣。在合理的平面布局下着重于立面的表现，注重使用玻璃、石材及涂料来营造现代休闲的居室环境。

2. 设计理念

现代社会是一个丰富多彩、充满个性的时代，在每个设计中都讲求个性与特色，而在别墅空间设计上也同样存在这样的问题。在别墅空间设计意识上，尽管业主的身份不同，想法各异，但有一点是相同的，就是开拓空间、提高生活空间品质、调剂生活情调，创造一种比较舒适、浪漫、休闲的生活空间。因此，设计师必须从传统的构思中解放出来。无论空间尺度的大与小，拓宽空间、再造空间、塑造空间是第一位的。设计生活空间不仅要满足最起码的功能需求，更要满足因为提高生活品质所需要的空间。

别墅中最常见的有斜顶、梁管道、柱子等结构上的问题，如何分析、利用出现的问题，这是设计的关键所在。同时，在设计中体现出简欧风格优雅、和谐、舒适、浪漫的特点，形成一种富有文化、情怀的优越环境；其次在打造人性空间、满足功能需求的原则下，考虑室内外布局，将室内设计与庭院设计相结合，打造一种绿色生态住所。

3. 设计风格

本项目的设计主要以简欧风格为主，以象牙白为主色调，以浅色为主深色为辅。在空间布局上最大限度地提高空间的利用率。家具布置方面，以简约的线条代替复杂的花纹，采用明快清新的颜色，追求深沉里显露尊贵，典雅中沉浸豪华的设计风格。同时，考虑到海滨度假别墅的舒适性与实用性，通过在室内营造阳光房等，做到绿色生态设计。

4. 空间划分

别墅分为两层，新建以及改建部分的墙体达到更为理想的区域划分。一层，为了充分诠释欧式风格在区域上的划分以及打造室内庭院，拆除了客厅和阳台的装饰墙体，使各个空间都相对独立且又联系在一起，且将室外景色移入室内，做到绿色生态设计。二层的墙面布置，欧式的摆设让视觉空间更有层次感，在这里度假或者举办聚会时，可以把这个空间利用起来，使空间更为紧凑、和谐。二层以卧室为主，通过简欧家具的象牙白色基调来体现欧式风格；二层阳光房的设计则将室内融入大自然的气氛里，各个区域充分地显示其功能性。

5. 功能分区

此项目是一个二层楼户型的度假别墅，别墅室内空间正房两层共设有客厅、餐厅、厨房、主卧、客房和卫生间。

从一层开始户型的设计，从进门开始可看到具有明显欧式特点的欧式餐厅，加上具有现代气息的餐桌、银质烛台、餐桌材质更加体现出简单中带有浪漫、奢侈的感觉。进入客厅，便会看到现代简约、富有浪漫色调的布艺沙发，沙发旁边是银色材质的小桌摆设，摆台上是白色的台灯。橙色的皮质沙发和布艺沙发组合有着丝绒的质感以及流畅的木质曲线，欧式与现代家居的实用性达到完美的结合。客厅电视背景墙设计简洁，重点是通过颜色及材质的搭配和整体环境色调的搭配，让电视墙的设计融入整个空间中。客厅中并没有摆设多余的欧式摆设。客厅大面积的落地滑窗给整个带来了良好的采光。餐厅和客厅墙面造型体现了空间的华丽和大气。客厅不仅仅是多功能、多用途的空间，还是生活空间的中心，既是全家人活动、娱乐、休闲、团聚等活动场所，也是接待客人、对外联系交往的社交活动空间。因此，起居室便成为住宅中心对外的一个窗口，具有较大的面积，要求有较为充足的采光和合理的照明。通过摆设家具，建立了一个稳定区域，如图 11-1 至图 11-3 所示。

厨房的功能是为日常生活提供餐饮的空间。按其功能可分为以下区域：储存、洗涤和烹调。通

图 11-1　客厅一

图 11-2　客厅二

图 11-3　客厅三

常又把这三个区域所形成的三个点所构成的三角形称为厨房工作三角形，体现厨房的功能性。由于厨房空间狭长，底柜设计偏重简约风格。同时，厨房的整体风格以简约为主，如图11-4、图11-5所示。

　　二层的主要空间以卧室为主，其次还有休息室。休息室主要分两个区域：一个是聊天品茶的休闲区；另一个是休息区。设置休闲区是为了方便会客和交谈的私密性，从而体现设计的人性化。小客厅是设计中不可或缺的，这种敞开式的起居室给人提供了一个视觉中心，里面各种不同的欧式挂件、摆设乃至于细节环节都体现着典雅与奢华，墙面上的欧式布置让视觉空间更有层次感，这种欧式奢华风格营造出的高贵气质与浪漫情调是二层的设计主题。自然的生活空间能够让人身心舒畅、宁静和安逸。

图11-4　厨房一（附彩图）

图11-5　厨房二

现代住宅的发展，希望卧室具有私密性、蔽光性，充分显示出静逸舒适的特点。首先考虑的是舒适和安静。在卧室家具上采用白色和银色为主，而床头背景墙则运用鲜艳的亮色，与丝质的被单相呼应。选用适宜材料，合理运用欧式艺术装饰品，精美的地毯，让卧室充满浪漫的色彩。而窗外的美景，更是为这份安逸增添了大自然的气息，如图 11-6 所示。

图 11-6　卧室 (附彩图)

6. 界面设计和材料的选择

在别墅设计中，地面设计是体现设计风格的主要方面。

一层的地面设计主要以浅色地板砖为主，由于客厅面积比较大，为了体现欧式风格的经典、华丽，采用的是浅色的地板砖。而由于餐厅的空间相对较小，所以地面材质为了统一而衬托空间基调，也是采用同样的浅色地板砖。

二层延续同一类地板风格，和墙面的色彩基调一致，而卧室地面主要采用的是复合地板，但是为了区分房间与房间的功能分区，房间之间都采用了浅色的大理石门槛石，细节的处理凸显设计主题，材料选择如图 11-7 所示。

在吊顶设计上，天棚吊顶采用阴角线设计，墙面和天花的交界线起到欧式装饰美化作用，体现一层空间高度。吊灯采用欧式的水晶吊灯，浪漫、高贵、奢华，为客厅起到点睛的作用。

7. 色彩和灯光设计

色彩对于人心理上的影响很大，特别是处理内界面时尤其不能忽视。灯光以暖色调为主，

图 11-7　卫生间材料

体现出整体空间的简洁优雅、舒适感受，从色彩风格和装饰上凸显欧式风格特点，主要色调以象牙白为主，橙色的沙发、紫色的床单、桃红色的卧室壁纸以及各种银质的家具配饰，在体现出简欧风格。

墙面设计利用光线作为墙面的装饰要素，使墙面和墙面围合的空间环境独具魅力。通过墙面不同部位开设不同形态的窗，把自然光引入，一天之中随着光线的缓缓移动而旋转，给人一种迷离的感觉。使光与色彩、空间、墙体巧妙地交错在一起，形成墙面、空间的虚实、明暗和光影形态的变化，同时室外空间在视觉上流通，把室外景观引入室内，增加室内空间的活力，如图 11-8、图 11-9 所示。

8.别墅室内庭院设计

在庭院阳台上做了阳光房。墙面运用三色砖，地面则采用仿古砖，营造一种简单、温馨又富有格调的氛围，同时设置银色的欧式餐桌座椅，将欧洲的浪漫气息体现到极致，而藤编的藤椅、绿色的植物则让人全身心回归大自然，焦虑的心得到了宁静，疲惫的身躯得以放松，如图 11-10、图 11-11 所示。

图 11-8　走廊一（附彩图）

图 11-9　走廊二

图 11-10　阳光房一

图 11-11　阳光房二

本章小结

保护环境，爱护我们共同的家园，已为世人瞩目。绿色植物不仅为人类提供了丰富的物质和充足的氧气，而且为人类生存环境的净化、改造和美化做出了贡献。自古以来，人们十分崇尚自然、热爱生活、接近自然、欣赏自然，与大自然共呼吸，在大自然中放飞心情、陶冶情操，已经成为人们生活中不可缺少的重要组成部分。

随着社会的不断进步与发展，越来越多的高大建筑将我们包围起来。人们与大自然接触的机会也越来越少，这也使得当今社会大部分人对大自然的渴望愈加强烈。因此，有人提出了回归大自然的主张，室外园林的建设也随之发展起来。不论是公园还是居民小区的建设，都开始注重绿化的作用。室外绿化水平也随之提高。越来越多的优秀绿化工程呈现出来。但是这些大多是在室外的公共区域，而要真正做到接触自然、享受绿色，室内绿化是至关重要的。只有室内绿化与室外园林绿化有机地结合在一起，才能最大限度地体现绿化设计给人们带来的好处。

室内绿化设计就是在室内创造一个具有大自然绿色气氛的、幽静舒适的环境。它主要是利用植物材料并结合园林常见的手段和方法，解决人与建筑、环境之间的关系。本章节通过对室内绿化的理论基础、发展现状、综合体系等一系列问题的分析，总结室内绿化的手法和经验，希望可以在学习传统经验的基础上加以创新设计。

第12章 室内设计制图

12.1 正投影原理与工程制图

物体存在于一定的空间中，也就是三维空间。各种物体的形状、大小和位置都不相同，如果采用三维的空间形式去表达、描述物体会有很多的不方便。即使采用了先进的三维技术（全息摄影、计算机三维模拟、模型等），在实际的工程和设计中也会存在许多弊病，比如：观测的角度问题、坐标问题、尺寸度量问题等。全世界范围的设计行业，都采用正投影方式绘制工程图纸，这成为一种全球性的工程语言。除了设计师要学会正规的制图手段和规则外，施工技术人员也要学会看懂、读懂施工图，这样才能保证一个设计方案的正确实施。

1. 投影原理

当观察一个物体，并想用一个平面图形把它描绘出来时，至少有四大要素必不可少。

（1）视线：也叫投影光线，可以理解成从人眼到物体之间的连线。

（2）画面：也叫投影平面，可以理解成用来描述物体的画板。

（3）物体：也叫投影对象，是所要描绘的对象。

（4）投影：也叫图像，是物体在画面上表达出来的形式，也就是从人眼到物体之间的连线在画面上的交点，如图 12-1 所示。

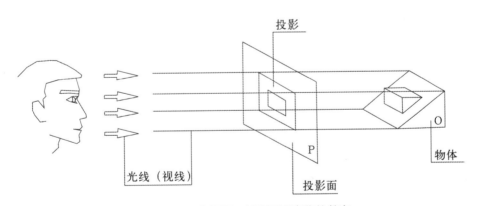

图 12-1 投影原理—投影平面在物体前方

对于一个简单的物体，比如球体，不论从哪一个角度去观察，其投影（图像）都是一个圆。对于一个标准的正方体，只要物体的一个面平行于投影面，其投影（图像）都是一个正方形。对于一个边长不等的长方体来说，虽然投影的形状都很相似，但它们的比例和尺寸是不同的。在实际工程设计中，简单的几何形体并不多见，正确描绘一个复杂物体，要通过多角度的投影才能反映物体的真实形状和全貌。

　　世界不同国家在讲授投影原理时所用的方法也不同，主要是投影平面放置的位置不同。我们国家把投影平面放在物体的后方，视线通过物体时在投影面上得到投影。这种方法的优点是可以把投影和阴影结合在一起讨论，就好像一个幻灯机把物体投射到墙面上的道理一样。有些国家把投影平面放在视线与物体之间（图12-2），投影平面就好像一块透明的玻璃板一样，这种方式与西方透视学的形式原理极为相似，就好像一个照相机把景物感光到胶片上的道理差不多。不论采取哪一种方式，所形成的投影都是一样的。

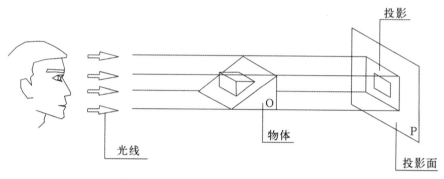

图 12-2　投影原理—投影平面在物体后方

2. 正投影与三视图

　　正投影是视线（平行光线）与投影面垂直时的特殊投影。这是因为在自然界中具有垂直（正交）坐标体系的物体最常见，比如道路、桥梁、建筑物、家具等。利用正投影的方法在相互垂直的投影面上（一般为水平面、正立面、侧立面）所形成的投影图，在实际工程设计中成为最重要的图示方法，这就是三视图，如图12-3所示。

　　对于一个极简单的物体，如球体，用一个视图就可以把它表达清楚。

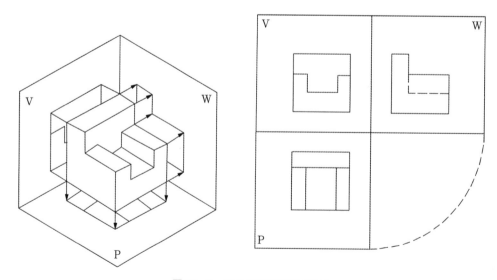

图 12-3　正投影原理和三视图

对于一个不太复杂的物体，有时用 2~3 个视图就可以表达清楚了。

对于一个复杂的物体，有时候用 3 个视图还不能表达清楚，就需要用多向视图来描述它，于是就产生了主视图、俯视图、左视图、右视图、仰视图、背视图等，如图 12-4 所示。

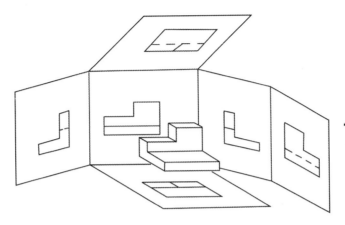

图 12-4　复杂物体的投影图

在实际工程中常用到的投影图还有许多方式，比如用剖面图和断面图来表达形体内部的材料、构造等详细情况。

3. 建筑与室内投影图的形成

建筑空间最常见的形式是正交六面体（也就是长方形），不论是居住空间、办公空间，还是一般的商业空间，六面体的空间形态随处可见。以一个简单的小房子为例，正面投影叫做立面图，也就相当于上面提到过的主视图；当从一个侧面（左或者右）观测物体时，得到物体的侧面投影，叫做侧立面，也就相当于上面提到过的左（右）视图；当从上往下面观测物体时，得到物体的俯视图，叫做屋面图；由于建筑的屋面遮挡了房间的平面布局，并且屋面的造型和尺寸与建筑的平面和墙体往往不是对应关系，所以还需要一个反映建筑平面形状和尺寸的视图，于是就产生了建筑平面图。

平面图的形成原理是将建筑物用一个水平面（一般在窗台的上方）剖开，再向下投影时得到的俯视图。在平面图中不仅看到了建筑物的平面形状和尺寸，还能看到房间内墙体的布局和大小，同时，窗户、门的位置和尺寸也清楚地表示出来。

下面把三视图与建筑图的关系做一下比较说明：立面图，相当于主视图，反映出物体长度和高度方面的形状和尺寸。侧立面图，相当于左（右）视图，反映出物体厚度和高度方面的形状和尺寸。屋面图，相当于俯视图，反映出屋面的形状和尺寸。平面图，相当于水平剖面图，反映出建筑物的平面形状和尺寸。在绘制和阅读建筑（三视图）图时，各个视图之间存在着一定的逻辑关系：主俯长对正——立面（主视图）和平面（俯视图）图在长度方向一定相等；主左高平齐——立面（主视图）和侧立面（左视图）图在高度上一定相等；俯左宽相等——平面（俯视图）和侧立面（左视图）图在宽度上一定相等。

12.2 图纸的种类及规范

设计最终要通过图纸来表达，施工技术人员要依据设计图纸进行施工，最终把一个好的设计变成现实。在设计方案初始阶段，设计师要通过多种表达方式推敲设计、交流思想，经常利用透视图、立体图以及模型等。在设计方案确定后，设计人员要绘制正规的施工图纸，将建筑物各部分的形状大小、内部布局、细部构造、材料工艺、施工要求等准确而详细地在图纸上表达出来，以便作为施工的依据。不论是表现图、方案图，还是施工图，都是运用建筑制图的基本理论和基本方法绘制，都必须符合国家统一的建筑制图规范和标准。

12.2.1 建筑工程设计图纸的种类

1. 透视图

透视图是按照人眼的视觉特征（相当于照相机）绘制的直观投影图。透视（Perspective）一词是从拉丁文"Perspclre"译过来的，原指"看透"的意思。当初西方人在研究透视时采用一个透明的平面玻璃放在眼前，通过这个平面去观看景物，把看到的样子丝毫不差地描绘在透明板上，这就得到了该景物的透视图。

一张照片可以十分逼真地反映出建筑和室内空间的外观形状，这是因为物体通过照相机形成的图像，与观看物体的视网膜上所形成的图像是基本一致的。透视图能够直观、逼真地表现出物体的空间形状，为了解和评价设计方案、修改和推敲设计、交流信息提供了极大的方便。

透视图虽然具备上述优点，但是它不具备施工图的特性。在透视图中物体看上去近大远小、近高远低、近长远短，相互平行的直线会在无限远处交于一点，这给按图施工和尺寸度量带来了麻烦。所以，透视图只能作为设计和施工的参考图。

2. 轴测图

轴测图是一种能够表达三维尺寸的投影图，顾名思义，"轴测"是指能够沿轴向进行测量的意思。轴测投影形成的原理可以有两种解释：一种是用正投影原理的解释，另一种是用透视原理的解释。

用正投影的投影原理，将物体倾斜地摆放在投影面中（倾斜的角度不同，可以得到不同样式的轴测投影），由于物体的直角坐标与投影面不存在平行或垂直的关系，所看到的物体就会有多个体面显现出来，人们习惯地把它称为"立体图"。

用透视图生成的原理，将人的眼睛放在无穷远处，所有的投影线（视线）就会彼此平行，这时形成的透视图就没有近大远小的透视变化，也是一种"立体图"。

最常见的轴测图有两种：一种叫正轴测图，另一种叫斜轴测图。

（1）正轴测图：是一种轴间角相等（X、Y、Z 轴夹角均为 120°）的正轴测。这种轴测图的最大优点，就是可以分别沿着 X、Y、Z 轴向进行度量，并且尺寸为 1:1。

（2）正面斜轴测图：是一种正面为物体实形（X、Z 轴夹角为 90°，Y 轴成 45° 夹角）的斜轴测图。这种轴测图的最大优点，就是正面为主视图正投影，并且尺寸为1∶1，Y轴方向的度量单位为1∶2。

（3）水平斜轴测图：是一种水平面为物体实形（X、Y轴夹角为90°，Z轴方向可变）的斜轴测图。这种轴测图的最大优点，就是水平面为平面图正投影，并且尺寸为1∶1，Y轴方向的度量单位也是1∶1。

3. 平面、立面图

在描绘建筑物的平面形状和空间布局时，用一个水平面将建筑物水平切开，为了更好地表现建筑物墙体的尺寸和门、窗口的位置，一般将水平剖切的位置放在窗台的上方（相当于1.5m的高度），剖切后的水平投影（俯视图）叫做建筑平面图。

建筑的立面图或侧立面图，与正投影主视图和左（右）视图基本相同。

4. 剖面图

当要描绘一个复杂的设计物体时，运用最基本的投影图（三视图）画法有时显得无能为力。因为有些看不见的部分需要用虚线来表达，并且标注起来也很麻烦，这给读图和识图带来了许多不方便。利用一个假想的剖切平面，如图12-5所示，将物体剖开，把不想表达的部分移走，将剩余的部分向平行于剖切平面的投影方向进行投影，所得到的图形称为剖面图。

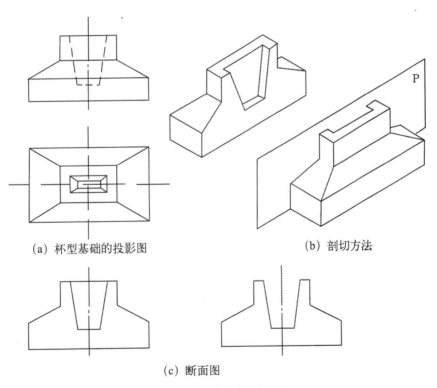

(a) 杯型基础的投影图　　　　　　　(b) 剖切方法

(c) 断面图

图12-5　剖面图形成原理

5. 断（截）面图

断面图的形成原理与剖面图完全一样，所不同的是：剖切平面将物体剖开后，直接把剖切平面上留下的痕迹描绘出来，就称为断面图（也称为截面图）。

不论是剖面图还是截面图，剖切后物体内部材料的标注方法都有规范的要求。

6. 节点大样图

在建筑和室内装修施工图中，有许多关于细部构造和材料的图示方法。一般把描绘物体内部构造、材料、尺寸及工艺的大比例剖面或截面图统称为节点大样图。

12.2.2 建筑制图的国家标准

1. 图幅及规格

图幅即图纸幅面，指图纸的大小规格。为了便于图纸的保管、查阅、装订以及文档交流，对图纸的大小和规格作了统一规定。

图幅分横式和竖式两种。由于受到纸张制作的限制，最大的横幅图纸的宽度为 1189mm，常用的图幅 A0、A1、A2、A3、A4。A4 的长边是 A3 的短边，从 A0 到 A4 依次为对折的关系，见表 12-1。

表12-1　幅面及图框尺寸

（单位：mm）

尺寸代号＼幅面代号	A0	A1	A2	A3	A4
b×1	841×1189	594×841	420×594	297×420	210×297
c	10			5	
a	25				

由于图面构图的需求，或是装订的方便，允许各种图幅长边加长。

标题栏的款式和大小尺寸，暂时没有统一规定，但一般都放在图纸的下边、右边和右下角。

2. 图线

图纸都是用线条绘制成的，不同的线条代表不同的含义。要读懂建筑及装修施工图，必须熟悉各种图线的用途和性质。

3. 尺寸标注

要想读懂施工图纸，除了要看懂图形和线条表示的含义外，还必须能够看懂尺寸标注。图形只能表达物体的轮廓和形状，还不能作为施工、放样和加工的准确依据。如果尺寸有误，势必给施工带来困难和损失。

建筑及装修图纸上的尺寸一般由尺寸界线、尺寸线、尺寸起止符号和尺寸数字四部分组成，如图 12-6 所示。

尺寸界线是控制所标注尺寸范围的线段，一般与被标注的图形轮廓垂直。如果建筑图中有轴线和中心线，也可作为尺寸界线。

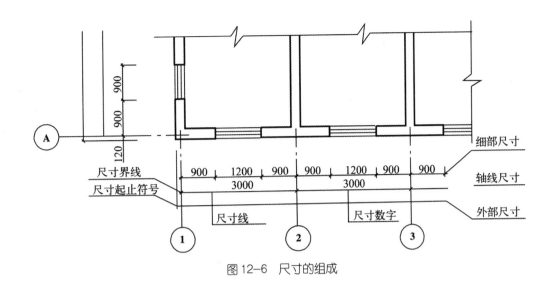

图 12-6 尺寸的组成

尺寸线用来注写尺寸，一般与被标注的轮廓平行且等长，尺寸线不能超出尺寸界线。

尺寸起止符号用在尺寸界线与尺寸线的交点处，人们俗称"箭头"。箭头的画法很多，有些地方真正画上一个箭头，如图 12-7（a）所示；建筑图上习惯用 45° 的短线作为尺寸起止符号，如图 12-7（b）所示；装修图纸更多地采用圆点作为尺寸起止符号，如图 12-7（c）所示。

尺寸数字以 mm 为单位，一般写在尺寸线的中部上方，如果没有足够的地方标写，也可引出标写。表 12-2 列出常用尺寸的排列、布置和注写方法。

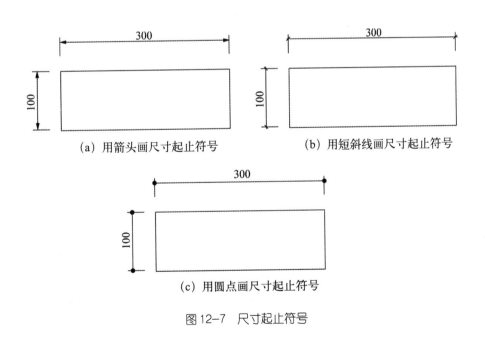

（a）用箭头画尺寸起止符号　　　　（b）用短斜线画尺寸起止符号

（c）用圆点画尺寸起止符号

图 12-7 尺寸起止符号

表12-2　常用尺寸标注方法

标注内容	图　列	说　明
角度		尺寸线应画成圆弧，圆心是角的顶点，角的边为尺寸界线。角度的起止符号应以箭头表示，如没有足够的位置画箭头，可用圆点代替。角度数字应按水平方向书写
圆和圆弧		标注圆或圆弧的直径、半径时，尺寸数字前应分别加符号"Φ""R"，尺寸线及尺寸界线应按图例绘制
大圆弧		较大圆弧的半径可以按图例形式标注
坡度		标注坡度时，在坡度数字下应加注坡号，坡度符号的箭头，一般应指向下坡方向，坡度也可用直角三角形的形式标注
构件外形为非圆曲线时		用坐标形式标注尺寸

标注内容	图　列	说　明
复杂的图形	100×8=800 100×12=1200	用网格形式标注尺寸
小圆和小圆弧		小圆的直径和小圆弧的半径可按图例形式标注
球面	SØ30　SR10	标注球的直径、半径时，应分别在尺寸数字前加注"SΦ""SR"，注写方法与圆和圆弧的直径、半径的尺寸标注方法相同
弦长和弧长	120　113	尺寸界线应垂直于该圆弧的弦。标注弧长时，尺寸线应以该圆弧同心的圆弧线表示，起止符号应用箭头表示，尺寸数字上方应加注圆弧的符号。标注弦长时，尺寸线应以平行于该弦的直线表示，起止符号用中粗斜短线表示

续表

标注内容	图列	说明
薄板厚度		在薄板板面标注板厚尺寸时，应在厚度数字前加厚度符号"δ"
正方形		在正方形的侧面标注该正方形的尺寸，除可用"边长×边长"外，也可在边长数字前加正方形符号"□"

4. 比例

比例是用来表示物体真实尺寸与图纸尺寸放大或缩小的倍数指数。当一个物体用真实的大小画在图纸上时，它的比例为1∶1（称足尺）。一般情况下建筑图都采用缩小的比例绘制图纸，常用的比例有1∶5、1∶10、1∶20、1∶50、1∶100、1∶500等。比例一般都选用整数，尽量选用比例尺上常用的比例绘图，便于阅读、换算和度量。

在一张图纸上，如果所绘制的图形都采用同一个比例，就可以在图纸的标题栏中看到比例数；如果在一张图上有几种比例，一般把该图形的比例标注在该图下方图纸名称的后边，以方便阅读，如图12-8所示。

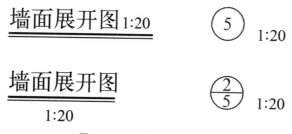

图 12-8　比例标注的位置

5. 轴线

轴线在建筑图中起定位作用。为了使建筑物的设计、施工、建材生产以及使用单位和管理机构之间容易协调，用标准化的方式使建筑制品、建筑构件和配件等实现工业化生产，建筑上采用了模数标准，轴线根据建筑的模数而定。比如房间的开间尺寸通常为2400mm、2700mm、3000mm、3300mm等，一般以300mm为一个递增值。

水平方向的轴线从左到右用阿拉伯数字以依次连续编为①、②、③……。

垂直方向的轴线从下到上用大写拉丁字母依次连续编为 A、B、C……。

附加轴线（又叫分轴线），介于横向、竖向轴线中间，用以标记非承重墙、隔墙的定位，如图 12-9 所示。

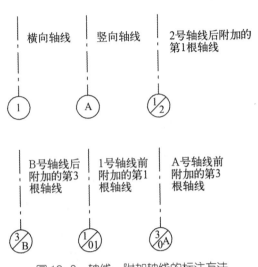

图 12-9 轴线、附加轴线的标注方法

6. 标高

标高是用来标记物体某表面高度的符号。在建筑总平面图中，一般要标出建筑物室内地平面的绝对标高（以我国青岛市外黄海海平面为 ±0.00 的标高），各楼层要标出相对标高（以建筑物底层室内地面为 ±0.000 的标高）；在装修图纸中使用相对标高，用来表示装修后的吊棚或装修后地面的相对高度（参考坐标为同一个房间或空间），如图 12-10 所示。

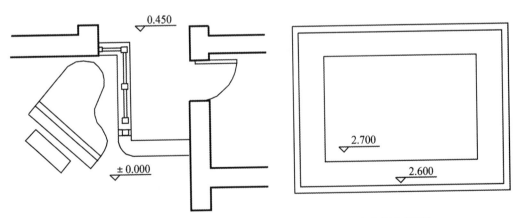

图 12-10 标高符号（地面图中的标高符号、天花图中的标高符号）

7. 索引及符号

无论是建筑施工图，还是装修施工图，都有许多种索引和符号，用来引导看图者查找相关的信息或被引出的内容。这给图纸设计和图纸阅读带来了层次分明的优点，设计内容可以从宏观到微观、由浅入深、由表及里地分层次展开。在装修施工图中有以下常用的索引和符号。

索引符号是在被索引的部位画出的图示符号。用来指明放大细部的准确位置及大样图的查找方式，详图索引包括剖面详图索引和大样索引两种方式，如图 12-11 所示。

索引符号由引出线和圈内数字组成。圈内上部数字是详图图纸名称，圈内下部数字是详图图纸所在的图纸页码。②表示详图在本图纸页内；表示详图不在本图纸页内，可按索引提示的页码到相应的图纸中查到详图。

详图标志是索引部分的图纸名称和标志。当看到有详图标志的节点大样图时，提醒人们它是哪一部分的详图及原图所在的图页。

（1）剖面位置符号。剖面位置符号用来标明剖切位置及剖切后的投影方向。

（2）对称符号。对称符号用在对称性图形中，用来省略重复部分的绘图。

（3）投影索引。在室内设计及装修施工图中，经常要画出每个房间多个墙面的投影图（墙面展开图）。为了方便阅读和查找相应的墙面施工图纸，需要在平面图上用特殊的符号标记哪一个墙面有相应的展开图纸。由于目前国家尚未实行统一的标记符号，所以各地区和各部门所使用的墙面投影符号五花八门，但是总体上要满足两个原则：一是要标明投影观看的角度和方向；二是要标明该图纸的符号及所在的页码。图 12-11（a）列举了两种常见的标志方法。

（1）省略符号在绘制施工图时，经常会遇到一些不必要画出的部分，比如空白的墙面，或是完全重复的装饰造型，通常采用省略的符号使图面看起来简洁明了。

（2）门窗编号。门窗是建筑物用量最多的构件，有时在一栋建筑中就有几十种甚至上百种形状和大小不同的门窗，为了便于统计和加工，一般在施工图上对门窗进行编号，并附有详细的门窗统计表。

M 代表门，M1、M2、M-1、M-2 等都是门的编号。

C 代表窗，C1、C2、C-1、C-2 等都是窗的编号。

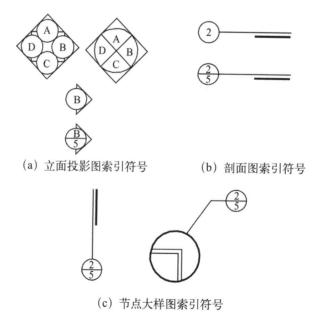

(a) 立面投影图索引符号   (b) 剖面图索引符号

(c) 节点大样图索引符号

图 12-11　索引符号

MF 表示防盗门。

LMT 表示铝合金推拉门。

LMC 表示铝合金门连窗。

LC 表示铝合金窗。

各种材料和规格的门窗编号尚无统一的国家标准，各施工图中采用的编码所代表的含义并不一定相同，需要查看详细的门窗表。

12.2.3　建筑施工图与装修施工图的差异

1. 投影方向不同

墙面展开图是由内向外观看，而建筑立面图是从外向内观看。

平面图和地面图的投影方向与建筑图相同，都是从上往下看的俯视平面图。

室内天花图与建筑屋面图的投影方向刚好相反，室内天花图是站在屋内向上看，然后把看到的平面图"镜像"过来；建筑屋面图是从上往下看到的俯视平面图。两者画出的结果完全不同。

2. 空间界面多

装修时对建筑内部空间各个界面进行的装饰。对于一个方形空间，一般都有六个面：地面、天花和四个墙面。在装修施工图中，每一个界面都有相应的装修施工图，所以，装修施工图纸所表达的内容和图纸量要比建筑图多。

3. 细部尺寸多

由于装饰材料和装修造型的多样性，装修施工图的细部尺寸就显得非常多。对于一个比较精致的细部处理，往往需要大比例的详图才能够把尺寸标注清楚。

4. 标注内容多

装修构造和工艺比起建筑构造和施工工艺要复杂得多，在装修施工图中，关于材料、工艺等具体施工方法都有详尽的标注和说明。在阅读装修施工图时，了解和掌握这些必要的标注内容是十分重要的。

装修施工图的尺寸标注基准与建筑图有所不同，建筑图一般以轴线为基准，而装修图纸一般以内墙为基准。这是因为在装修施工中很难以建筑轴线为参照物，同样开间和进深尺寸的房间，在施工现场度量起来误差很大。

5. 节点详图多

在建筑施工图中，有许多构造和材料的节点在建筑图集（各地区和城市有自己编制的构造和节点标准图）中可以找到，只要在图中标出相应的节点编号就可以了。而装修施工所涉及的节点非常复杂，并且更新得很快，目前又尚无统一的标准和规范，所以装修施工图比建筑施工图的节点多。这些节点详图对保证装修质量和提高装修档次是至关重要的。以大理石贴面为例，同样是大理石贴面，五星级宾馆的大理石节点要比普通场合的处理方法精细得多，工程造价也就随之而增。

12.3 室内设计平面图的绘制

室内设计与室内装修两者在概念和含义上是不同的。室内设计包括空间规划、家具和装饰品的布局、设备的摆放、环境质量的控制等，当然也包括对界面的材料、造型、色彩的美学设计和艺术处理。室内装修包含在室内设计当中，但它更着重于对界面的处理方法。以一个办公空间为例，天花、地面和墙面的处理并不十分复杂，购置和摆放办公家具一般不在装修工程的范围之内，但是要创造一个实用、舒适、美观的办公空间，只考虑界面的美观是远远不够的。家具和设备的定位，就决定了照明灯具的定位，也决定了开关、电源、电话、微机网络接口的位置，同时也影响了空调、暖气、上下水的位置和布局。由此可见，装修施工图必须依据一个完整的室内设计方案。室内设计平面图恰恰是装修施工图绘制的依据，水暖、电气、通信、空调等相关专业，都必须以室内设计平面图为基准。

12.3.1 室内设计平面图的表达方法

平面图的形成原理是将建筑物用一个假想平面（一般在窗台的上方）剖开，再向下投影时得到的俯视图。在平面图中不仅仅看到了建筑物的平面形状和尺寸，还能看到房间内墙体的布局和大小，同时，窗户、门、家具、设备的位置和尺寸也清楚地表示出来。

在阅读平面图时应注意以下几个方面。

1. 剖切位置

假想平面（水平剖切面）剖开墙体的高度一般在 1000mm~1500mm，目的在于剖开窗口（高侧窗剖不到），移去剖切平面以上的部分，将余下的部分向下作水平投影，剖开的墙体按剖面图要求绘制，相当于一个剖切位置在门窗口之间的水平剖面图。

2. 剖面符号

剖开的墙体用粗实线绘制，当平面图的比例较大时（1:5~1:10），墙体应画上充填符号。

3. 窗的画法

普通窗户一般用两根细实线表示，当平面图的比例较大时（1:5~1:10），应画出窗的种类（平开窗或推拉窗），并能看出是双层窗还是单层窗以及窗台板的形状。

（1）平开窗：平开窗是一种最常见、最普通的窗型，木制和钢制最为常见。我国南方一般采用单层平开窗，北方由于天气寒冷一般设双层平开窗或中空玻璃的单层平开窗。平开窗有内开和外开两种，根据不同要求和环境而定。

（2）推拉窗：推拉窗一般采用先进的材料和工艺制成，最常用的是塑钢推拉窗和铝合金推拉窗。它的最大优点是开启时不占用空间，密闭性和保温性也优于平开窗。

（3）中悬窗：中悬窗一般放在高处或不易开启的地方，如玻璃幕墙的通风窗扇，教室、展厅的高侧窗等地方。

（4）上悬窗：上悬窗与中悬窗的功能、构造差不多，只是铰链放在窗口的上边。

（5）下悬窗：下悬窗与上悬窗的道理相同，目前有些高档的塑钢窗可以上悬、下悬，也可平开。

（6）上推窗：窗扇可以上下滑动，并且不占用开启空间，比较容易控制进风量。

（7）固定窗：固定窗只满足采光的要求，不能开启。

（8）百叶窗：百叶窗不起保温、密闭作用，适合于通风和遮阳的场合。

4. 门的画法

在装修施工图中，门基本上按实际的断面尺寸进行绘制，一扇标准门为40mm×800mm的平面矩形。为了表达门在开启时所占用的空间，平面图上要画出门转动时的轨迹。常见门的种类有以下几种。

（1）平开门：平开门可以做成单扇和双扇门。这种门铰链安装在门的一侧，开启方便，密闭性好，噪声小，锁起来也比较容易。

（2）推拉门：推拉门在开启时不像平开门那样要占用门后的空间，并且可以将门扇完全地隐藏起来（内藏式门）。拉门的开关方式并不像平开门那么容易，在轨道上滑动会产生噪声，多扇式的拉门通常用来分隔空间。

（3）折叠门：折叠门的开关方式则类似于手风琴。当折叠起来时，它所占的空间相当小。

（4）防火、防盗门：门扇表面以金属制成。

（5）转门：转门分为自动转门和手动转门两种，最大的优点在于不设二道门时具有很好的保温效果，特别适合用在北方人流比较频繁的公共场合，如宾馆、饭店和商场等地方。一般都为金属结构。最常见的形式是四扇正交的转门。

（6）卷帘门：卷帘分为防火用、防盗用和装饰用多种形式，有时用在门上，有时也用在窗上。绝大部分都采用金属制成，不论是手动或电动，卷轴都设在上部，并尽可能用装饰吊顶隐藏起来。

（7）上翻门：一般用于车库的门，开启迅速方便。

（8）地弹门：用地弹簧起铰链作用的门叫地弹门。一般为可内外开启的双向平开门，常见有无框玻璃地弹门、不锈钢地弹门、铝合金地弹门等。

12.3.2 室内设计平面图的内容

1. 表达墙体和墙面装修的形状、厚度、尺寸和位置

墙面装饰经常有起伏较大的变化，比如壁柜、壁炉、壁龛、装饰壁柱等，这就需要在绘制平面图时把造型的平面尺寸和准确位置标注清楚。这对施工定位是极其重要的，同时也给空间布置和摆放家具设备等带来方便。

2. 表达门窗的位置（高度）、大小及开启方向

门与窗的位置和尺寸大小，对室内空间的人流走向和通风采光定位起着决定性作用。

门是交通的要塞部位，从平面图上不仅可以看到门的开启方向以及门开启时所影响的空间变

化，地面材料的变化也与门的大小和位置有关。比如卫生间的门，门内一般铺贴石材和瓷砖，门外有可能铺地板或地毯，两种材料的变化往往以门框为分界线；在决定门的准确位置时，还要考虑门口（门套）装饰的宽度和门的上部与天花造型的协调关系。在一个小空间（过厅）中如果同时有几扇门，更要考虑门在开启时能否有干涉和碰撞的问题。所以在平面图中，门的定位应该是非常严格的，建筑图中不精确的门口定位，应该在装修图纸中加以修正。

窗的尺寸和位置在建筑完工时一般不易改动，但如果更换新窗，窗口的形式、窗的开启方向、窗框的分隔等都需要重新考虑。在装修施工图中，应该反映出窗台（窗台板）的宽度和窗台上暖气罩的造型，有些居室装修，还会利用窗口两边的空间做一些小隔架（柜），这些小空间的处理在放大的平面图中和相应的墙面展开图中都应该表达清楚。

3. 家具、设备及装饰物的布置

外购的家具、陈设、设备及装饰品虽然不属于装修工程的范围，但在装修施工图中必须表达清楚，相关的电源、通信、开关、连线等准确定位都以平面图为准。在实际工程中经常遇到这样的情况：买来的家具摆放后把电源开关挡住，台灯、电话、电脑、电视等与所留的插头位置很远；这些都是由于在平面图中没有准确定位所造成的。

4. 地面的形状、材料及高度

在平面图上应该反映出地面材料、图案以及高度的变化。对于有些图案、材料变化比较多，内容比较丰富的地面，还应该单独绘制一张地面平面图，专门用来指导地面施工和加工地面材料用；对于一些特殊复杂的地面图案，还要单独绘制出大比例的详图（称开料图）。

5. 立面图、墙面展开图的索引标志

平面图不仅是绘制天花图和墙面展开图的依据，同时也是读懂全套装修施工图的首要环节。在阅读墙面展开图时，首先要在平面图中找到相应的图纸索引符号，按照索引的编号依次找到对应的图纸。如果平面图中没有详图索引标志，一般会在墙面展开图上标注出东、南、西、北等方向的投影名称，如"南墙面展开图"。

12.4　室内设计天花图的绘制

12.4.1　室内设计天花图的投影方法

室内天花图是站在屋内向上看，相当于三视图中的仰视图。然后把看到的平面图"镜像"过来；另外一种理解方式可以把屋面看成是透明物体，然后从上向下投影所形成的平面图。这种特殊的投影方法是为了使天花平面图与建筑平面图形成上下一致的对应关系，便于绘图也便于读图。在标注高度时仍然以室内地面为基准。如图 12-12 所示为天花图的投影方法。

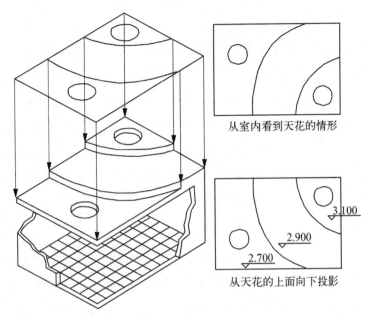

从室内看到天花的情形

3.100
2.900
2.700

从天花的上面向下投影

图 12-12 天花图的投影方法

12.4.2 室内设计天花图的内容

1. 形状、位置、高度、尺寸

1）形状

对于比较复杂的天花造型，一般在总平面图上不易表达清楚，应该用大比例画出；当遇到曲线和复杂折线时，应单独绘制网格图以便施工放线用。天花上的灯具一般不画出详细内容，具有装饰效果的灯盘应单独绘制。层次较多的复式吊棚或悬浮式吊棚，可以分别绘制，以方便读图和施工。

2）位置

位置是控制天花造型的一个重要参数，当有一个造型在天花上重复使用时，造型之间的相对位置对天花的整体效果起决定性的作用。例如，以 6 个圆盘为基本元素做天花造型，可以做成 2×3 的阵列形式，也可以做成圆周形式，还可以做成 3-2-1 的放射状，或按无规则的布朗运动构图。6 个相同的圆由于相互之间的位置不同，就可以创造出多种造型风格。

3）高度

天棚的高度——标高，在天花施工图中是一个重要参数，它以装修后的地面高度为基准标注吊棚的高度。在绘制和阅读天花施工图时，应注意标高与原建筑层高的关系，注意天棚上的各种管道、管线和设备的空间尺寸和位置，避免造型与设备的碰撞和不协调的接口。对于大尺度的吊棚，应注意天花与墙面的比例关系，以及吊棚与窗口的协调问题。如果有装饰性的灯具（吊灯），应注明灯具的高度。

4）尺寸

尺寸标注时应注意两个概念：一个是定形尺寸，另一个是定位尺寸。定形尺寸主要是标注造型的轮廓和形状；定位尺寸是标注形状的准确位置和其相互位置关系。这两种尺寸缺一不可。

2.材质、工艺标注

材质及其工艺标注（文字）是施工图必不可少的内容，这一环节是无法用线型和图画来代替的。有时候一幅画代表着千百个字，有时候一句话就能解决重要问题。比如在标注棚角线时写道"40成品榉木角线，本色亚光清漆三道"。这十几个字非常清楚地把棚角线的材料、规格、色彩和工艺要求写得清清楚楚。材料——榉木角线，规格——40mm成品，色彩——木本色，工艺要求——亚光清漆三道。由此可见，文字点标注应尽量反映装修的材料、表面色彩、成品构件的名称和规格、施工技术要求这四大方面。一个成熟的设计师在施工图标注中会显露出他丰富的经验和思考问题的周密性，从而给读图、施工和工程预算带来了极大的方便。

3.照明灯具及天花上的设备

我国室内设计学的专家、同济大学教授来增祥老师，风趣地把天花形容成是"现代高科技技术和设备的一张皮"，这确实说明了在天花吊棚的背后隐藏着多种科技含量高、技术先进、功能复杂的现代化设备和管线。一般有照明系统，空调系统，广播通信系统，监视系统，消防（报警、喷淋和防火卷帘）系统等。特殊的场合有可能还会有更高级的设备和功能藏在天花板中。在施工图设计中，把具有特殊风格和美学要求的天花造型与这些高科技设备完美地结合在一起是一件很难的事情。功能与美观、技术与艺术的完美结合在这里得到充分的体现。在阅读天花施工图时，首先要弄懂各种符号所代表的内容，其次要注意这些设备接口与装饰造型的关系，必要的时候，应画出（管线设备综合图），以便分析和了解各种设备之间的关系。

12.4.3 天花图的表达方法

1.平面式

所谓平面式即天棚整体关系基本上是平面的，表面上无明显的凹入和凸起关系。其装饰效果主要靠分格线、装饰线、图案、质感、色彩和绘画等手法。这种天棚构造简单、造价低，一般不用在重要场景和面积过大的空间中。

常见的做法有：轻钢龙骨石膏板大白的平棚、方块石膏板和矿棉吊棚、金属烤漆扣板和格板吊棚、金属隔栅吊棚，也有用木板做平棚的装饰。

2.凸凹式

这种天棚是通过主、次龙骨的高低变化将天棚做成不同的立体造型，高度一般控制在50mm~500mm之间，也有人称它为分层吊顶和复式吊顶。这种吊顶应用非常普遍，特别是当建筑空间有梁、设备管道时，很自然地就选用分层式吊顶。分层的数量可多可少，选用的材料也多种多样，它根据平面的比例和空间整体造型来设计。

3.悬浮式

悬浮式吊顶是将各种形状的平板、折板、曲面板或是其他装饰构件、织物等悬吊在天棚上，施工期间可以将悬浮构件预先加工完成，然后悬挂在天棚上。悬浮式吊顶造型比较灵活，为顶棚上的管线和设备维修提供了方便。

4. 井格式

井格式吊顶多半利用建筑井字梁的原有空间关系，在井格的中心和节点处设置灯具，与中国传统的藻井天花极为相像，这种样式多用在大厅和比较正式的场合。

5. 发光式

将灯具藏在磨砂玻璃和彩色玻璃的后面，使大块的天花均匀发光，具有顶部采光的感觉。如果配合工艺彩色玻璃，更增添了温馨和浪漫色彩。一般会在施工图中用虚线画出灯具的位置和数量，并配以剖面图。

6. 构架式

模仿传统木结构民居的屋顶檩条、横梁，追求原始、朴实的乡土气息，与之相匹配的灯具可选择纸灯、木制灯和仿制油灯等。构架式天花造型不一定照搬原始民居的构造材料和尺寸，应结合现代材料和工艺进行设计。在施工图中应按照木结构的尺寸绘制，并配有节点大样和剖面详图。

7. 自由式

自由式天花是指形式上的多变性、不定性。曲面、曲线和弧面是较常用的手法，错落、扭曲和断裂也是常见的造型形式，当有不规则造型和图案出现时，应在图纸中补充轴测图或透视图加以说明和示意。

8. 穹顶式

穹顶形天花板以曲面或棱锥式造型，并取代直角连接的方式，这种形式可以使天花板看起来更具有高度感（造型空间必须有足够的尺寸）。图纸中必须绘制剖面图。

9. 雕刻式

对于许多比较低矮的住宅空间（2500mm~2600mm 净高），做任何形式的吊棚都不合适。但是如果不做任何造型的装饰，会感觉到天棚过于简单，最佳的解决方案是选用有雕刻工艺的灯盘或天花装饰板。雕刻工艺可以使整个天花看上去有一些细部，灯盘的厚度又不大（10mm~80mm），不会使空间感到有压抑。在天花施工图纸上，应根据细部的复杂程度画出详细的大样图。

12.5 室内墙面施工图的绘制

12.5.1 室内墙面图的表达方法

室内墙面展开图相当于人站在房间的中央，向四周看去时得到的正投影图。当墙面的装饰不很复杂（没有太大的凸凹变化）或者墙面形状比较平坦（没有弧形或曲面），正投影图就以把墙面的设计内容表达清楚；当墙面形状变化比较大（有大的凸凹变化或曲线变化），正投影图就无法把墙面的设计内容表达清楚，于是就采用一种展开的方式将墙面连续地展开绘制，把这种表达方法叫做墙面展开图。

1. 室内墙面投影图

当一个墙面有垂直的转折面（如壁柱、壁柜、管道井）且造型与主墙面没有太大区别时，这些转折面在投影图中集聚成一条线，墙面施工图中一般不单独绘制这些转折面。用正投影方法就可以把墙面的设计内容表达清楚。

2. 室内墙面展开图

当一个墙面的转折面尺度比较大或者墙面不是直线时，用正投影方法就很难把墙面的设计内容表达清楚，于是就采用连续展开的方式绘制墙面施工图，这种投影方法的优点是能够完整地看到墙面的装饰内容，对施工放线和计算材料用量十分方便。

12.5.2　室内家具及陈设在立面图上的表达

家具和陈设有时不在装饰工程的范围内，而且建筑师和室内设计师并不十分精通家具的工艺和构造特点，但在室内设计过程中，家具和陈设与整个室内环境是密切相关的。把家具的摆放与室内装修进行统筹设计和考虑，才会创造出优秀的室内设计作品。

1. 靠墙固定家具的表达方法

在绘制墙面图纸时必须考虑有些家具对墙面造型的影响，特别是当家具靠在墙上时，家具的端面和轮廓线对墙面的造型和图案以及分格方式起到重大的影响作用。有些大面积的家具如果是固定在墙面上，那么这一区域的墙面装饰实际上是不存在，这一部分的装饰材料就可以节省下来。在实际工程中，经常会遇到墙面造型与靠墙的家具不协调的问题，有可能是装修好的墙面被家具挡住，造成不必要的浪费；有可能是家具的端面和轮廓与墙面造型发生矛盾。所以要求靠墙的固定式家具必须在墙面施工图中反映出来。

2. 不靠墙家具的表达方法

装修施工完成后业主还要外购一些家具摆放在屋子中，作为一个负责任的设计师必须考虑到这方面的问题。像沙发、矮柜、床这类东西，离墙的位置都很近。在对墙面进行设计时必须考虑家具对墙面的影响，避免家具摆放后的不协调。在绘制施工图时，应该把距离墙面很近的家具画上去，或者画出它的外轮廓（可用虚线表示）。

12.5.3　墙面装饰造型的表达

1. 门

门的画法除了要按加工的实际尺寸绘制外，应尽可能地表达门的装饰细部和材料。在施工现场制作的门，应该有详细的剖面图和节点大样。

2. 窗

除非是对旧建筑的改建，一般的新建筑都已根据建筑设计完成外墙窗扇的制作。在室内装修施工图中一般省略外墙窗扇的画法，对改造或新增的窗扇应根据设计风格绘制出准确的施工图纸。必要时以应该给出剖面大样和节点图。

3. 壁柱

壁柱在室内装修中时一种常见的手法，经常用来伪装管道、墙垛，或是为了构图的需要满足美学要求。在室内装修施工图中，应配合壁柱的剖面图绘制壁柱的立面图。对于造型丰富的壁柱应单独给出大样图。

4. 壁龛、壁炉

壁龛和壁炉一般都有凹入墙体的部分，在绘制立面图时，必须配合相应的剖面图来表达凹入的空间尺寸。

5. 柜体

壁柜一般与墙面展开图同时绘制，柜体的深度应在平面图中标注出来。柜内的隔板和抽屉等可以用虚线表示，如果比较复杂，应单独绘制一张内部隔板与抽屉的详图。

橱柜一般与普通的墙面展开图绘制方法没有什么两样，但由于它的功能和设备比较多，细部尺寸应该非常准确，必要时可以把相关设备（电气设备、各种拉篮、储物架）一并画出。

吊柜在平面图上用虚线表示，在展开图上要画出它的实际尺寸和形状。

12.5.4 独立装饰造型的表达

1. 柱

柱子在室内空间中是一个独立的元素，要单独绘制。由于柱体的尺寸不是很大，并且装饰细部较多，一般用大比例绘制。特别是柱体的剖面图和节点，更应该详细地表达清楚。

2. 隔断

隔断的高度、宽度与隔墙不一样，比如玄关、屏风、工艺品格架等，在施工图中应单独绘制。这类装饰往往具有双向观看的效果，当隔断不是对称时，正反两面都要绘制出来，并给出必要的剖面图和详图。

3. 楼梯、扶手

楼梯和扶手是一种特殊的构件，有时与墙体连在一起，有时独立设置。一般情况下楼梯和扶手要单独绘制，并给出大样图。构造新颖、特别的楼梯扶手，还要画出详细的节点图。

4. 柜台、吧台

像商场的柜台、银行柜台、宾馆服务台、迎宾台、吧台等，造型及工艺都比较复杂，必须单独绘制，并配合相应的大样图和节点图。

12.5.5 装饰材料的表达

在墙面施工图中，材料的表达一般靠文字说明，但有些材料的纹样、分格方式还需要在施工图上表达清楚，在绘制和阅读施工图时，常规的画法和标注方法会使问题得到简化。

1. 木材

木纹的拼贴：木纹在墙面的做法分横纹和竖纹，当采用横纹与竖纹拼花时，施工图上要示意性地画出横纹和竖纹的方向。一般木纹夹板的尺寸长度在 2400mm，超过这个尺寸的木纹对接就成为问题，图纸上要画出木纹接缝处的处理方法，比如开槽、压条或与其他材料套做。

地板：铺设地板的首要问题是决定地板的铺设方向（横铺和竖铺）。由于地板的面积比较大，所以在局部示意性地画出地板的铺设方向就可以了。有一种用地板木材颜色深浅和纹理变化进行地面拼图的工艺，在欧洲 18—19 世纪非常流行，这就要求设计师画出地面拼图的详细大样。

2. 石材

石材在立面上的表达方法一般用文字注明，不必要画出详细纹理。但有些不规则的、奇形怪状的毛石墙面，设计师应该画出大样图，避免工人在施工时把握不好形状和尺度。

3. 玻璃

玻璃：透明的无色玻璃在施工图上不用特殊表示，像玻璃门、玻璃隔断上的彩色玻璃、雕花玻璃、磨砂玻璃、立线或铜线玻璃等，应画出大样图甚至彩色图，便于定做和加工。

镜片：镜片与玻璃的表达方法基本相同。

4. 瓷砖

瓷砖主要用在卫生间和厨房场所，在绘制施工图时要画出瓷砖的尺寸及分格方式。当房间内有较多的转角时，应注意选择瓷砖的宽度，尽量使墙面上避免窄条和碎块瓷砖。

5. 窗帘

窗帘一般由专业厂家加工，施工图上只要画出窗帘的样式和基本尺寸就可以了。

12.6 剖面图的制图

12.6.1 剖面图的种类

1. 全剖

用一个剖切平面将物体全部剖开，也叫二分之一剖，如图 12-13（a）所示。

用两个以上的平面在物体需要剖开的位置上剖开，也有人称它为转折剖，如图 12-13（b）所示。

对于有轴心的物体进行剖切，剖切平面可以绕轴线转动，这种剖面形式称为旋转剖，如图 12-13（c）所示。

　　　　(c) 旋转剖

图 12-13　全剖画法

2. 半剖

对于一个左右对称的物体，剖开四分之一就可以把物体内部的形式表达清楚，没有剖切到的部分仍然能保留物体的外部轮廓。这种剖切方法称为半剖或四分之一剖，如图 12-14（a）所示。

3. 局部剖

当物体只需要显示局部构造，并且保留原物体其余形状时，采用局部剖。局部剖的位置和深度可以灵活掌握，通常分几层剖切，以便清楚地表达内部构造和材料。原物体与剖面之间用徒手画出的波浪线分界，如图 12-14（b）所示。

4. 断面

断面图的剖切原理与剖面图完全一样，不同点在于它只画出物体被剖切后所形成的端面轮廓，投影为端面实形。

端面图可以在剖切位置上旋转 90°，画在图形的内部，也可放在图形的外边，但不要忘记标注剖切位置符号，如图 12-14（c）所示。

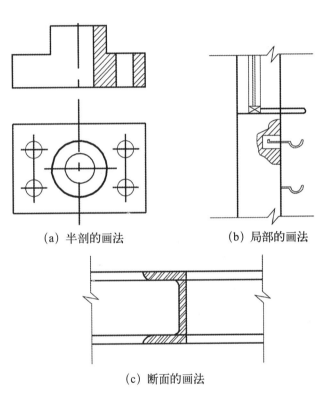

(a) 半剖的画法　　　　(b) 局部的画法

(c) 断面的画法

图 12-14　全剖画法（半剖、局部剖、断面）

12.6.2　剖面图的图例

绘制剖面图，必须学会各种材料剖面的表达方法，各种材料的剖面，国家制图标准做出了相应的规范，称为剖面图例。

12.7　节点大样图的绘制

节点，就像人的关节一样，在装修施工图设计中，材料在对接、转折、更换以及端头处理等方面都需要绘制大比例的构造和工艺图，这就是节点大样图。常言道"编筐窝篓，全在收口"，装修工程最重要的是收边收口工作。绘制和阅读节点大样图是保证一个装饰工程好坏的重要环节。

12.7.1　节点大样图的比例

1.节点引出

在需要绘制节点大样图的部位用一个圆圈（俗称吹气球）圈住，在引出线上注明节点大样图的名称（图12-15），节点大样图可以在本张图内，也可以单独绘制在另外一张图中，要保证图纸效果不乱并且方便查找。

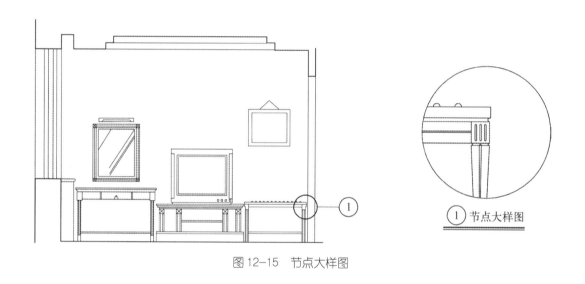

图12-15　节点大样图

2.放大比例

为了清楚地表达节点处的构造和工艺要求，要选择足够的绘制放大比例。装修施工图经常选用1∶1的比例来绘制大样图（俗称足尺大样），精度要求非常高且尺寸较小的工艺，比例还应加大，如2∶1、5∶1等。

12.7.2　节点大样图的内容和表达方法

1）细部尺寸
节点大样图应标注精确的尺寸，必要时应给出误差要求，以保证加工时的质量。
2）材料标注
节点大样图的材料标注应符合图例要求，并配有详细的文字说明。

3）构造和工艺

在节点大样图中应提出对构造和工艺的要求，比如施工的顺序、安装方法、定位基准以及与相关专业配合的技术问题等。上述内容也可以单独写在技术要求一栏内。

12.8 应用研究——上海新锐设计师之家室内设计

1. 项目概况

"上善若水，水善利万物而不争"。《道德经》说，世上最柔的东西莫过于水，但持之以恒的水却能穿透最为坚硬的东西。上海新锐设计师之家室内设计就是以设计出设计师心灵之家的人性化办公空间为目的，在追求个性与舒适空间的同时，努力打造出能让设计师放松身心、激发灵感的工作平台。新锐设计师游走在个性时尚与商业价值之间，在万千流行季的变化里明确地找到定位。平衡市场与个性的设计，知道什么样的作品是消费者喜欢的，而什么样的作品又是延续和表达个人风格的。新锐设计师打破设计陈规，激发更多的新创意，使作品极具个人风格，款式设计感强，运用解构的方法进行再设计，通过重组结构，达到意想不到的效果。上海新锐设计师之家室内设计，追求"在放松的环境里快乐地工作"这种新型的办公空间设计理念，给新锐设计师以人文关怀。

2. 设计理念

虚拟办公空间是依托虚拟现实技术而构成的进行虚拟办公的设备系统和技术环境。虚拟办公室的实现关键不仅是技术的发展，更是观念的变革。虚拟技术不仅消除了办公界限，还可以消除由时间带来的办公障碍。传统的办公实体空间将被虚拟办公空间所代替。虚拟现实系统按"沉浸"的程度不同可以分为三种状态，它们代表了虚拟现实技术的不同发展阶段。在信息时代，"人"的重要性被放置在空前的高度上，人文主义精神的重要性越来越凸现。在办公空间发展过程中，科学主义精神一直是作为主导设计思想而存在，从泰勒理论开始，用科学地分析对办公流程加以分解，建立高效的办公工作环境，但是它把建筑空间当作某种外在与人的对象——"物"来看待，这种理性建筑空间和使用者之间没有达到完全的契合。之后，人的因素的考虑逐渐增多，人性空间的比重越来越大。当前时代，个人意识的建立成为新型办公工作的主要特点，此时的人性空间已经突破了传统的良好便利的工作环境的意义，它是建立在科学主义精神之上的广义人性空间，包括社会学、心理学、经济学等多个层面。人性空间建立在理性空间的基础上，它的发展最终使空间更加科学化、理性化。科学与人性不再是矛盾和冲突，而是形成一种张力关系，这种张力关系就构成了新型办公空间的形成基础主义精神和人文主义精神的二重变奏。

3. 设计风格

上海新锐设计师之家室内设计采用多元化设计，利用多元化设计的超现实情调，突破传统空间的处理手法，运用曲面或具有流动性的界面、强烈夸张的色彩、极具戏剧性的灯光和照明、个性化的用品在有限的空间内利用各种工艺手段来突破现实空间，超越传统的三维空间观念，使人们远离喧嚣的尘世，寻求一种精神家园，最终达到创造的循序渐进。设计采用欲扬先抑的手法，入门之后的空间空旷、明亮，挑高的天花，米黄色的主色调，毛石的使用，加上大片的玻璃窗使阳光可以很好地射入，使人自然放松下来。接着走上二楼打开通向公共办公区的门时，会发现好像进入了另一个世界，石头攀天花墙壁好像随时可以掉下来，环形走廊穿过石头可以边走边看到整个看空间，关掉照明用的白炽灯，关上窗户，打开营造气氛的彩灯，好像身处地底世界。而打开同在二楼的休闲区和休闲区楼下的高级办公又会有另外的感受。

设计以未来风格为主，间或有一些自然风格，在设计时大量使用不锈钢、合金、有色金属及一些高反光的金属，镜面材质、有色玻璃、磨砂玻璃等透明材质，这些质感冰冷的材料在使用时分割空间营造出未来风格的感觉。但是，同时使用大量的未切割的石材，办公家具、娱乐器材本身所带有的温暖的色泽融入环境之中，糅合了未来风格的冷漠感。

4. 空间划分和功能分区

从功能上看，办公空间主要包括三个部分：工作空间，如工作区、会议交区等；辅助空间，如休闲区、中庭空间等；交通空间，如门厅、走廊、楼等，这三个主要功能区的设计处理构成了办公空间设计的基础。

在网络时代的背景下，社会、技术和人的心理的剧烈变化对办公空间中各区的设计提出巨大的挑战。各功能区需要满足新型办公的交流性、社会性和流动性的特点，同时，还需要具有很大的灵活性和可变性，满足未来的可能性变化。与传统的办公空间设计具有本质上的差异。目前大多教办公空间还是划分为接待区、经理室、公共办公区、会议室等，划分得比较细，而新型办公空应只需要入口区、多类型办公区和交流区以及休闲区。现有的办公空间强调人员流动路线的便捷，以节省时间，不干扰其他部门，而新型办公空间设计师使流动路线迂回，以增加员工们交流的机会。

其中，休闲区作为人员休息和交流的重要空间，在现在的办公空间设计中占据了越来越大的比重。现代社会，人们的心理压力越来越重，办公室作为人们一天之中大部分时间的所在地，需要有一个空间让人们缓解自己的精神压力，以便更好地投入到工作之中，更高效率地完成工作。

5. 公共办公区设计

上海新锐设计师之家公共办公区共有两层，在设计时打破传统办公空间上下层完全无联系和交流的呆板样式，第二层仅仅留下一个悬空的会议室，其余空间不用。并且在公共办公区的一层并没有留下通往外间的门，到达一层只能从二层走楼梯下去。因此在二层设置了三个楼梯，三个楼梯用一个环形走廊相互连接并与二楼的两个门相通。在公共办公区的四周及天花都以石材做装饰，石材多用青灰色，石材的放置比较随意，造型多变，力求避免圆润，不影响人流走动，如图12-16、图12-17所示。

公共办公区顶部设计了两个天窗，因此，天花区域的石材装饰在布满整个空间的同时避免遮住两个天窗。这样可以利用天光采光照明，另外顶部还有一些灯光设置以作天光的补充。

图12-16 公共办公区一（附彩图）　　　　　　图12-17 公共办公区二

6. 会议室设计

公共办公区二楼只有一间会议室，会议室的支撑结构是3个形状各异的石柱，同时石柱在一层又有装饰、隔断空间及遮挡空间的作用。会议室共有6个门，之中两个较大的门分别联通环形走廊和十字形楼梯。为了增加一些趣味性并且使空间少一些横平竖直的线，多一些斜线，设计在会议室侧面的两个小门与环形走廊之间的过道连接不是无关联的、死板的、笔直的两条走道，而是在平面上看是呈现大写字母Y形的三岔口走道。在走道分叉的地方设置了一个楼梯，使会议室和环形走廊上的人流可以由此下至一楼。

会议室内部设计，如图12-18、图12-19所示，整个空间结构包括细节设计所有材质都是金属、合金、玻璃这些更有未来感的材料。但是天花及四面墙壁上的不规则放置的金属块则使空间多了一些趣味性及曲线感，软化了金属材料所带来的冷漠、冰凉的感觉。地面上装饰一些高反光金属材料，在会议室未放置办公家具之前可以反射周围环境的光线到墙面上的金属块上，使室内的光线色彩丰富，千变万化。另外，地面上的四个塑料管道既可作通风管道之用，又可作装饰之用。而且，塑料的反光和金属的反光不同，增加了光线的丰富感。

图12-18 无障碍会议室　　　　　　　　　图12-19 会议室

7. 休闲区设计

在休闲区里，并没有放置过多装饰用的物品，只是把不同的游戏或运动器材分类放置。其中为了做出一个分区，特地设计了一个曲线的地台。方方正正的地台比较常见，放在地面上容易和其他地区形成明显的空间分隔线。相对与直线，曲线则少了尖锐的攻击性，多了几分圆滑的和谐性，因此，曲线形地台不会太突兀，也更能让人在区分空间的时候达到放松休闲的效果。相对于四周墙面及地面的简单空旷，在休闲区天花设计上，做比较复杂的设计。长短粗细各不相同的金属条纵横交叉出漂亮的网格，分割从天窗上射入的阳光，形成美丽的图案，如图 12-20、图 12-21 所示。

图 12-20　休闲区一　　　　　　　　　　　　　　图 12-21　休闲区二

8. 办公区设计

传统的办公室习惯上被设计成一个独立的房间，而最近流行的趋势则是无墙通透的大空间，甚至整层打通为一个大办公空间。这样做的好处是办公桌的摆放密度很高，行政管理人员可以和文秘人员畅通无阻地沟通与交流，实现了办公人员一体化，使办公室充满活力。但是，一个办公空间是需要有独立的私人办公室的。当然，独立的私人办公室是经过一定设计的既有私密性又兼顾交流性的高级私人办公室。波浪起伏的石墙最高也不会高过人的身高，最低的地方甚至可以抬腿跨出来，不会让人有束缚的感觉，随着波浪线起伏的还有不锈钢的支架，不高不低的支架上，挂着薄、透、轻、软、亮的窗帘，与石墙一起形成了私人办公室独特的围墙风景。当需要私密性的时候，拉起窗帘，就形成了个人私密的小空间。当需要和别人交流的时候，拉开窗帘，可以不动地方就和对方交流。摆上喜欢的办公桌，两边各放一个造型可爱特别的装饰钟墙边放些装饰、植物，再加上对面的休息接待桌椅，温暖的色泽，贴心的造型，就构成如图 12-22、图 12-23 所示的办公区。

另外，在私人办公室设计中，并没有给每个办公室都进行吊顶设计。高级办公区的天花和休闲区的天花大致一样，都比较复杂，给办公室做天花不显单调反而每个房间各有不同特色，而单独给每个小办公室设计天花就太过烦琐，同时还可以拉高不锈钢支架的最高点和有天花板有一样的私密性，却更显通透，宽敞之感。

图12-22 办公区

图12-23 办公室（附彩图）

9. 设计细节

办公室照明与采光不仅要满足全体员工各自的视觉作业要求，更要营造出一个舒适、高效的工作环境。

1）自然采光

根据美国有关机构的统计和调查，办公建筑照明所消耗的电力占总电力消耗的30%左右，因此充分利用自然光照明是节能的有效途径之一。此外，自然采光更适应人的生物本性，在人性化的新型办公空间设计中，它的重要性更加显现出来。影响自然光照水平的因素如窗户的朝向、窗户的倾斜度、周围建筑的阳光反射情况、窗户面积、平面进深和剖面层高、窗户内外遮光装置的设置等。在公共办公区的一楼设计了不规则的窗户用于自然采光，窗户设计为长条形，不规则镶嵌在一楼墙面上。上海光照强烈，尤其在夏天，细条形长窗可以有效地避免大面积光线直接射入空间，同时使阳光在射入时具有不规则的图案，具有一定的个性、趣味性。但是由于办公建筑的体量庞大，二楼因为装饰岩石的原因无法设计窗户，仅通过一楼的窗户采光是远远不够的。顶部的采光就显得比较重要了。同时，拥有自然光线的顶部空间对四周形成了一种向心，使整个办公空间的气氛为之改变。

从建筑布局的角度来讲，顶部对采光有着特殊的作用，顶部天窗的形式和形状对自然光照的影响很大，在设计中需要考虑顶部的形式及其透明程度、空间形式（如果顶部是向上逐渐扩大的，将获得更多的自然光线），天窗的宽和高度的比例等。

2）人工照明

创造良好、高效的办公空间光环境重要的措施在于选择合理的照明模式，在办公空间的工作面照明设计中，进行绿色照明模式的选择时，应遵循以下几条设计原则：一般照明（背景照明）与局部照明（工作照明）相结合。以前在办公空间的照明模式中往往采用的是全部或区域的均齐照明（General Lighting），由于其照明模式缺乏针对性，所以，提倡采用一般照明与局部照明相结合的模式。在办公空间中，一般照明为整个环境提供柔和、均匀的背景灯光，局部照明即在工作区域安置照明灯具，通过区域或个人加以调节，可有效地避免因过亮的环境造成的屏幕眩光问题，比较适合于VDT（目视显示终端）工作环境。这种照明模式的主要设计思想就是维持一个适中的办公环境背景照度水平，同时根据工作的种类、需要决定适当的区域与个人的局部工作照度。照度均匀度。照度均匀度即规定表面上的最小照度与平均照度之比。照度均匀度是反映照明质量的一项重要指标。照度分布均匀，使这一空间的使用者视觉疲劳度降低，有利于提高工作效率。具有适宜的反射体或光反射技术的直接或间接灯具已取代了格栅式照明装置，灯光被向下导引到工作面上，向上射向顶棚和墙壁，均匀照亮它们后当作二次照明光源，达到柔和无阴影效果。VDT 环境下的照明设计应尽量选用宽配光曲线灯具，保证照度衔接平稳。实现照明控制智能化。采用智能照明控制系统后，可以使照明系统工作在全自动状态，这些状态会按预先设定的时间相互自动地切换，并将照度自动调整到工作最合适的水平。在靠近窗户等自然采光较好的场所，系统会很好地利用自然光照明。当天气发生变化时，系统仍能够自动将照度调节到合适的水平。无论在任何的场所或天气下。系统均能保证室内的照度维持在预先设定的水平。

系统化家具的发展概念，将是产品的结构尺寸模数化，使其具有高度及宽度的延伸性及搭配性，可根据不同的需求创造出各种空间配置与变化，以取得一致的空间风格或协调性。系统家具就像积木一样，利用多种基本的单元来创造不同的空间需求，也可根据需求支解重组配置。机动、弹性、分享是系统家具的三大要素。

1）整合化

办公家具功能整合化。其实质上是建立"工作站"的概念。它将文本工作、信息电子工作和对外沟通工作等融为一体。同时建立工作与设备之间的有效连接，并对设备进行"嵌入式"处理，形成具有独立结构的"工作单元"。例如，美国家具生产商 Knoll 公司的 A3 系列办公家具。每个工作站包括一个主工作台、一个辅台及一些储物及设备空间。为了适应现代网络办公的需要，在桌面设电源和数据接口，可根据需要将若干个同等工作站连接起来，这种空间上的连接更适合未来的无线办公。其独立结构也为空间规划提供了无限可能。

2）人性化

办公家具将充分考虑人体工程学，具有可调节高度的桌面、友好的边界、让腿脚自由舒展的空间，基于人性化因素考虑的家具会让人感觉舒服，因而有更好的工作效率。例如，座椅放倒便可做睡床；办公台可以升降、倾斜，使用者可以随意调整角度和姿势等。

3）时尚化

办公家具的款式将越来越时尚化，像服装设计一样，推出新产品的速度不断加快，各种时尚元素在办公家具上同样会得到体现。

在公共办公空间区，采用的家具外形多以曲线为主比如图中的休闲椅，以环形不锈钢为支撑结构覆以柔软的布料，契合人体曲线，照顾到人体舒适感，其设计集时尚、舒适、个性、人性化为一体，以小见大，体现本次设计

图 12-24　办公家具（附彩图）

个性化、人性化、未来化的特色。在会议室里放置了四个较小的会议桌，而不是一个大型会议桌，并有图纸架和植物起到隔断作用。图纸架可满足设计师展示设计草图之用，每个小会议桌都既可作为小型会议桌，又可作为接待客人的接待桌，四个会议桌各成一体，互不干扰。当需要较多人开会时，可把图纸架放到墙边满足大型会议之用，如图 12-24 所示。

在休闲区的顶部纵横排列非常多的天窗，休闲区的主要采光来源就是这里。休闲区作为工作之余放松心情和放飞身体疲劳的地方，考虑到心理因素，人们的心情易受到外部环境的影响。一个宽敞明亮的地方是作为休闲区的首要要素。所以，构思是多加一些明亮的吊灯，并且去除多余的装饰，使休息区尽可能宽敞明亮，多开一些窗户，使天光可以射进来。设计方案是多开天窗，让阳光作为室内的主要照明，只有在阳光不在的时候，再采用照明灯作为补助。

休闲区的游戏和运动器材也做了设计和改动，每个器材的支撑部分都被换上了石柱，石柱与地面相连，无法搬动，但器材可以，因此休闲室的器材并不是一成不变的，可以随时更换为其他种类，少了支撑的器材在搬运方面也比较方便。一些较大的器材如乒乓球台，可以看到在台桌下面又可以推动的轮子，更加方便了搬运工作。

高级办公区在一楼，因此天光只能通过墙上的窗户进入室内，所以辅助的灯光必不可少。高级办公区的办公室与墙壁并不相接，办公室与墙壁之间、办公室与办公室之间形成四通八达的走廊，因此在四周墙壁上都安装有造型特别的壁灯。另外，每个办公室都设有吊灯，在光线不足时作为主要照明的工具。

10. 创意特点

室内用的石材分天然装饰石材和人造装饰石材。天然石材的主要品种是天然大理石、天然花岗岩。人造装饰石材是近年来发展起来的新型建筑装饰材料，主要有水磨石、人造大理石、人造花岗岩等。不过无论是天然的，还是人造的石材，由于其丰富的颜色、纹理和质感，为室内的装饰带来了很大的灵活性和艺术性。

在装饰上，利用石材的天然纹理，可以改变室内的空间形态，烘托某种气氛。在石材装修时，较好地利用石材的各种纹理，可以增加许多生动的装饰效果，并可以改变空间的视觉尺度。利用石材的垂直纹理，可以增加房间的视觉高度；利用水平纹理，可以增加房间的宽度；粗犷或大图案的纹理，可以使人感到室内空间的狭小；细小或小图案的纹理，会使人感到室内空间的扩大。直线、曲线以及由各种不同的石材按一定的几何形状组合成的图案都会给人以不同的视觉感受和冲击，给人以丰富多彩的变化。石材具有天然之姿，不同种类的石材其表面的纹理相差极大。有的纹理粗犷、豪放，似奔腾的流云、江河；有的温柔细腻，似涓涓小溪；有的波浪起伏，似绵绵的群峰山峦。这就是石材天然的纹理所给予的艺术魅力，所创造出的形似神似的人间美景。石材的颜色丰富多彩、色彩斑斓。赤、橙、黄、绿、青、蓝、紫，以及由这些颜色丰富多彩组合而成的各种颜色、花纹在已知的石材中都能找到。石材的颜色、花纹以其天然的纹理，自然的色彩包含了大自然的万千气象，蕴含着四时美景，充分展示了石材的自然之美。石材的质感是很多装饰材料所无法比拟的。如光面的板材给人以细腻、婉约、温柔的感觉；自然面的板材给人以粗犷、雄浑、豪放的刚性之感觉。大量使用未加工过的岩石石材做装饰或支撑结构。利用其天然的纹理、起伏、凹凸甚至尖锐的造型分割空间、装饰空间，营造出特别的环境氛围。未加工的石材本身的颜色也是变化丰富，在灯光的照射之下形成千变万化的效果。同时，未加工石材的造型具有天然之美，是人工堆砌无法模仿和超越的，在空间装饰上多了几分自然之美。

灯光不仅仅是建筑的眼睛，更是建筑的灵魂。电灯的发明改变了光在空间设计中的地位，灯光除了照明功能外，还渗透到各种设计中。它已作为一种独立的设计手段而出现，对于营造气氛，增强空间表现力等都起着重要的作用。1970 年，美国康乃尔大学针对产业界所做的研究发现，适当的照明可以增加生产力及工作安全性。美国《商业周刊》也报道了一间地方邮局利用简单的自然光线，配合室内照明灯具的改善，将邮局生产力提高了 16% 的例子。相反，因灯光设计不当所引起的健康伤害，也时有耳闻。英国剑桥大学的研究发现，光闪动率过高（超过 160Hz），会对眼睛造成伤害。当年，欧洲大量使用日光灯在办公室照明设备上，许多员工抱怨出现眼睛不适和疲劳症状，后来转换为稳定性高，不易闪烁的新灯具之后，员工的抱怨减少许多。办公照明设计要点：办公时间几乎都是白天，因此人工照明应与天然采光结合设计而形成舒适的照明环境。办公室照明灯具宜采用荧光灯。视觉作业的邻近表面以及房间内的装饰表现宜采用无光泽的装饰材料。办公室的一般照明设计在工作区的两侧，采用荧光灯时宜使灯具纵轴与水平视线平行，不宜将灯具布置在工作位置的正前方。在难于确定工作位置时，可选用发光面积大、亮度低的双向蝙蝠翼式配光灯具。在有计算机终端设备的办公用房，应避免在屏幕上出现人和物（如灯具、家具、窗等）的映像。经理办公室照明要考虑写字台的照度、会客空间的照度及必要的电气设备。会议室照明要考虑会议桌上方的照明主为要照明。使人产生中心和集中感觉。照度要合适，周围加设辅助照明。公共办公区的一楼和二楼都设置了壁灯作为基本的灯光设施。另外，在公共办公区的石材装饰部分设置了一些彩色的灯光用于烘托整个空间的气氛。但是作为主要照明的灯光设置在二楼顶部，同时，每个工作桌上设置有自己单独的照明灯，满足室内光线不足时的照明需要。在休闲区的顶部纵横排列非常多的天窗，休闲区的主要采光来源就是这里。但是在休闲区里每个墙壁上也都设有壁灯，另外，在休闲区天花上纵横交错长短粗细各不一的金属条纵横交叉出漂亮的网格，在金属网格里隐藏有照明用的白炽灯，在天光不能作为主要照明时使用。高级办公区在一楼，因为天光只能通过墙上的窗户进入室内，所以辅助的灯光必不可少。高级办公区的办公室与墙壁并不相接，办公室与墙壁之间、办公室与办公室之间形成四通八达的走廊，因此在四周墙壁上都安装有造型特别的壁灯。另外，每个办公室都设有吊灯，在光线不足时作为主要照明的工具。

色彩由于其自身具有物理性质的关系，会直接或间接地影响人的情绪、精神和心理活动。不同色彩通过人的视觉反映到大脑中，除了能引起人们产生阴暗、冷暖、轻重、远近等感觉外，还能产生兴奋、忧郁、紧张、轻松、烦躁、安定等心理作用，不同的颜色对人们生理反应是不同的。例如，黄色、橙色给人轻松、活泼的感觉；红色给人以大胆、强烈的感觉；粉红色让人觉得浪漫；玫瑰色、淡紫色让人觉得雅致、神秘、优美；绿色充满生机，象征春天的新生；深咖啡色、橄榄色能产生稳重、沉着的感觉；蓝色则给人带来轻松、凉爽的感觉；白色产生一种冷峻、庄严、纯洁的意境。应用到室内装饰中，色彩的功能就是能满足视觉享受，调节人们的心理情绪，调节室内光线强弱，调整空间大小远近，体现人们的生活习惯。办公空间的"色彩设计"是一个有着丰富内容、涉及广泛领域并随着时代发展而不断充实其内涵的空间课题。色彩在办公空间设计中处于灵魂地位。因此，正确运用空间色彩语言则可以赋予一个设计以新的意义和生命。职员的工作性质也是设计色彩时需要考虑的因素，要求工作人员细心、踏实工作的办公室，如科研机构，要使用清淡的颜色；需要工作人员思维活跃、经常互相讨论的办公室，如创意策划部门，要使用明亮、鲜艳、跳跃的颜色作为点缀，以刺激工作人员的想象力。低矮的办公室宜浅色，老式的办公楼，每间办公室的面积不大，但是房子非常高，容易产生空旷、冷清的感觉；而新式办公楼，办公室面积大，但是房子很矮，很多人集中在一间大屋子里工作，容易感觉拥挤、压抑。要调节建筑本身带来的不舒服感觉，就要善用色彩。老式办公楼通常都有深棕色的木围墙，深色可以使人产生收缩感。墙面宜浅色，而地面一定要用深颜色，以避免头重脚轻。在新式办公楼里，就要选用比较淡雅的浅颜色，因为浅色可以使人产生扩张感，凸显办公室的高大。背阴的办公室宜暖色，阳光充足的办公室让人心情愉快，而有些办公室背阴，甚至还没有窗户，所以这样的办公室最好不要用冷色调，砖红、印度红、橘红等颜色都能让人觉得温暖。而且墙壁一定不要使用反光能力强的颜色，否则会使员工因光线刺激导致眼疲劳，没有精神，无形中降低了工作效率。

新锐设计师之家的设计色彩变化较多，采用了欲扬先抑的效果。从入门开始，色彩设计时多用暖色调入口接待和后面的楼梯的材质颜色多为米黄、浅白、白木色、淡蓝色浅黄色等暖色系。只有在地面铺装时才用了灰色的石材，以及一些不锈钢反射的冷色调。如图12-25、图12-26所示，整个入口的环境都显现出一种温暖、明亮、开阔、放松之感。当走进新锐设计师之家的公共办公区，才会看到色彩设计的重头戏。

图12-25 入口

图12-26 楼梯口

公共办公区大胆赋予空间石材的灰色，石柱的青色，磨砂玻璃环形走廊的蓝色，办公桌椅的木色，休闲椅的奶黄色，再加上公共办公区到处都是的不锈钢、合金材质的反光，使得整个环境的色彩丰富、鲜艳却不显矛盾突兀。休闲区的墙壁色彩虽然和公共办公区一样，但是器材所用的粉蓝色、粉绿色、橙色等一些明亮、欢快、轻松、活泼的色彩的运用，使整个环境都可以让人放松起来。与之形成对比的是高级办公区的土黄色、米白色、木本色等一些色彩的搭配让整个环境给人一种沉静、平和的感觉，营造出良好的工作范围。

公共办公区其墙壁石材的灰色、石柱的青色、磨砂玻璃环形走廊的蓝色、办公桌椅的木色、休闲椅的奶黄色，再加上公共办公区到处都是的不锈钢、合金材质的反光，使得整个环境的色彩丰富、鲜艳却不显矛盾突兀。公共办公区的一楼和二楼都设置了壁灯作为基本的灯光设施。另外，在公共办公区的石材装饰部分设置了一些彩色的灯光用于烘托整个空间的气氛。公共办公区色彩丰富，灯光形式多变。特别是公共办公区大量使用未加工过的岩石石材做装饰或支撑结构。利用其天然的纹理、起伏、凹凸甚至尖锐的造型反射灯光，营造出特别的环境氛围。并且，未加工的石材本身的颜色也是变化多端，在灯光的照射之下就形成千变万化的效果。最重要的特点是，在公共办公区的石材部分设置了隐形的灯光，同时每一个灯都带有强烈的色彩，如黄、绿、红、紫、蓝等。经过石材的反射，玻璃的反射、折射，与其他物体的色彩互相影响，交相辉映才能形成奇诡艳丽、多变瑰丽的环境效果。

"一切的变化都可以归纳为时空的变化，设计师要面对的是改变了时空的科技被时空改变的人"这句话可以生动概括办公空间的发展过程和设计趋势。

本章小结

室内设计制图是通过制图理论的学习和有关的实践活动，培养对三维空间的想象力并熟悉工程图样的规范标准，进而训练对不同图样的阅读、表达能力。

室内设计制图的全面发展在于功能上的完善，全方位表现制图的特征就是容量大、图纸全，以单图放大、多图示表现为核心。在大面积图纸范围内，以表现主要对象为核心，在四周扩展该设计对象的各个构造细节、大样，并且以轴测图和彩色透视效果图的形式来分类表现，并且配置文字说明。全方位的视觉传达可以提升制图品质，提高图纸的普及率。

在国内，很多装饰设计公司求大求全的表现方法已经开始走向高潮，尤其反映在室内设计和园林景观设计上，提出"全案设计"理念。以风格设计为主，配置构造设计、色彩设计、材料设计、陈设设计、文脉设计、使用设计等各方面，这种设计形式就需要全方位表现图来传达信息。

成套的装订图纸所包含的设计形态可以通过全方位表现图纸来做诠释，提高了室内设计制图的亲和力。三维动态表现也是全方位制图的重要发展倾向，使用专业的计算机辅助软件获取模拟数码空间来表达创意思维，这种形态在今后的发展中会逐渐普及，特别是在表现作品中能随时修改。三维空间的视觉传达力高于二维图纸，很多装饰设计师在制作彩色透视效果图时经常会惯性地保留三维模型供客户参考，待客户提出意见后再作修改，最终输出图片文件，这种工作流程可以通过3ds Max和Lightscape辅助软件来完成，三维动态清晰，效果明显。

参考文献

[1] 刘刚田 . 计算机图形艺术设计 [M]. 北京：清华大学出版社，2006.

[2] 范业闻 . 现代居室设计与装饰技巧 [M]. 上海：同济大学出版社，2006.

[3] 金钰，潘永刚，李静杰 . 室内设计与装饰 [M]. 重庆：重庆大学出版社，2001.

[4] 张月 . 室内人体工程学 [M]. 北京：中国建筑工业出版社，2005.

[5] 潘吾华 . 室内陈设装饰设计 [M]. 北京：中国建筑工业出版社，1999.

[6] 徐捷强，李金春，鹿熙军 . 室内设计初步 [M]. 北京：国防工业出版社，2009.

[7] 汤重熹 . 室内设计 [M]. 北京：高等教育出版社，2008.

[8] 吕永中，俞培晃 . 室内设计原理与实践 [M]. 北京：高等教育出版社，2008.

[9] 王文卿 . 休闲建筑设计 [M]. 南京：江苏科技技术出版社，2006.

[10] 李朝阳 . 室内空间设计 [M]. 北京：中国建筑工业出版社，2006.

[11] 韩光熙，韩燕 . 会所及环境设计 [M]. 杭州：中国美术学院出版社，2009.

[12] 岳翠贞 . 时尚家居设计 [M]. 北京：中国计划出版社，2006.

[13] 郝大鹏 . 室内设计方法 [M]. 成都：西南师范大学出版社，1998.

[14] 孙亚峰 . 家具与陈设 [M]. 南京：东南大学出版社，2005.

[15] 刘学文，齐伟民，甘彤 . 环境空间设计基础 [M]. 沈阳：辽宁美术出版社，2004.

[16] 汪建松 . 展示设计 [M]. 北京：中国建筑工业出版社，2003.

[17] 李振宇 . 经典别墅空间结构 [M]. 北京：中国建筑工业出版社，2005.

[18] 高永刚 . 庭院设计 [M]. 上海：上海文化出版社，2005.

[19] 俞孔坚 . 景观、文化、生态与感知 [M]. 北京：科学出版社，1998.

[20] 张家冀 . 中国造园论 [M]. 太原：山西人民出版社，2003.

[21] 张鹏 . 校园视觉文化环境设计 [M]. 广州：岭南美术出版社，2005.

[22] 尹定邦 . 设计学概论 [M]. 长沙：湖南科学技术出版社，2003.

[23] 钱建，宋雷 . 建筑外环境设计 [M]. 上海：同济大学出版社，2001.

[24] 邹统钎 . 旅游景区开发与经营经典案例 [M]. 北京：旅游教育出版社，2003.

[25] 段玉明 . 寺庙与中国文化 [M]. 海口：三环出版社，1990.

[26] 张育英 . 中国佛道艺术 [M]. 北京：宗教文化出版社，2000.

[27] 詹石窗 . 道教文化十五讲 [M]. 北京：北京大学出版社，2003.

[28] 卿希泰 . 道教与中国传统文化 [M]. 福州：福建人民出版社，1990.

[29] 庞杏丽 . 住宅小区景观设计教程 [M]. 重庆：西南师范大学出版社，2006.

[30] 金涛，杨永胜 . 居住区环境景观设计与营造 [M]. 北京：中国城市出版社，2003.

[31] 林玉莲，胡正凡 . 环境心理学 [M]. 北京：中国建筑工业出版社，2006.

[32] 齐约克 . 韵律与变异 [M]. 北京：中国建筑工业出版社，2008.

[33] 潘吾华 . 室内陈设艺术设计 [M]. 北京：中国建筑工业出版社，2006.

[34] 楼庆西 . 中国传统建筑装饰 [M]. 北京：中国建筑工业出版社，1999.

[35] [丹麦] 杨·盖尔 . 交往与空间 [M]. 北京：中国建筑工业出版社，2002.

[36] 杨茂川 . 空间设计 [M]. 南昌：江西美术出版社，2009.

[37] 洪麦恩，唐颖 . 现代商业空间艺术设计 [M]. 何人可，译 . 北京：中国建筑工业出版社，2006.

[38] 周镳，李湛东 . 生态设计新论 [M]. 南京：东南大学出版社，2003.

[39] 伊恩·伦诺克斯·麦克哈格 . 设计结合自然 [M]. 天津：天津大学出版社，2006.

[40] 刘先觉 . 生态建筑学 [M]. 北京：中国建筑工业出版社，2009.

[41] [美] 萨拉·布利斯 . 异域风尚：全球的室内设计新理念 [M]. 徐军华，译 . 上海：上海人民美术出版社，2004.